住房城乡建设部土建类学科专业"十三五"规划教材配套用书

高等学校土木工程学科专业指导委员会规划教材配套用书

结构力学学习指导

配合主教材祁皑主编《结构力学》(第二版)

祁 皑 王素裹 郑玉芳 吕艳平 编

中国建筑工业出版社

图书在版编目（CIP）数据

结构力学学习指导/祁皑等编. —北京：中国建筑工业出版社，2018.3（2022.6重印）

住房城乡建设部土建类学科专业"十三五"规划教材配套用书. 高等学校土木工程学科专业指导委员会规划教材配套用书

ISBN 978-7-112-21823-3

Ⅰ.①结… Ⅱ.①祁… Ⅲ.①结构力学-高等学校-教学参考资料 Ⅳ.①O342

中国版本图书馆 CIP 数据核字（2018）第 030413 号

本书为住房城乡建设部土建类学科专业"十三五"规划教材、高等学校土木工程学科专业指导委员会规划教材——《结构力学》的配套学习指导用书，旨在通过对结构力学课程的重要知识点归纳、习题讲解与拓展、自测题等形式，加强学生对基本概念的理解和解题方法的掌握。

全书共分为 10 章，每章包括学习要求和目的、基本内容总结和学习建议、附加例题、自测题及答案、主教材思考题答案、主教材习题详细解答等六部分。章节的安排不仅有利于构建完整的知识框架，还方便读者利用习题进行自检、自测，做到举一反三。

本书适用于土木工程、水利水电等相关专业的本科教学。可作为学生自学的辅导用书以及研究生入学考试的结构力学复习参考资料，还可作为教师安排教学计划、布置习题、课堂测验等参考用书。

责任编辑：王 跃 吉万旺 赵 莉
责任校对：李欣慰

住房城乡建设部土建类学科专业"十三五"规划教材配套用书
高等学校土木工程学科专业指导委员会规划教材配套用书

结构力学学习指导

祁 皑 王素裹 郑玉芳 吕艳平 编

*

中国建筑工业出版社出版、发行（北京海淀三里河路 9 号）
各地新华书店、建筑书店经销
霸州市顺浩图文科技发展有限公司制版
北京建筑工业印刷厂印刷

*

开本：787×1092 毫米 1/16 印张：21 字数：442 千字
2018 年 9 月第一版 2022 年 6 月第三次印刷
定价：**44.00** 元
ISBN 978-7-112-21823-3
（31667）

前　　言

本套《结构力学》教材适应于本科多学时的结构力学课程，在覆盖教育部颁发的《结构力学》基本要求前提下，进行了适度的扩展和延伸，以适应后续专业课程的新变化。因此，本套教材有两个特点：一是注重基本概念、能力培养和一题多解。希望通过突出基本原理和分析方法的反复讲解，能加深学生对基本概念的理解和解题方法的掌握。二是针对一些后续专业课程新增的内容进行了梳理和提炼，强调基本理论拓展的同时，对例题和习题的编写尽量简单明了，使之符合本科阶段的学习习惯。

本套教材包括主教材——《结构力学》（第二版），学生学习用书——《结构力学学习指导》，其中主教材配备相应的教学课件。

本书为学生学习用书，全书共分 10 章（与主教材对应），每章包含 6 个部分的内容。

（1）学习要求和目的。主要讲解本章内容的教学大纲要求，本章知识与后续章节的联系及其蕴含的分析问题思路等，方便教师根据课时要求安排教学计划。

（2）基本内容总结和学习建议。归纳总结重要的知识要点，梳理本章的知识结构，明确学习的深度和广度，建议合适的学习方法等；这是本书有别于教材的部分，主要作用是帮助学生深入理解基本概念，构建较为完整的知识框架体系，将教学大纲要求与具体的学习方法有机地联系起来。这样的安排对自学或准备考研的读者特别有帮助。

（3）附加例题。对主要题型增加例题，扩充适量的其他例题类型，对学生的学习起到举一反三、开阔视野、逐步提高的作用；这部分内容主要考虑主教材篇幅的限制，无法容纳太多类型的例题。因此，这部分的内容对学习上需要拔高的读者是非常有益的。

（4）自测题及答案。不仅可以用于学生的自检、自测，为学生自我学习创造条件，还可用于教师的课堂测验，及时巩固课堂学习内容。

（5）主教材思考题答案。强化和深化对基本概念、基本原理和基本方法的理解；多数读者对思考题的解答感到似懂非懂，主要原因是对教材内容理解不到位。思考题的参考答案能为学生加深对基本概念的理解起到画龙点睛的作用。

（6）主教材习题详细解答。对于主教材的习题提供一个完整的解题思路和过程，方便学生掌握解题技巧，提高学习效率，少走弯路。由于疏忽，主教材的简明答案中有几处错误，这些错误在本书的详细解答中已经更正。

编者

2017 年 12 月于福州

目　　录

第1章
体系的几何组成分析

1.1 学习目的和要求

本章学习的目的是分析一个平面杆件体系是否可以作为一个实际工程结构。

本章的学习要求是：

（1）熟练掌握几何不变体系的组成规律，并熟练分析体系的几何组成。

（2）了解瞬变体系、可变体系的特征。

（3）能利用几何不变体系的组成规律判断体系的自由度。

这一章知识的掌握和能力的培养还为本书后续章节的学习奠定基础。

具体有如下几个方面：

（1）有助于确定静定结构的解题步骤。对于较复杂的静定结构，可以先分析其几何组成，然后求解刚片间的约束力。这样就可以很方便地求解每一个刚片各自的内力了。

（2）正确合理地选择力法基本结构。力法是求解超静定结构的基本方法之一。力法解题的第一步是将原结构去掉多余约束，变成静定结构。这一步要用到本章的基本知识。

1.2 基本内容总结和学习建议

本章的主要内容是利用几何不变体系的组成规律，分析杆件体系的几何组成。

1.2.1 主要概念

（1）**刚片**　是几何不变体系的别称，它可以是一个杆，也可以是由杆件组成的几何不变体系。具体应用时要特别注意刚片中是否有多余约束。

（2）**约束**　可以减少体系自由度的装置称为约束。能减少体系自由度的约束为**必要约束**；不能减少体系自由度的约束为**多余约束**。这里的"必要"和"多余"的含义仅限于对自由度的影响。

这是本章最重要的两个概念，分析体系的几何组成就是依据体系中刚片和刚片间的约束情况确定体系的几何性质。分析中，根据具体情况，杆件既可以看成是刚片，也可以看成约束。这使得分析过程可能不同，但体系多余约束的个数是唯一的。

1.2.2　静定结构的组成规律

　　规律 1　两个本身无多余约束的刚片用一个单铰和一个不通过该铰的链杆相连，则组成的体系为几何不变体系，且无多余约束。

　　规律 2　两个本身无多余约束的刚片用三个既不相互平行、又不相交于一点的三根链杆相连，则组成的体系为几何不变体系，且无多余约束。

　　规律 3　三个本身无多余约束的刚片用三个不共线的单铰两两相连，则组成的体系为几何不变体系，且无多余约束。

　　规律 4　在任意一个体系上增加二元体或去掉二元体都不会改变体系的几何组成结论。

　　这部分是本章的核心内容，具体要求是：①深刻理解并熟记规律的内容。这一点比较容易做到。②熟练地应用规律去分析体系的几何组成。分析体系的几何组成，方法非常灵活，分析技巧很多。必须多做练习，并注意总结，才能达到熟练掌握的程度。

1.2.3　几何可变体系

　　(1) **常变体系**　可能发生宏观位移的几何可变体系。

　　(2) **瞬变体系**　发生微小位移以后变成几何不变体系的几何可变体系。

　　对这部分内容学习的要求是：①理解并能说明这两种体系不能作为结构的原因。②掌握体系为常变体系或瞬变体系的几种约束的情况。

1.2.4　体系几何组成分析常用方法

　　体系的几何组成分析主要有以下几种方法，分析时要灵活应用。

　　(1) **去掉二元体**　分析一个体系时，有二元体一定要先去掉，使体系简化。分析时，一定要确认去掉的是否是二元体。

　　(2) **去掉基础（或刚片）**　若基础（或刚片）与体系的其他部分用三个约束连接，且符合几何不变体系的组成规则，则可以将基础（或刚片）和三个约束一起去掉，只分析余下的部分。

　　(3) **刚片转换**　①若一个无多余约束的刚片仅用两个铰与其他部分相连，则可用一根链杆代替这个刚片。②若一个无多余约束的刚片仅用三个铰与其他部分相连，则可用铰接三角形代替这个刚片。

　　(4) **大刚片**　若体系的杆件比较多，可以将一些杆件组成大刚片。

　　(5) **三刚片规则**　用三刚片规则时，有时会觉得找不准刚片。一般情况下，若体系有 9 根杆件，则可试着选 3 根杆件作刚片、其余 6 根杆件作约束；若有 11 根杆件，则可试着选 1 个三角形和 2 个杆件作刚片、其余 6 根杆件作约束；若有 13 根杆件，则可试着选 2 个三角形和 1 个杆件作刚片、其余 6 根杆件作约束，依次类推。选择刚片时，可以先指定一个刚片，则与这个刚片相连的杆件都是约束，不可能是刚片，这样另外两个刚片就容易确定了。

　　但是，对于图 1-1 所示体系，就不必硬套这种方法了。很明显，4 个三角形组成一个大刚片，另外的 2 根杆是多余的约束。

（6）**增加链杆**　当无法直接用组成静定结构的规则分析时，可考虑增加约束，使其能够用三角形规则分析。若增加约束后的体系是无多余约束的几何不变体系，则可以得出原体系是几何可变体系。若增加约束后的体系是有多余约束的几何不变体系，则结论不确定。

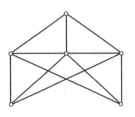

图 1-1　刚片分析举例

1.3　附加例题

【附加例题 1-1】　试分析图 1-2（a）所示体系的几何组成。

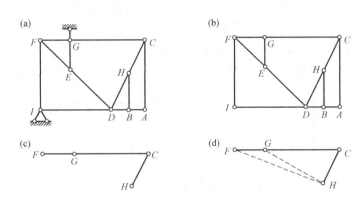

图 1-2　附加例题 1-1 图

【解】　首先，将体系中与基础之间的约束连同基础一起去掉，得到图 1-2（b）后，依次按 A、B、I、D、E 的顺序去掉二元体，得到图 1-2（c）所示体系。很明显，若在该体系上增加两个链杆约束（图 1-2d），则体系就变成没有多余约束的几何不变体系。因此，本题的分析结论是几何可变体系，少了两个必要约束。若要使其成为几何不变体系，需至少增加两个约束。

思考：

（1）是否可以按其他顺序去掉二元体？

（2）是否可以在其他位置增加约束，使本题体系变成无多余约束的几何不变体系？

（3）在图 1-2（c）中，若接着去掉 C 点的二元体，只剩下杆 FG。一个杆件是无多余约束的几何不变体系。由此，可以得到本题的分析结论是无多余约束的几何不变体系。这与前面的分析结论不一样，试分析错在哪里？

【附加例题 1-2】　分析图 1-3（a）所示体系的几何组成。

【解】　将图 1-3（a）中的 AB 杆、AC 杆看成是加到地基上的二元体，由二元体规则可将其与地基一起看作是一个大刚片，则原体系可简化成图 1-3（b）所示的情况。根据图 1-3（b），刚片 DEF 与地基用三根支链杆相连。

因此，原体系为没有多余约束的几何不变体系。

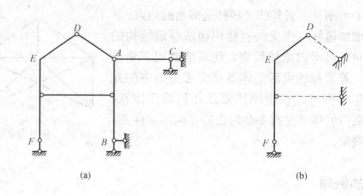

(a)　　　　　　　　　　　　　　　　　　(b)

图 1-3　附加例题 1-2 图

【附加例题 1-3】　分析图 1-4（a）所示体系的几何组成。

【解】　首先，对体系进行简化。杆件 *CA* 可以简化成沿 *CA* 杆方向的支链杆；折杆 *DB* 简化成沿 *DB* 连线方向的支链杆。这样，原体系就可以简化成图 1-4（b）所示的情况。很明显，结论是无多余约束的几何不变体系。

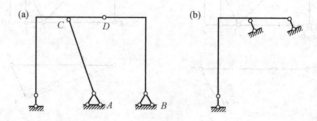

图 1-4　附加例题 1-3 图

【附加例题 1-4】　试分析图 1-5（a）所示体系的几何组成。

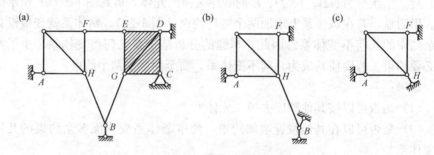

图 1-5　附加例题 1-4 图

【解】　先将体系进行简化。图 1-5（a）中阴影部分与基础组成了一个大刚片，这样杆件 *FE*、*GB* 就可以看成是与基础相连的支链杆。这时，体系可简化成图 1-5（b）所示情况。进一步地，图 1-5（b）中的杆件 *HB* 也可看成是与基础相连的支链杆。这时，体系可进一步简化为图 1-5（c）所示情况。很明显，该体系为无多余约束的几何不变体系，则原体系也是无多余约束的几何不变体系。

【附加例题 1-5】　试分析图 1-6（a）所示体系的几何组成。

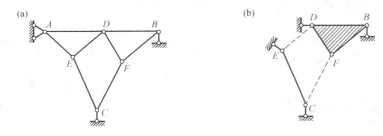

图 1-6　附加例题 1-5 图

【解】　先对体系进行简化。图 1-6 （a）中杆件 AD、AE 可以看成是与基础相连的支链杆。这时，体系可简化成图 1-6 （b）所示情况。

这个体系与基础之间有 4 个约束，可以考虑将基础看成一个刚片，用三刚片规则分析。因此，关键的问题是寻找另外两个刚片。

图 1-6 （b）体系中有基础、4 根支链杆再加上其余 6 根杆件总共有 11 个。因此，可以将基础、一个三角形和一根杆件看成 3 个刚片，其余 6 根杆件看成 3 对约束（相当于 3 个虚铰）。

基础和三角形（图 1-6b 中阴影所示）刚片很容易找到，那么第三个刚片是哪一根杆件呢？许多读者在这个地方感觉没有思路。既然找这个刚片困难，那么我们可以换个思路，试着找作为约束的杆件，剩下的杆件就是刚片了。因为在这个体系中任意两个刚片之间都是通过两根链杆相连的，按照这个思路，首先将与三角形相连的杆件找出来，它们一定是作为约束的杆件（图 1-6b 中虚线所示）。这时，就只剩下一根杆件没有被画成虚线了，显然，这根杆件就是第三个刚片。分析的结论是体系为无多余约束的几何不变体系。

【附加例题 1-6】　分析图 1-7 （a）所示体系的几何组成。

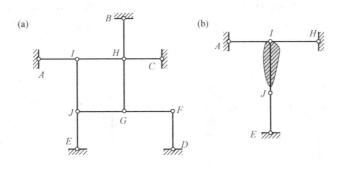

图 1-7　附加例题 1-6 图

【解】　对图 1-7 （a）做如下简化：依次去掉 F 点和 G 点的二元体；HB 杆、HC 杆看成是加到地基上的二元体，可将其与地基一起看作是一个大刚片，因此体系简化为图 1-7 （b）。

图 1-7 （b）中 IJ 杆看作一个刚片，与地基之间通过 3 根链杆相连，三杆延长线交于一点，因此图 1-7 （b）的原体系为瞬变体系。

6

【附加例题 1-7】 分析图 1-8（a）所示体系的几何组成。

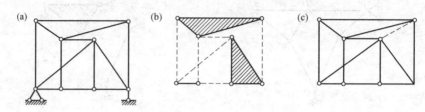

图 1-8　附加例题 1-7 图

【解】 首先去掉基础及相应的约束（图 1-8b），只分析内部可变性。图 1-8（b）杆件比较多，考虑采用三刚片规则分析。

图 1-8（b）所示体系中有 13 根杆件，需要将两个三角形和一根杆件看成刚片（总共 7 根杆件）、其余 6 根杆件看成约束（相当于 3 个虚铰）。

两个三角形刚片如图 1-8（b）中阴影所示。然后，将与两个三角形相连的杆件用虚线表示。这时，就只剩下左下角的水平杆了，这根杆件就是第三个刚片。分析的结论是原体系为无多余约束的几何不变体系。

思考：

（1）若将上部结构增加一根杆件（图 1-8c 虚线所示），从上面的三角形开始，依次增加二元体，则结论是有一个多余约束的几何不变体系。因此，原体系是无多余约束的几何不变体系。请问这个分析过程严密吗？

（2）图 1-9（a）所示体系与地基之间有 4 个约束，考虑采用三刚片规则分析。将地基和阴影所示的两部分看成三个刚片，则分析的结论是三铰共线、瞬变体系。

若在原体系上增加一根链杆，如图 1-9（b）所示，则阴影所示的两个刚片用一个铰和虚线链杆相连，组成一个无多余约束的刚片。此刚片与地基用 4 个支链杆相连，则整个体系为有一个多余约束的几何不变体系。因为，虚线链杆是后加上的，所以断定原结构是无多余约束的几何不变体系。这与上面的结论不一样，为什么？

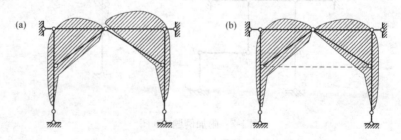

图 1-9　几何瞬变体系分析举例

（3）若增加杆件后得到的体系是无多余约束的几何不变体系，是否可以判定原体系是几何可变体系，缺少的约束数量与增加的杆件数量是否相等？

1.4　自测题及答案

自测题　（A）

一、是非题（将判断结果填入括号：以○表示正确，以×表示错误，共16分）

1. 图 1-10 中链杆 1 和链杆 2 的交点 O 可视为虚铰。（　　）（5分）

2. 在图 1-11 所示体系中，去掉 1-5、3-5、4-5、2-5 四根链杆后，得简支梁 1-2，故该体系为具有 4 个多余约束的几何不变体系。（　　）（5分）

3. 图 1-12 所示体系为几何可变体系。（　　）（6分）

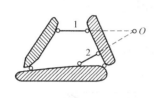
图 1-10

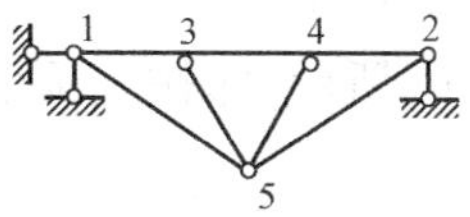

图 1-11

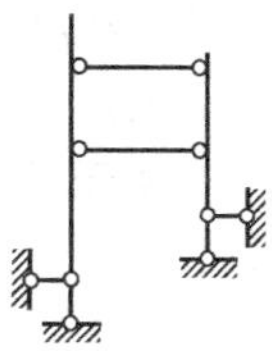

图 1-12

二、选择题（将选中答案的字母填入括号内，共24分，每小题8分）

1. 图 1-13 所示体系有 3 个多余约束，为保证其几何不变，链杆（　　）是不能同时去掉的。

　A. a 和 e　　　　B. a 和 b　　　　C. a 和 c　　　　D. c 和 e

2. 图 1-14 所示体系的几何组成为（　　）。

　A. 几何不变，无多余约束　　　　B. 几何不变，有多余约束

　C. 瞬变体系　　　　　　　　　　D. 常变体系

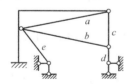
图 1-13

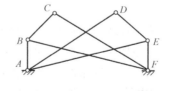
图 1-14

3. 图 1-15 所示体系的几何组成为（　　）。

　A. 几何不变，无多余约束　　　　B. 几何不变，有多余约束

　C. 瞬变体系　　　　　　　　　　D. 常变体系

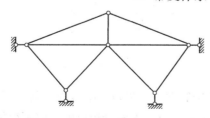
图 1-15

三、填充题（将答案写在空格内，30分，每小题15分）

1. 图1-16所示体系是_____体系。

2. 图1-17所示体系是_____体系。

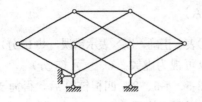

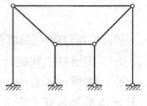

图1-16   图1-17

四、分析图示平面体系的几何组成（40分，每小题20分）

1. 所示体系如图1-18所示。

2. 所示体系如图1-19所示（图中未画圈的点为交叉点）。

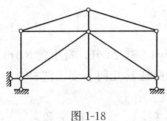

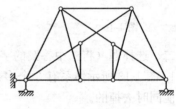

图1-18   图1-19

自测题 （B）

一、是非题（将判断结果填入括号：以○表示正确，以×表示错误，共16分）

1. 两刚片或三刚片组成几何不变体系的规则中，不仅指明了必需的约束数目，而且指明了这些约束必须满足的位置要求。（　　）（5分）

2. 几何瞬变体系产生的运动非常微小并很快就转变成几何不变体系，但会产生很大的内力，因而不可以用作工程结构。（　　）（5分）

3. 图1-20所示体系是几何不变体系。（　　）（6分）

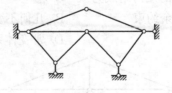

图1-20

二、选择题（将选中答案的字母填入括号内，共24分，每小题8分）

1. 欲使图1-21所示体系成为无多余约束的几何不变体系，则需在A端加入（　　）。

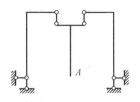

A. 固定铰支座

B. 固定支座

C. 滑动铰支座

D. 定向支座

2. 图 1-22 所示体系的几何组成为（　　　）。

图 1-21

A. 几何不变，无多余约束　　　　　B. 几何不变，有多余约束

C. 瞬变体系　　　　　　　　　　　D. 常变体系

3. 图 1-23 所示体系的几何组成为（　　　）。

A. 几何不变，无多余约束　　　　　B. 几何不变，有多余约束

C. 瞬变体系　　　　　　　　　　　D. 常变体系

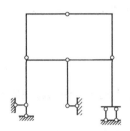

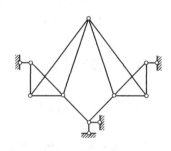

图 1-22　　　　　　　　　　　　　　图 1-23

三、填充题（将答案写在空格内，共 20 分，每小题 10 分）

1. 图 1-24 所示体系是＿＿＿＿＿＿＿＿＿＿＿＿＿体系。

2. 图 1-25 所示体系是＿＿＿＿＿＿＿＿＿＿＿＿＿体系。

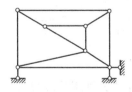

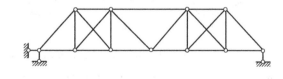

图 1-24　　　　　　　　　　　　图 1-25

四、分析图示平面体系的几何组成（共 40 分，每小题 20 分）

1. 所示体系如图 1-26 所示（图中未编号的点为交叉点）。

2. 所示体系如图 1-27 所示。

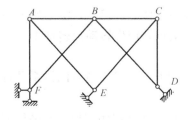

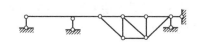

图 1-26　　　　　　　　　　　　图 1-27

<h2>自测题 （A） 参考答案</h2>

一、1. ×　　2. ×　　3. ×

二、1. B　　2. A　　3. B

三、1. 无多余约束的几何不变　　　　2. 瞬变

四、1. 几何不变，且有 1 个多余约束　　2. 几何不变，有 1 个多余约束

<h2>自测题 （B） 参考答案</h2>

一、1. ○　　2. ○　　3. ×

二、1. B　　2. A　　3. A

三、1. 无多余约束的几何不变　　2. 2 个多余约束的几何不变

四、1. 几何不变，无多余约束　　2. 几何不变，无多余约束

1.5　主教材思考题答案

1-1　无多余约束几何不变体系（静定结构）的三个组成规则之间有何关系？

答：最基本的是三角形规则，它与其他规则的关系可用图 1-28 说明。

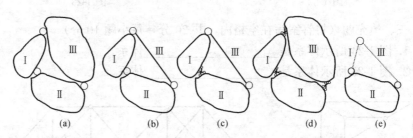

图 1-28　几个几何不变体系组成规则之间的关系

图 1-28 （a）为三刚片三铰不共线情况。图 1-28 （b）为Ⅲ刚片改成链杆，两刚片一铰一杆不共线情况。图（c）为Ⅰ、Ⅱ刚片间的铰改成两链杆（虚铰），两刚片三杆不全部平行、不交于一点的情况。图（d）为三个实铰均改成两链杆（虚铰），变成三刚片中每两刚片间用一虚铰相连、三虚铰不共线的情况。图（e）为将Ⅰ、Ⅲ看成二元体，去掉二元体所成的情况。

1-2　实铰与虚铰有何差别？

答：从瞬间转动效应来说，实铰和虚铰是一样的。但是，实铰的转动中心是不变的，而虚铰转动中心为瞬间的链杆交点，产生转动后转动中心将发生变化。

1-3　试举例说明瞬变体系不能作为结构的原因。接近瞬变的体系是否可作为结构？

答：如图 1-29 （a）所示，刚片（阴影所示）与基础用三根竖向平行不等长的支链杆相连。刚片作用有一水平荷载 F_P。显然，这时刚片在水平方向上

只作用有荷载 F_P 是不能平衡的。因此，刚片会发生水平方向的运动 Δ，三根杆件分别绕 A、B、C 点发生转动 α_1、α_2、α_3。发生微小运动后，因为三根杆件转动的角度不一样，所以，三根杆位置是既不相互平行，也不交于一点。根据二刚片原则，体系变成几何不变体系了。此时，刚片上的受力如图 1-29（b）所示。水平方向的平衡方程为

$$F_P = F_{N1} \sin\alpha_1 + F_{N2} \sin\alpha_2 + F_{N3} \sin\alpha_3$$

因为 α_1、α_2、α_3 为微小转角、F_P 为有限值，所以 F_{N1}、F_{N2}、F_{N3} 将非常大，也就是说该体系在正常的荷载作用下，会产生非常大的内力。因此，瞬变体系不能作为结构使用。同样，接近瞬变的体系也不能作为结构。

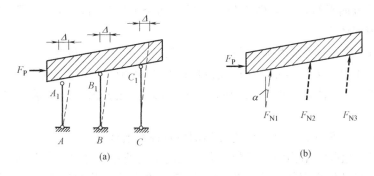

图 1-29　思考题 3 图

1-4　平面体系几何组成特征与其静力特征间关系如何？

答：无多余约束几何不变体系↔静定结构（仅用平衡条件就能分析受力）。

有多余约束几何不变体系↔超静定结构（仅用平衡条件不能全部解决受力分析）。

瞬变体系↔受小的外力作用，瞬时可导致某些杆无穷大的内力。

常变体系↔除特定外力作用外，不能平衡。

1-5　作平面体系组成分析的基本思路、步骤如何？

答：分析的基本思路是先设法化简，找到刚片看能用什么规则分析。

一般步骤：

（1）仅三支链杆（不全平行、不交一点）可化为内部可变性分析；有二元体，从体系中减去；从基本刚片加二元体找大刚片简化体系。

（2）对简化后的体系确定其适用的规则并具体分析。

（3）结论。

1-6　连接 n 根杆的复铰相当于多少单铰？

答：相当于（$n-1$）根单铰。

1-7　连接 n 根杆的复刚节点相当于多少个单刚节点？

答：（$n-1$）个单刚节点。

1-8　连接 n 个点的复链杆相当于多少根单链杆？

答：（$2n-3$）根单链杆。

1-9　若三刚片三铰体系中的一个虚铰在无穷远处，何种情况下体系几何

不变？何种情况下体系常变？何种情况下体系瞬变？

答：另外两个铰的连线与无穷远的方向不平行时，体系是几何不变的；发生微小位移以后，另外两个铰的连线与无穷远的方向还平行时，体系是几何常变的；另外两个铰的连线与无穷远的方向平行，发生微小位移以后，另外两个铰的连线与无穷远的方向不平行了，体系是几何瞬变的。

1-10 若三刚片三铰体系中的两个虚铰在无穷远处，何种情况下体系是几何不变的？何种情况下体系是常变的？何种情况下体系是瞬变的？

答：当两个无穷远的方向不平行时，体系是几何不变的；两个无穷远的方向平行，发生微小位移后，两个无穷远方向还平行，体系是常变的；两个无穷远的方向平行，发生微小位移以后，两个无穷远方向不平行了，则体系为几何瞬变体系。

1-11 瞬变体系产生瞬变的原因是因为约束的数量不够吗？

答：不是。瞬变体系产生瞬变的原因是因为约束的位置不对。

1-12 若三刚片三铰体系中的三个虚铰均在无穷远处，体系一定是几何可变吗？

答：一定是几何可变。因为在当前位置体系会运动。

1-13 超静定结构中的多余约束是从何角度被看成是"多余"的？

答：是从约束对体系自由度影响的角度来看的。若约束不能减少体系的自由度，则是多余的。

1.6 主教材习题详细解答

1-1 分析图示体系的几何组成。

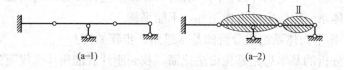

(a-1)　　　　　　(a-2)

图 1-30　习题 1-1（a）图

【解】 图 1-30（a-1）的左边是一个悬臂梁，刚片 I 与悬臂梁用一个铰和一个不通过铰的链杆相连，组成一个无多余约束的大刚片。然后，刚片 II 再用同样的方式与大刚片相连。则整个体系是一个无多余约束的几何不变体系。

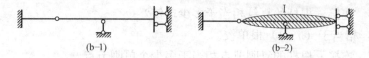

(b-1)　　　　　　(b-2)

图 1-31　习题 1-1（b）图

【解】 图 1-31（b-1）的左边是悬臂梁，刚片 I 与悬臂梁用一个铰和一个竖向链杆相连，就可以形成稳定体系。右边的平行链杆是多余的。因此该体系为几何不变体系，且有两个多余约束。

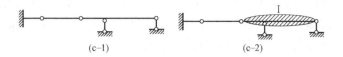

(c-1)　　　　　　　　(c-2)

图 1-32　习题 1-1（c）图

【解】　图 1-32 中刚片Ⅰ与悬臂梁用三个既不相互平行、延长线也不交于一点的链杆相连，因此，该体系为无多余约束的几何不变体系。

(d-1)　　　　　　　　(d-2)

图 1-33　习题 1-1（d）图

【解】　首先，图 1-33 中刚片Ⅰ与地基用一个铰和一个链杆相连，组成一个无多余约束的大刚片。刚片Ⅱ只用两根链杆与这个大刚片连接，缺一个约束。因此，整个体系是几何可变体系，缺少一个必要约束。

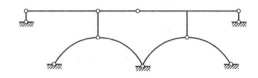

图 1-34　习题 1-1（e）图

【解】　该体系可由图 1-34 的左上角依次去掉二元体，最后可去掉全部上部体系。因此，原体系是几何不变体系，且无多余约束。

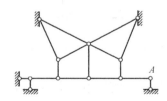

图 1-35　习题 1-1（f）图

【解】　由图 1-35 A 点开始逐步去掉二元体，最后只剩下地基。因此，原体系是几何不变体系，且无多余约束。

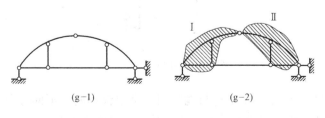

(g-1)　　　　　　　　(g-2)

图 1-36　习题 1-1（g）图

【解】　去掉地基，只分析图 1-36 的上部体系。上部体系中，刚片 I 和刚片 II 用一个铰和一个不通过铰的链杆相连，组成一个无多余约束的大刚片。因此，原体系为几何不变体系，且无多余约束。

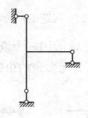

图 1-37　习题 1-1（h）图

【解】　图 1-37 中 T 形刚片与地基之间通过三根既不相互平行、延长线又不相交于一点的链杆相连，组成一个几何不变体系，且无多余约束。

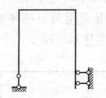

图 1-38　习题 1-1（i）图

【解】　本题解法与（h）类似，为无多余约束的几何不变体系（图 1-38）。

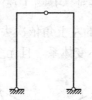

图 1-39　习题 1-1（j）图

【解】　图 1-39 中两个折杆与地基用三个不共线的单铰相连，组成一个无多余约束的几何不变体系。

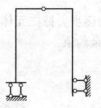

图 1-40　习题 1-1（k）图

【解】　图 1-40 中两个折杆与地基用一个单铰和两个不同方向的无穷远铰相连，三铰不共线。则体系为几何不变体系，且无多余约束。

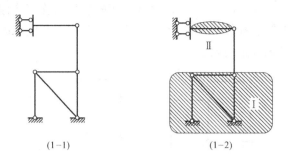

(1-1)　　　　　　　　　　(1-2)

图 1-41　习题 1-1（l）图

【解】　如图 1-41 所示，地基增加二元体得到刚片 I，刚片 I、II 通过 3 根链杆相连。该体系为几何不变体系，且无多余约束。

(m-1)　　　　　　　　　　(m-2)

图 1-42　习题 1-1（m）图

【解】　去掉地基，直接分析上部体系，如图 1-42（m-2）所示。上部体系三个杆件（一个折杆、两个直杆）用三个不共线的单铰相连，则原体系是几何不变体系，且无多余约束。

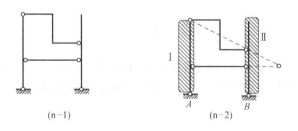

(n-1)　　　　　　　　　　(n-2)

图 1-43　习题 1-1（n）图

【解】　如图 1-43（n-2）所示，地基与两根竖杆看作三个刚片，三个刚片用两个实铰（A 铰、B 铰）和一个虚铰相连，三铰不共线。因此，体系为几何不变体系，且无多余约束。

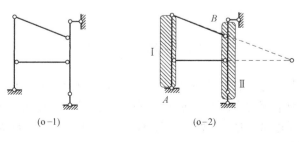

(o-1)　　　　　　　　　　(o-2)

图 1-44　习题 1-1（o）图

【解】　如图 1-44（o-2）所示，地基与两根竖杆看作三个刚片，三个刚片用两个实铰（A 铰、B 铰）和一个虚铰相连，三铰不共线。因此，体系为几何不变体系，且无多余约束。

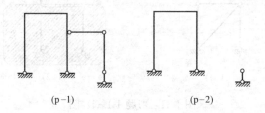

图 1-45　习题 1-1（p）图

【解】　去掉二元体得到图 1-45（p-2）所示体系。很明显，左边是几何不变体系，有一个多余约束。右边是可变体系，少了一个必要约束。因此该体系整体为几何可变体系，缺一个必要约束、有一个多余约束。

1-2　分析图示体系的几何组成。

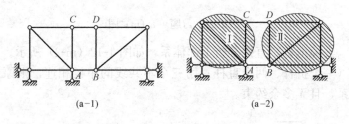

图 1-46　习题 1-2（a）图

【解】　图 1-46 中刚片 Ⅰ 与地基组成无多余约束的大刚片。刚片 Ⅱ 与这个大刚片用一个铰和两个杆相连。则原体系为几何不变体系，有一个多余约束。

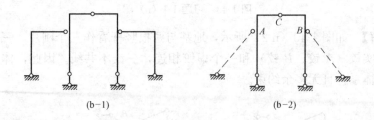

图 1-47　习题 1-2（b）图

【解】　首先，将左右两侧的折杆看成直杆，如图 1-47（b-2）虚线所示。然后，将地基和中部两个折杆看成三个刚片，这三个刚片用三个铰相连，三个铰的位置分别在 A、B、C 处，三铰不共线。因此，该体系为几何不变体系，且无多余约束。

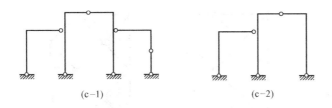

(c-1)　　　　　　　　　　(c-2)

图 1-48　习题 1-2 (c) 图

【解】　图 1-48 (c-1) 去掉右边的二元体后体系如图 1-48 (c-2) 所示。中间部分是没有多余约束的大刚片，左侧折杆与这个大刚片用两个铰相连，多了一个约束。因此，该体系为几何不变体系，且有一个多余约束。

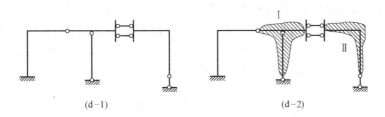

(d-1)　　　　　　　　　　(d-2)

图 1-49　习题 1-2 (d) 图

【解】　图 1-49 (d-1) 中的左边折杆与地基相连，组成一个大刚片。刚片Ⅰ和刚片Ⅱ依次用二刚片的规则与之相连。因此，体系为几何不变体系，且无多余约束。

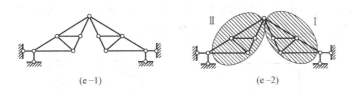

(e-1)　　　　　　　　　　(e-2)

图 1-50　习题 1-2 (e) 图

【解】　如图 1-50 (e-2) 所示，刚片Ⅰ和刚片Ⅱ与地基用三个不共线的铰相连，组成一个几何不变体系，且无多余约束。

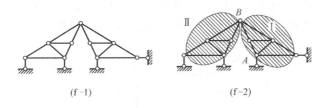

(f-1)　　　　　　　　　　(f-2)

图 1-51　习题 1-2 (f) 图

【解】　图 1-51 (f-2) 中刚片Ⅰ和刚片Ⅱ与地基用三个不共线的铰相连，三铰的位置为 A 点、B 点和竖向的无穷远铰。则体系为几何不变体系，且无多余约束。

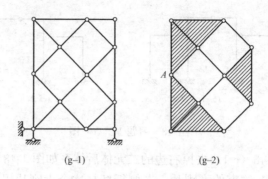

图 1-52 习题 1-2（g）图

　　【解】 去掉地基，只分析上部体系，如图 1-52（g-2）所示。选择阴影所示的三个刚片，按三刚片规则分析。三刚片由两个不在一个方向上的无穷远铰和一个实铰 A 相连，组成的体系是几何不变体系，且无多余约束。因此，该体系为几何不变体系，且无多余约束。

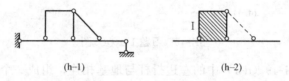

图 1-53 习题 1-2（h）图

　　【解】 去掉地基，只分析上部体系，如图 1-53（h-2）所示。水平杆件增加二元体，组成一个无多余约束的刚片工。虚线所示杆件则为多余约束。因此，该体系为几何不变体系，有一个多余约束。

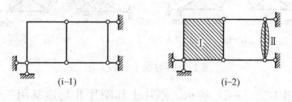

图 1-54 习题 1-2（i）图

　　【解】 如图 1-54（i-2）所示，地基和刚片Ⅰ、刚片Ⅱ用两个虚铰和一个实铰连接。由于两个虚铰是同方向的无穷远铰，因此体系是瞬变体系。

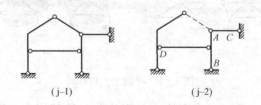

图 1-55 习题 1-2（j）图

　　【解】 首先，在地基上增加 BAC 二元体，如图 1-55（j-2）所示。然后，再增加水平杆和折杆组成的二元体。显然，虚线所示的杆件是一个多余约束。因此，该体系为几何不变体系，且有一个多余约束。

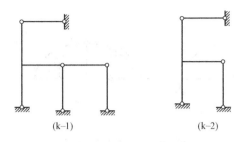

图 1-56　习题 1-2（k）图

【解】　首先，去掉二元体，如图 1-56（k-2）所示。T 形刚片用一个铰和两个杆件与地基相连。很明显，其中一个杆件可以看成是多余约束。因此，该体系为几何不变体系，有一个多余约束。

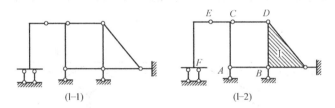

图 1-57　习题 1-2（l）图

【解】　首先，刚片Ⅰ与地基相连组成大刚片，如图 1-57（l-2）所示。然后，依次增加 AB 杆和 A 支座组成的二元体、水平杆 CD 和折杆 ACE 组成的二元体。增加折杆 EF 的时候，多了一个约束。因此，该体系为几何不变体系，有一个多余约束。

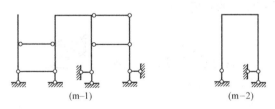

图 1-58　习题 1-2（m）图

【解】　去掉左右两边的二元体后，体系如图 1-58（m-2）所示。该体系为无多余约束的几何不变体系。

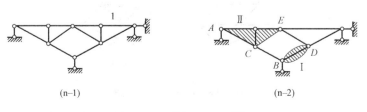

图 1-59　习题 1-2（n）图

【解】 如图 1-59（n-2）所示，刚片Ⅰ、刚片Ⅱ和地基由三个铰相连。三铰的位置分别在 A 点、B 点和沿 AB 连线方向的无穷远处。因此，原体系为瞬变体系。

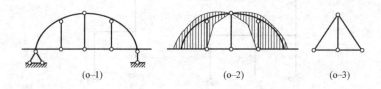

图 1-60 习题 1-2（o）图

【解】 去掉与地基的连接，只考虑上部体系，如图 1-60（o-2）所示。左右阴影部分是没有多余约束的刚片，且分别用两个单铰与其余部分相连。因此，可将阴影部分用连接两个铰的直杆代替，如图 1-60（o-3），很明显这是一个几何不变体系，且无多余约束。因此，原体系为几何不变体系，且无多余约束。

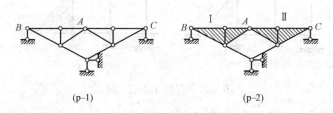

图 1-61 习题 1-2（p）图

【解】 图 1-61（p-2）中，地基、刚片Ⅰ、刚片Ⅱ用三个铰相连，三个铰的位置分别在 A 点、B 点、C 点，三铰共线。体系为瞬变体系。

1-3 分析图示体系的几何组成。

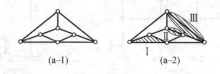

图 1-62 习题 1-3（a）图

【解】 图 1-62（a-2）中，刚片Ⅰ、Ⅱ、Ⅲ由 3 个共线的虚铰组成瞬变体系。

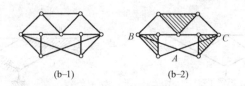

图 1-63 习题 1-3（b）图

【解】 图 1-63（b-2）中，三个刚片用 3 个不共线的虚铰相连，三个铰的

位置分别在 A 点、B 点、C 点，三铰不共线。因此，该体系为几何不变体系，且无多余约束。

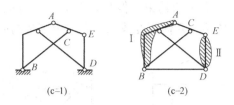

图 1-64　习题 1-3（c）图

【解】　图 1-64 中上部体系和地基只有两个铰相连，可以将地基用连接两个铰的直杆代替，如图 1-64（c-2）所示。刚片 Ⅰ 和刚片 Ⅱ 之间用了四根杆件相连。因此，体系为几何不变体系，有一个多余约束。

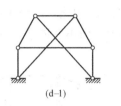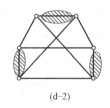

图 1-65　习题 1-3（d）图

【解】　图 1-65（d-2）中，三个刚片由两个虚铰和一个沿两个虚铰连线方向上的无穷远铰相连。因此，体系为瞬变体系。

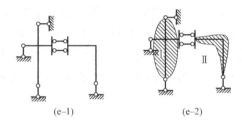

图 1-66　习题 1-3（e）图

【解】　图 1-66（e-2）中，刚片 Ⅰ 与地基先组成一个几何不变体系，且无多余约束。然后，刚片 Ⅱ 再通过一个水平的平行链杆和一个竖向链杆与之相连。则整个体系为无多余约束的几何不变体系。

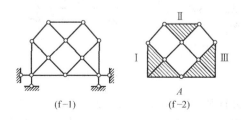

图 1-67　习题 1-3（f）图

【解】　先分析上部体系，如图 1-67（f-2）所示。图中三个刚片由实铰 A 和 2 个方向不一致的平行链杆形成的虚铰相连，三铰不共线。组成无多余约束的几何不变体系，且无多余约束。但是，上部体系与地基之间的连接多了一个约束。因此，原体系为几何不变体系，有一个多余约束。

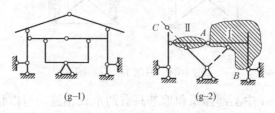

(g-1)　　　　　　(g-2)

图 1-68　习题 1-3（g）图

【解】　去掉顶部二元体，将折杆用直杆代替，如图 1-68（g-2）所示。刚片 I、刚片 II 和地基由实铰 A、B 和虚铰 C 相连，三铰不共线。虚线所示杆件可以看成是多余约束。因此，原体系为几何不变体系，有一个多余约束。

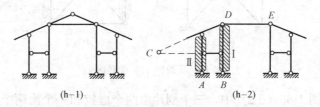

(h-1)　　　　　　(h-2)

图 1-69　习题 1-3（h）图

【解】　图 1-69（h-1）中去掉顶部二元体。体系左半部的刚片 I、刚片 II 和地基用 2 个实铰与两根链杆组成的虚铰相连，三个铰的位置分别在 A 点、B 点、C 点，三铰不共线，组成了无多余约束的几何不变体系。左右两部分组成规律相同。多一根 DE 杆。因此，原体系为几何不变体系，有一个多余约束。

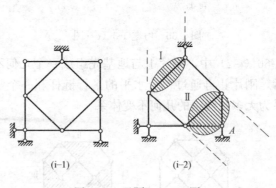

(i-1)　　　　　　(i-2)

图 1-70　习题 1-3（i）图

【解】　去掉二元体后，如图 1-70（i-2）所示。图中刚片 I、II 与地基刚片通过 3 个虚铰连接。三个铰分别为 A 点的虚铰和两个方向不一致的无穷远铰，三铰不共线。因此原体系为无多余约束的几何不变体系。

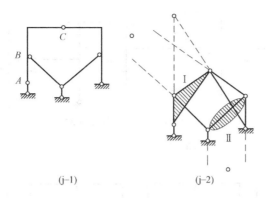

(j-1)　　　　　　　　　(j-2)

图 1-71　习题 1-3 （j）图

　　【解】　图 1-71 （j-1）中，原体系中的左边折杆在 A、B、C 点用铰与其他部分相连，因此，可将折杆用顶点在 A、B、C 三点的铰接三角形代替。右边折杆也同样处理，如图 1-71 （j-2）所示。图中刚片 Ⅰ、Ⅱ 与地基刚片通过 3 个虚铰连接，三铰不共线。因此原体系为无多余约束的几何不变体系。

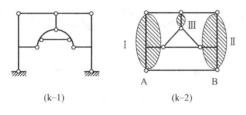

(k-1)　　　　　　　　　(k-2)

图 1-72　习题 1-3 （k）图

　　【解】　地基与上部体系只用两个铰相连，可以用一根直杆代替；中间由两个圆弧和一根水平直杆组成的体系，可以用铰接三角形代替，如图 1-72 （k-2）所示。图示三个刚片组成一个瞬变体系。

　　1-4　将图示体系中的多余约束去掉（不少于三种选择）。

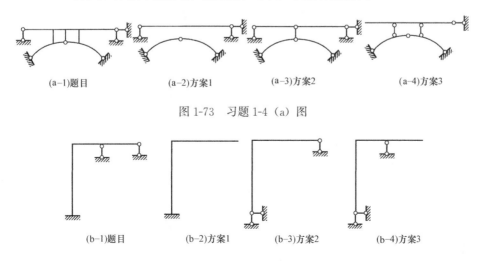

(a-1)题目　　　(a-2)方案1　　　(a-3)方案2　　　(a-4)方案3

图 1-73　习题 1-4 （a）图

(b-1)题目　　　(b-2)方案1　　　(b-3)方案2　　　(b-4)方案3

图 1-74　习题 1-4 （b）图

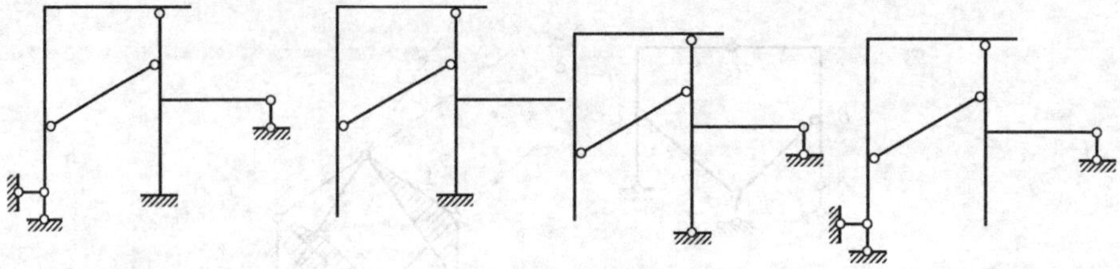

(c-1)题目　　　　(c-2)方案1　　　　(c-3)方案2　　　　(c-4)方案3

图 1-75　习题 1-4（c）图

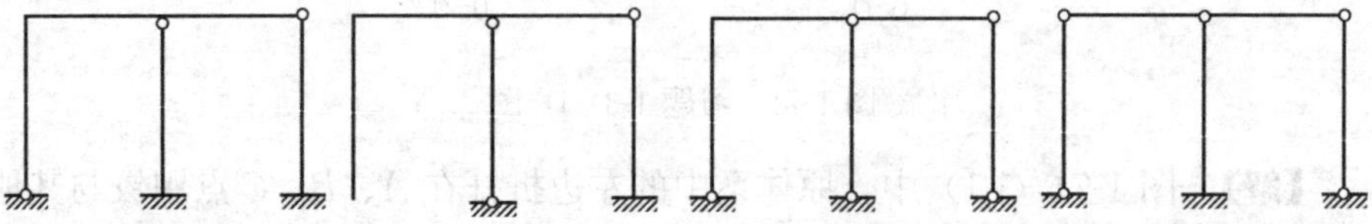

(d-1)题目　　　　(d-2)方案1　　　　(d-3)方案2　　　　(d-4)方案3

图 1-76　习题 1-4（d）图

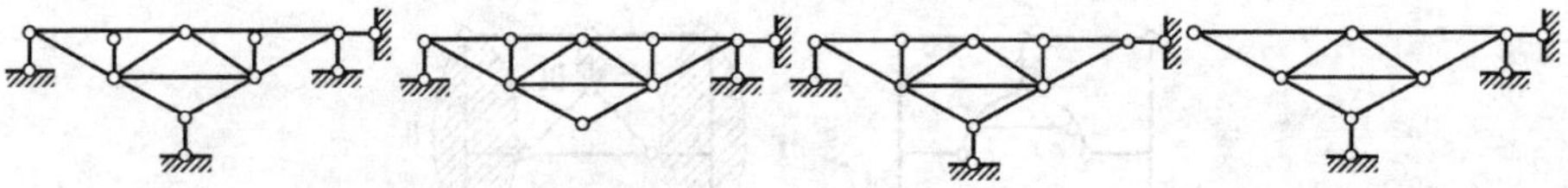

(e-1)题目　　　　(e-2)方案1　　　　(e-3)方案2　　　　(e-4)方案3

图 1-77　习题 1-4（e）图

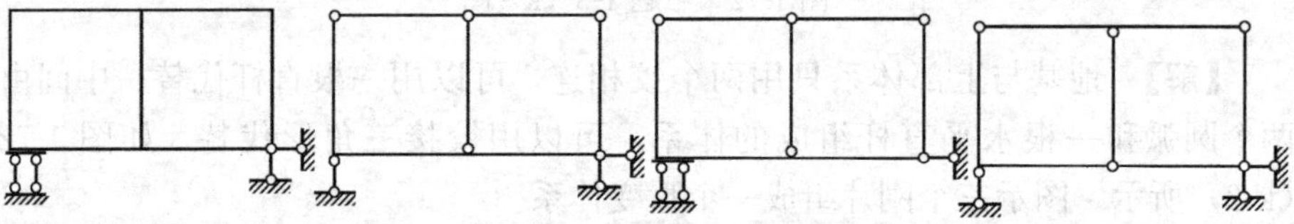

(f-1)题目　　　　(f-2)方案1　　　　(f-3)方案2　　　　(f-4)方案3

图 1-78　习题 1-4（f）图

第2章
静定结构受力分析

2.1 学习目的和要求

本章学习的目的是掌握静定结构内力计算方法和步骤，了解各种静定结构的受力特点和传力途径。

本章的学习为下面两个方面的后续学习奠定基础。

(1) **为求解静定结构的位移作准备**　在利用虚功原理求解静定结构的位移时，需要分别求出静定结构在荷载和单位力作用下的内力。这是静定结构位移求解的第一步。

(2) **为超静定结构的分析作准备**　在超静定结构的分析中，既要用到位移的协调条件，也要用到力的平衡条件。

因此，静定结构内力分析是结构力学十分重要的基础性内容，需要熟练掌握。

2.2 基本内容总结和学习建议

本章的主要内容是利用平衡条件求解各种静定杆系结构在荷载作用下的内力及其变化规律。

2.2.1 一般方法

静定结构是无多余约束的几何不变体系，全部反力和内力都可以利用平衡方程求解。求解的基本过程是取隔离体、列平衡方程、求解未知力。这个过程对所有静定结构都是适用的，必须熟练掌握。学习时要特别注意对这个过程的总体把握及其在具体问题中的灵活应用。以下总结了这个基本过程在求支反力（约束力）及内力中的具体应用。

1. 求解支座反力或刚片间约束力的一般方法

(1) **二刚片型结构**　两个刚片间有三个约束力。取其中一个刚片为隔离体，可列出三个平衡方程，解出三个约束力。

(2) **三刚片型结构**　任意两个刚片间都有两个约束力。分别取这两个刚片为隔离体，可列出两个包含这两个约束力的联立方程，进而解出约束力。

双截面法是求解三刚片型结构的一般方法，凡是符合三刚片组成规律的结构，用这个方法均可以求出全部约束力。对于一些简单的结构，有时并不用求解联立方程。

（3）**基-附型结构**　首先求解附属结构的约束力；然后将约束力反向作用到基本结构上，再求解基本结构的约束力。

2. 求解内力的一般方法

求出支座反力和刚片间约束力以后，就可以针对每一个刚片求截面内力。

（1）**切断控制截面，取出部分结构作为隔离体**　取隔离体时要注意约束必须全部断开，用相应的约束力来代替。未知力按规定的正向标识，已知力按实际方向标识。

（2）**列隔离体的平衡方程，求解截面内力**　列方程时尽量使一个方程只包含一个未知力，避免求解联立方程。

从上面的总结中可以看出，无论是求支反力还是求内力，过程都是一样的。

2.2.2　桁架结构的受力分析

1. 桁架分类

桁架有不同的分类方法，若根据几何组成方式进行分类，不同的桁架类型可采用不同的求解过程。

（1）**简单桁架**　由基础或基本三角形，通过依次增加二元体所组成的桁架。这种桁架只需用节点法、无需求解联立方程就可以依次求出所有杆的内力。

（2）**联合桁架**　由几个简单桁架按二、三刚片组成规则构造的静定结构。这种桁架需要用截面法先求出支反力和简单桁架间的约束力，然后，再求解每一个简单桁架。

（3）**复杂桁架**　具体情况具体分析，有时会用到节点法和截面法联合求解。

学习时要熟练掌握简单桁架、联合桁架的求解，了解复杂桁架的求解。

2. 桁架的一般求解方法

（1）**节点法**　取节点作为隔离体。隔离体上的力为平面汇交力系，所以只有两个平衡方程可以利用，由隔离体的平衡最多能求出两个未知力。

对于简单桁架，按照去掉二元体的顺序逐步求解，不用求解联立方程，就可依次求得全部杆件的轴力。

（2）**截面法**　用截面切开桁架，取其中的一部分作为隔离体。隔离体上的力为平面任意力系，有三个平衡方程可以利用，最多能求三个未知力。

（3）**联合法**　联合应用节点法和截面法建立平衡方程，主要用于复杂桁架的求解。求解步骤与具体问题有关，一般是用节点法建立截面法方程中未知力间的关系。

3. 桁架求解的一些特殊情况

（1）**零杆的情况**

① **二杆节点**（图 2-1a）

② **节点单杆**（图 2-1b）

③ **对称性中的"K"节点**（图 2-1c）

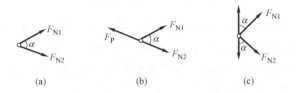

图 2-1 零杆的几种情况

(a) $\alpha \neq 0$，π 时，$F_{N1} = F_{N2} = 0$；(b) $\alpha \neq 0$，π 时，$F_{N1} = 0$；

(c) $\alpha \neq 0$，π 时，$F_{N1} = -F_{N2}$。若节点位于对称结构水平对称

轴上，且结构的荷载为正对称，则 $F_{N1} = F_{N2} = 0$

（2）**特殊节点**（图 2-2）

F_{N1}、F_{N4} 共线，F_{N2}、F_{N3} 共线

$\alpha \neq 0$，π 时，

$F_{N1} = F_{N4}$、$F_{N2} = F_{N3}$

图 2-2 特殊节点

（3）**截面单杆的情况** 截断三杆以上时，若除一根杆（单杆）外，其余各杆均交于一点，用力矩法求该杆内力。若除一根杆（单杆）外，其余各杆均平行，用投影法求该杆内力。

（4）**杆件轴力的滑移和分解** 有些斜杆轴力的力臂不方便求解，可以将轴力滑移到某一特殊位置，使该力的一个分力力臂等于零，另一个分力的力臂也很容易确定。求出一个分力后，按照比例关系，就可以求出轴力了。

（5）**对称性的利用** 利用对称性可以判断某些杆件的轴力；对于复杂结构还可以将荷载进行分组计算。

上面几种特殊情况可以使桁架计算过程得到简化。还有一些其他情况建议读者在学习时注意总结和积累。

4. 各类平面梁式桁架的比较

学习这部分内容的目的是通过轴力分布特点的比较，了解各种梁式桁架的适用范围、施工特点等，使读者认识到合理的结构形式不是唯一的，选择时要综合考虑使用功能、荷载形式、环境特点、材料种类、施工的难易程度等多方面的要求。这对培养读者工程意识是非常重要的。

2.2.3 三铰拱结构的受力分析

学习这部分内容的要求是：

（1）**明确拱结构的受力特点、材料选用和适用范围等内容**。拱结构的轴线为曲线，在竖向荷载作用下能产生水平反力。可以发挥混凝土及砖石材料受压性能好的特点。

（2）**熟练掌握竖向荷载作用下等高拱反力和截面内力计算公式**。通过计算公式，正确理解拱与等代梁受力的异同点，加深对拱结构受力特点的认识。

（3）**理解合理拱轴的定义，熟练掌握其计算公式。**

2.2.4 静定梁、静定刚架和组合结构的受力分析

(1) **熟练绘制简支梁、悬臂梁和伸臂梁在均布荷载、集中力和集中力偶作用下的弯矩图和剪力图。** 读者应该做到"提笔就画"的程度。

(2) **熟练求解多跨静定梁、多层多跨刚架（基-附结构）的支反力及各部分之间的约束力。** 读者应做到思路清晰、求解正确。

(3) **熟练掌握弯矩的区段叠加法**（这个方法在梁及刚架的受力分析中具有非常广泛的应用）。建议读者一定要多做练习，做到熟能生巧。

(4) **熟练掌握组合结构的计算。** 一定要区分哪些杆件是桁架杆，哪些杆件是梁式杆。取隔离体时，应尽量切断桁架杆，减少未知力的个数。

2.3 附加例题

【**附加例题 2-1**】 试分析确定图 2-3（a）所示桁架的零杆。

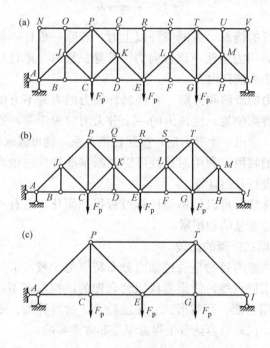

图 2-3 附加例题 2-1 图

【**解**】 这个例题中包括两种零杆情况。

① 二杆节点 节点 N 是二杆节点，且无荷载作用，故杆件 NA、NO 均为零杆。去掉杆件 NA、NO 以后，节点 O 同样也是二杆节点，故杆件 OJ、OP 也是零杆。同理，可判断节点 V 的杆件 VI 和 VU、节点 U 的杆件 UT 和 UM 也是零杆。

② 节点单杆 去掉已判断出的零杆后，结构如图 2-3（b）所示。在这个图中可以明显看出，杆件 JB、DK、QK、RE、SL、LF、MH 都是无荷载作

用时的节点单杆，因此，均为零杆。去掉这些零杆后，又发现杆件 JC、CK、LG、MG 也变成了节点单杆，也是零杆。

去掉全部零杆后，得到如图 2-3（c）所示结构。这时，再进行计算就简单多了。

【附加例题 2-2】 试确定图 2-4（a）所示桁架中的零杆。

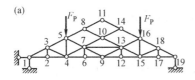 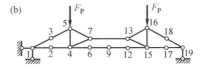

图 2-4 附加例题 2-2 图

【解】 这个例题中包括三种零杆情况。

① 二杆节点 节点 11 上只有两个不共线的杆，且无荷载作用，故杆件 11-8、11-14 均为零杆。接下来，可同理判断节点 8 的杆件 8-5 和 8-10、节点 14 的杆件 14-10 和 14-16、节点 10 的杆件 10-7 和 10-13 也是零杆。

② 节点单杆 节点 2 有一个单杆 2-3，且无荷载作用，故单杆 2-3 为零杆。同理单杆 6-7、12-13、17-18 也是零杆。去掉这些零杆后，杆件 3-4、15-18 也变成了单杆，也是零杆。

③ 对称性中的"K"节点 节点 9 为"K"节点，杆件 7-9、9-13 的轴力应该等值反向；但是，这两个杆件又位于对称轴两侧的对称位置，且荷载对称，因此，从对称性的角度出发，两个杆件的轴力又应该相等。由此，可以判定杆件 7-9、9-13 为零杆。

去掉全部零杆后，得到如图 2-4（b）所示结构。

【附加例题 2-3】 试求图 2-5（a）所示桁架各杆轴力。

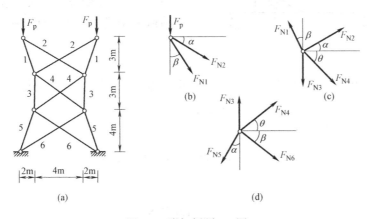

图 2-5 附加例题 2-3 图

【解】 由于结构和荷载都是对称的，处于对称位置的一对杆件轴力相等，故每对杆件采用了相同的编号，计算时均取左侧节点为隔离体。为了方便，先将一些角度的函数值计算出来：

$$\sin\alpha=\frac{1}{\sqrt 5},\ \cos\alpha=\frac{2}{\sqrt 5},\ \sin\beta=\frac{2}{\sqrt{13}},\ \cos\beta=\frac{3}{\sqrt{13}},\ \sin\theta=\frac{3}{5},\ \cos\theta=\frac{4}{5}$$

该结构是简单桁架，可以从上部依次取二元体节点计算，解出全部杆件的轴力。

取杆件 1、2 组成的二元体节点为隔离体（图 2-5b），列出下式：

$$\sum F_x=0,\ F_{N1}\sin\beta+F_{N2}\cos\alpha=0$$

$$\sum F_y=0,\ F_{N1}\cos\beta+F_{N2}\sin\alpha+F_P=0$$

得

$$F_{N1}=-\frac{\sqrt{13}}{2}F_P=-1.8028F_P,\ F_{N2}=\frac{\sqrt 5}{2}F_P=1.118F_P$$

取杆件 3、4 组成的节点为隔离体（图 2-5c），分别列出下式：

$$\sum F_x=0,\ F_{N4}\cos\theta+F_{N2}\cos\alpha-F_{N1}\sin\beta=0$$

$$\sum F_y=0,\ F_{N3}+F_{N4}\sin\theta-F_{N2}\sin\alpha-F_{N1}\cos\beta=0$$

得

$$F_{N4}=-2.5F_P,\ F_{N3}=0.5F_P$$

取杆件 5、6 组成的节点为隔离体（图 2-5d），列出下式：

$$\sum F_x=0,\ F_{N6}\cos\beta-F_{N5}\sin\alpha+F_{N4}\cos\theta=0$$

$$\sum F_y=0,\ F_{N6}\sin\beta+F_{N5}\cos\alpha-F_{N4}\sin\theta-F_{N3}=0$$

得

$$F_{N5}=-1.9566F_P,\ F_{N6}=1.3521F_P$$

【附加例题 2-4】　试用较简便的方法计算图 2-6 所示桁架指定杆 a、b 的内力。

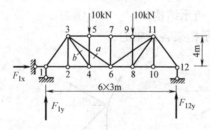

图 2-6　附加例题 2-4 图

【解法 1】　节点 7 上没有荷载作用，故节点单杆 7-6 为零杆。去掉零杆 7-6 后，节点 6 变成了 "K" 节点，由于荷载是对称的，故杆件 6-3 和 6-11 也为零杆，即

$$F_{Na}=0$$

取节点 5，列 $\sum F_y=0$，可得

$$F_{N5\text{-}4}=-10\text{kN}$$

再取节点 4，列

$$\sum F_y=0,\ F_{Nb}\times\frac{4}{5}+F_{N5\text{-}4}=0$$

得

$$F_{Nb}=12.5\text{kN}$$

【解法 2】　首先，求出支反力，得

$$F_{1y}=F_{12y}=10\text{kN}\ (\uparrow),\ F_{1x}=0$$

然后，用截面切断杆件 5-7、3-6、4-6，取左部为隔离体，杆件 3-6 是截面单杆。根据 $\sum F_y=0$，得

$$F_{Na}=0$$

最后，用截面切断杆件 3-5、3-4、2-4，取左部分为隔离体，杆件 3-4 也是截面单杆（因为杆件 3-6 轴力已经求出）。列出下式：

$$\sum F_y=0,\quad F_{Nb}\times\frac{4}{5}-F_{1y}=0$$

得

$$F_{Nb}=12.5\text{kN}$$

建议读者练习时，尽量采用多种解法。一方面，可以对答案进行校核；另一方面，可以拓宽思路，举一反三。

【附加例题 2-5】 试确定图 2-7（a）所示复杂桁架指定杆 a、b、c 的内力。

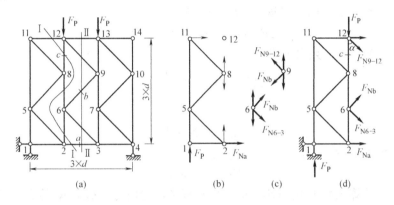

图 2-7 附加例题 2-5 图

【解】 首先，求得支反力

$$F_{1y}=F_{4y}=F_P\ (\uparrow),\quad F_{1x}=0$$

然后，用 I-I 截面截取图 2-7（b）所示隔离体，根据

$$\sum M_{12}=0,\quad F_P\times d-F_{Na}\times 3d=0$$

得

$$F_{Na}=\frac{F_P}{3}$$

再由节点 6、节点 9 都是"K"节点（图 2-7c），得

$$F_{Nb}=-F_{N6\text{-}3} \tag{a}$$

$$F_{Nb}=-F_{N9\text{-}12} \tag{b}$$

再用 II-II 截面截取隔离体（图 2-7d），得

$$\sum F_y=0,\quad F_P-F_P+(F_{Nb}-F_{N6\text{-}3}-F_{N9\text{-}12})\cos\alpha=0 \tag{c}$$

将式（a）和式（b）代入式（c），得

$$F_{Nb}=F_{N6\text{-}3}=F_{N9\text{-}12}=0$$

取节点 12 为隔离体（$F_{N9\text{-}12}=0$），根据 $\sum F_y=0$，得

$$F_{Nc}=-F_P$$

【附加例题 2-6】 试求图 2-8（a）所示带拉杆的三铰拱截面 K 的弯矩。

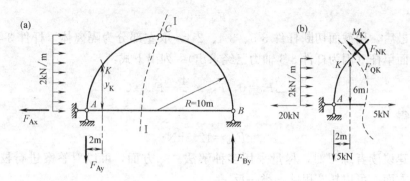

图 2-8　附加例题 2-6 图

【解】　本例为水平荷载作用，故尽管是带拉杆的三铰拱，支座 A 仍有水平反力存在。由整体平衡条件 $\sum F_x = 0$，得

$$F_{Ax} = 2 \times 10 = 20 \text{kN}(\leftarrow)$$

由 $\sum M_A = 0$，列出下式

$$20 F_{By} - 2 \times 10 \times \frac{10}{2} = 0$$

得

$$F_{By} = 5 \text{kN} \ (\uparrow)$$

根据 $\sum F_y = 0$，得

$$F_{Ay} = 5 \text{kN}(\downarrow)$$

为了计算截面 K 的弯矩，应求出拉杆 AB 的内力和截面 K 的纵坐标 y_K。作截面 I-I，取右半边为隔离体，由 $\sum M_C = 0$，得

$$10 F_{NAB} - 5 \times 10 = 0$$

得

$$F_{NAB} = 5 \text{kN}(拉)$$

根据几何关系

$$y_K = \sqrt{10^2 - 8^2} = 6 \text{m}$$

切断截面 K，取左部分为隔离体（图 2-8b），列出下式

$$\sum M_K = 0, M_K + \frac{1}{2} \times 2 \times 6^2 - (20 - 5) \times 6 + 5 \times 2 = 0$$

得

$$M_K = 44 \text{kN} \cdot \text{m}(内侧受拉)$$

【附加例题 2-7】　试作图 2-9（a）所示多跨静定梁的弯矩图。

【解】　（1）先作出层叠图，如图 2-9（b）所示。按照先分析附属部分、后分析基本部分的原则，依次分析 CD 段梁、AC 段梁。

（2）依次取每段梁为隔离体，求梁的约束力。

取 CD 段为隔离体，即

$$\sum M_D = 0, \ M_{CD} - F_P \times l = 0, \ 得 \ M_{CD} = F_P l$$

将 M_{CD} 反向作用到 AC 段的 C 点，视为荷载。

（3）绘制弯矩图：根据各段梁上的受力很容易画出每一梁段的弯矩图，

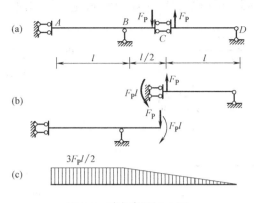

图 2-9 附加例题 2-7 图

如图 2-9（c）所示。

【附加例题 2-8】 试作图 2-10（a）所示静定刚架的内力图。

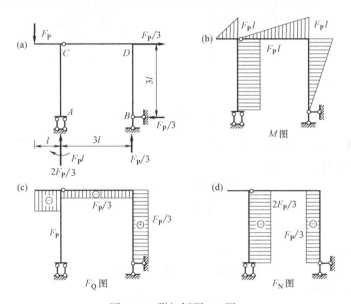

图 2-10 附加例题 2-8 图

【解】 本例为三铰刚架，支座 A 为定向支座。先求支座 B 的水平反力，由整体平衡条件 $\sum F_x = 0$，得

$$F_{Bx} = F_P/3(\leftarrow)$$

取 CB 部分为隔离体，列 $\sum M_C = 0$，得

$$F_{By} = F_P/3(\uparrow)$$

由整体平衡条件 $\sum F_y = 0$，得

$$F_{Ay} = 2F_P/3(\uparrow)$$

由整体平衡条件 $\sum M_A = 0$，得

$$M_A = F_P l(顺时针)$$

把支座 A、B 的反力标在图 2-10（a）上。内力图如图 2-10（b）~（d）所示。

【附加例题 2-9】 试作图 2-11（a）所示静定刚架的内力图。

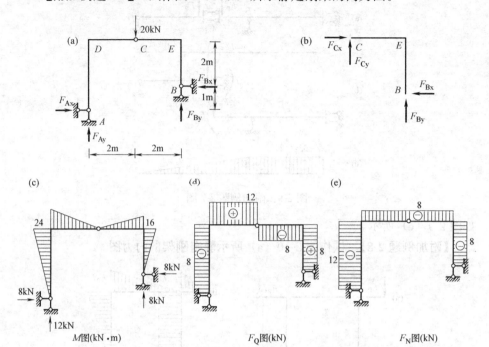

图 2-11　附加例题 2-9 图

【解】 本例为底铰不等高的三铰刚架，先求支座 B 的支座反力。由整体平衡条件 $\sum M_A=0$，得

$$F_{Bx}+4F_{By}-20\times2=0 \tag{a}$$

取 CB 部分为隔离体（图 2-11b），根据 $\sum M_C=0$，得

$$-2F_{Bx}+2F_{By}=0 \tag{b}$$

联立求解式（a）和式（b），得

$$F_{Bx}=8kN(\leftarrow),F_{By}=8kN(\uparrow)$$

由整体平衡条件 $\sum F_x=0$ 和 $\sum F_y=0$ 分别可得

$$F_{Ax}=8kN(\rightarrow),F_{Ay}=12kN(\uparrow)$$

把支座 A、B 的反力标在图 2-11（c）上。内力图如图 2-11（c）～（e）所示。

【附加例题 2-10】 计算图 2-12（a）所示静定组合结构，求出桁架杆轴力，画出梁式杆的弯矩图。

【解】 先求支座反力，根据 $\sum F_x=0$

$$F_{Ax}-16=0,得\ F_{Ax}=16kN(\rightarrow)$$

根据 $\sum M_B=0$

$$8\times6+16\times8.5-F_{Ay}\times8=0,得\ F_{Ay}=23kN(\uparrow)$$

根据 $\sum F_y=0$

$$F_{By}+23-8=0,得\ F_{By}=-15kN(\downarrow)$$

取出右半部分为隔离体（图 2-12b），根据 $\sum M_C=0$

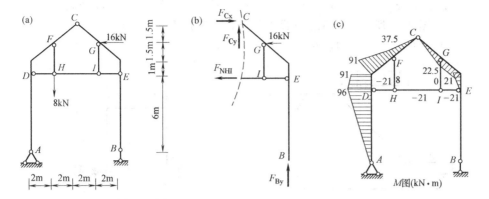

图 2-12 附加例题 2-10 图

$$-15\times4-16\times1.5-F_{NHI}\times4=0,得 F_{NHI}=-21\text{kN}(压)$$

由节点 I 水平、竖向平衡可知

$$F_{NGI}=0,F_{NEI}=F_{NHI}=-21\text{kN}(压)$$

由节点 H 水平、竖直平衡可知

$$F_{NFH}=8\text{kN}(拉),F_{NDH}=F_{NHI}=-21\text{kN}(压)$$

梁式杆 ADC、BEC 的弯矩图如图 2-12 (c) 所示。

2.4 自测题及答案

自测题 （A）

一、是非题（将判断结果填入括号：以○表示正确，以×表示错误，每小题 4 分）

1. 在静定刚架中，只要已知杆件两端弯矩和该杆所受外力，则该杆内力分布就可完全确定。（　　　）

2. 图 2-13 所示两根相同的对称三铰刚架，承受的荷载不同，但二者的支座反力是相同的。（　　　）

3. 图 2-14 所示结构 M 图的形状是正确的。（　　　）

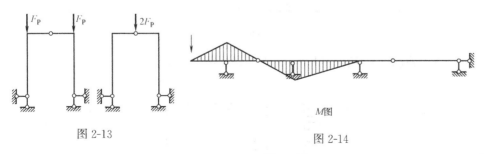

图 2-13

M图

图 2-14

二、选择题（将选中答案的字母填入括号内，每小题 5 分）

1. 图 2-15 所示结构 M_K（设下侧受拉为正）为（　　　）。

A. $qa^2/2$　　　B. $-qa^2/2$　　　C. $3qa^2/2$　　　D. $2qa^2$

2. 图 2-16 所示结构 M_{DC}（设下侧受拉为正）为（　　）。

A. $-F_{P}a$　　　B. $F_{P}a$　　　C. 0　　　D. $F_{P}a/2$

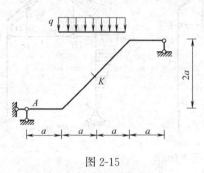

图 2-15

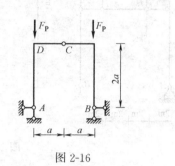

图 2-16

三、填充题（将答案写在空格内，每小题 6 分）

1. 图 2-17 所示结构支座 A 转动 φ 角，$M_{AB}=$＿＿＿＿＿，$F_{RC}=$＿＿＿＿＿。

2. 图 2-18 所示梁支座 B 处左侧截面的剪力 $F_{QB左}=$＿＿＿＿＿，已知 $l=2m$。

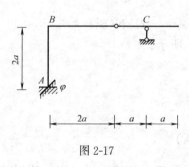

图 2-17

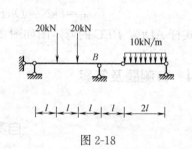

图 2-18

四、作图 2-19 所示静定刚架 M 图。（20 分）

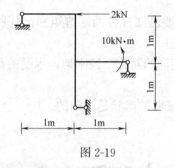

图 2-19

五、作图 2-20 所示结构的 M 图。（20 分）

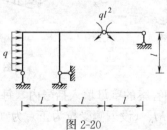

图 2-20

六、作图 2-21 所示结构内力图。（26 分）

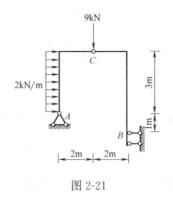

图 2-21

自测题（B）

一、是非题（将判断结果填入括号：以○表示正确，以×表示错误，每小题 4 分）

1. 静定结构在荷载作用下产生的内力与杆件弹性常数、截面尺寸无关。（　　）

2. 图 2-22 所示桁架中，$F_{N1}=F_{N2}=F_{N3}=0$。（　　）

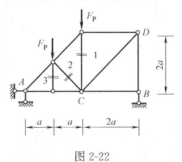

图 2-22

二、选择题（将选中答案的字母填入括号内，每小题 5 分）

1. 图 2-23 所示桁架 C 杆的内力是（　　）。

A. F_P　　　　　　B. $-F_P/2$　　　　　　C. $F_P/2$　　　　　　D. 0

2. 图 2-24 所示结构 F_{NDE}（拉）为（　　）。

A. 70kN　　　　　　B. 80kN　　　　　　C. 75kN　　　　　　D. 64kN

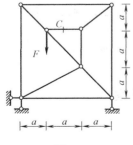

图 2-23

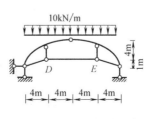

图 2-24

三、填充题（将答案写在空格内，每小题 6 分）

1. 图 2-25 所示抛物线三铰拱，矢高为 4m，在 C 点作用集中力 $F＝20$kN，在 D 点作用力偶 $m＝80$kN·m，则 $M_{D左}＝$_____，$M_{D右}＝$_____。

2. 图 2-26 所示三铰拱的水平推力 $F_H＝$_____。

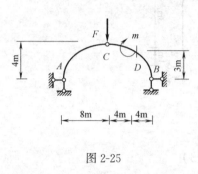

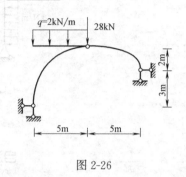

图 2-25

图 2-26

3. 图 2-27 所示结构中，$F_{NCD}＝$_____，$F_{NEF}＝$_____。

四、作图 2-28 所示结构 M 图，并求 AB 杆的轴力。（20 分）

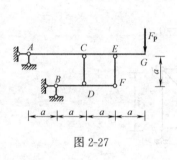

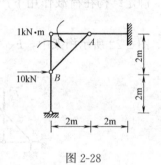

图 2-27

图 2-28

五、求图 2-29 所示结构 M 图，并求链杆的轴力。（24 分）

六、求图 2-30 所示桁架杆 a、b 的内力。（20 分）

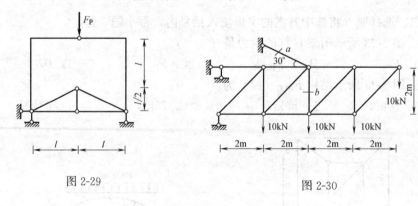

图 2-29

图 2-30

自测题（A）参考答案

一、1. ×　2. ×　3. ○

二、1. C　2. C

三、1. 0，0 2. −80/3kN

四、如图 2-31 所示。

五、如图 2-32 所示。

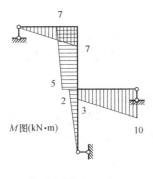

图 2-31

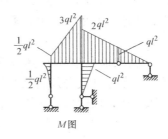

图 2-32

六、如图 2-33 所示。

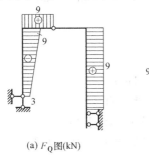

(a) F_Q 图(kN)

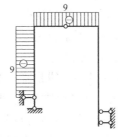

(b) F_N 图(kN)

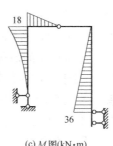

(c) M 图(kN·m)

图 2-33

自测题 （B） 参考答案

一、1. ○ 2. ×

二、1. A 2. B

三、1. −50kN·m，30kN·m 2. 165/7kN 3. −8F_P，4F_P

四、如图 2-34 所示，$F_{NAB}=13.43$kN（压）

五、如图 2-35 所示，$F_{N1}=F_{N2}=F_{N5}=0$，$F_{N3}=F_{N4}=\dfrac{F_P}{3}$（拉）

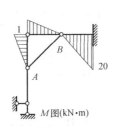

图 2-34

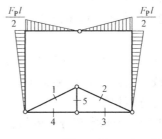

图 2-35

六、$F_{Na}=100kN$，$F_{Nb}=30kN$

2.5　主教材思考题答案

2-1　如何利用几何组成分析结论计算支座（约束）反力？

答：支座（约束）反力计算应该按结构组装（或几何组成）的相反顺序进行。

2-2　桁架轴力计算时为何先判断零杆和某些易求杆轴力？

答：判断零杆或先判断某些易求杆内力可使计算对象化简，有利于合理地选择隔离体，以便尽可能使一个方程对应求解一个未知内力。

2-3　对以三刚片规则所组成的联合桁架应如何求解？

答：首先确定三刚片六个联系中以哪两个联系的作用力为基本求解未知量；分别用两个截面（因此也称双截面法）取包含基本求解未知量的两个简单桁架部分为隔离体；建立两个独立的含基本求解未知量的平衡方程并求解未知量；最后，按简单桁架分析每一组成部分。

2-4　三铰拱的合理轴线与哪些因素有关？

答：与所作用的荷载、三铰位置有关。

2-5　对于给定的荷载，合理拱轴曲线是唯一的吗？

答：若三个铰的位置也已知，则合理拱轴是唯一的。

2-6　带拉杆三铰拱受力上有什么优点？拉杆轴力如何确定？

答：竖向荷载作用时带拉杆的三铰拱，支座的水平推力等于零，可以减少基础和地基的负担。可用 $F_N=M_C^0/f$ 来求拉杆轴力，式中 f 为顶铰到拉杆的垂直距离。在一般荷载情况下，在求得反力后，取部分为隔离体，由对顶铰的力矩总和为零来求。

2-7　均布荷载作用下的受弯构件的弯矩一定是按曲线变化吗？没有荷载的区段，弯矩一定按直线变化吗？

答：对于直杆是这样的。但是，对于曲杆却不一定。具体例子见教材例题。

2-8　为什么直杆上任一区段的弯矩图可以用对应简支梁由叠加法来确定？

答：因为区段杆件的受力与相同跨度的简支梁在两端截面弯矩和杆件原有荷载作用下的受力完全一样。

2-9　为什么相同跨度、相同荷载作用的斜梁与水平梁的弯矩是一样的？如图 2-36 所示。

答：　因为二者的竖向支反力和竖向荷载相等，斜梁没有水平反力和水平荷载。这样，斜梁截面的弯矩就只与竖向力到截面的水平距离有关。因此，二者的弯矩相等。

2-10　若基本部分与附属部分之间用铰连接，那么作用在该铰处的集中力由哪部分承担？

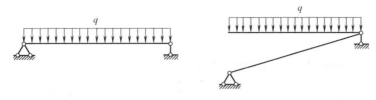

图 2-36　思考题 9 图

答：由基本部分承担。

2-11　多跨静定梁的内力分布相比简支梁有哪些优越性？

答：多跨静定梁的内力分布比较均匀，相同荷载下，内力最大值降低。因此，能充分发挥材料的性能，节约材料。

2-12　多跨静定梁分析的关键是什么？

答：多跨静定梁分析的关键是基本部分和附属部分（也称叠层）关系图。然后按照先附属部分、后基本部分的顺序依次计算各部分之间的约束力。

2-13　不等高三铰刚架的反力计算能否不通过求解联立方程？

答：可以，将不等高三铰刚架的支座反力沿拱趾铰连线及垂直于连线的方向进行分解，则可像等高时一样无需解联立方程。但是，在求内力时还要将这些支反力沿着杆件和垂直于杆件的方向分解。若在第一步中解联立方程，求内力时就会简单些。

2-14　作平面刚架内力图的一般步骤是什么？

答：（1）一般先求支座反力（悬臂刚架除外），组成复杂时拟先分析构成，按与组成的相反顺序求反力、约束力。

（2）求控制截面弯矩并用区段叠加法逐段作 M 图。

（3）求区段杆端剪力 F_Q（可取杆段为隔离体，由此隔离体受力图对两杆端取矩来求），然后像材料力学一样作出各杆的 F_Q 图。注意剪力图可画在杆轴任意一侧，但必须标明正负号。

（4）求区段杆端轴力 F_N（可取节点为隔离体，在已知剪力条件下用投影方程来求），然后逐杆作 F_N 图。同样要注意标明正负号。

（5）以没有用过的隔离体校核是否平衡。

2-15　静定组合结构分析应注意什么？

答：应注意：

（1）分清哪些杆为桁架杆，哪些是梁式杆。

（2）除求梁式杆控制截面 M 以外，一般要避免切断梁式杆（它将暴露 F_N、F_Q 和 M 三个未知内力）。

2-16　静定结构内力分布情况与杆件截面的几何性质和材料物理性质是否有关？

答：静定结构内力可仅由平衡方程求得，因此与杆件截面的几何性质和材料物理性质无关。

2.6　主教材习题详细解答

2-1　试判断图 2-37 桁架中的零杆。

【解】

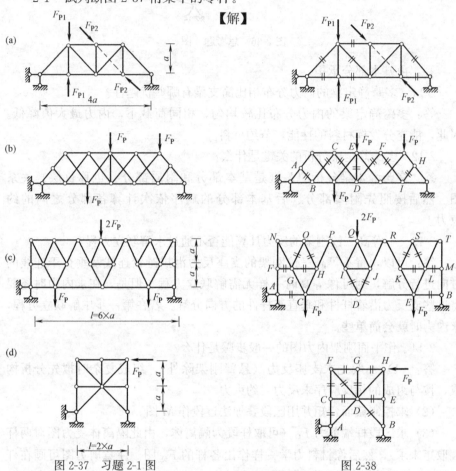

图 2-37　习题 2-1 图　　　　　　　　图 2-38

2-2　试用节点法求图 2-39～图 2-41 所示桁架中的各杆轴力。

（a）

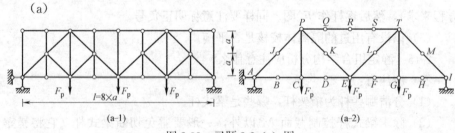

图 2-39　习题 2-2（a）图

【解】　去除零杆后结构如图2-39（a-2）所示。

由节点 A 得：

$$F_{NAJ}=-1.5\sqrt{2}F_P, \quad F_{NAB}=1.5F_P$$

由节点 B、J 得：$F_{NBC}=F_{NAB}=1.5F_P$, $F_{NJP}=F_{NAJ}=-1.5\sqrt{2}F_P$

由节点 C 得：$F_{NCD} = 1.5F_P$，$F_{NCP} = F_P$

由节点 P 得：$F_{NPK} = \frac{\sqrt{2}}{2}F_P$，$F_{NPQ} = -2F_P$

由节点 D、K、Q 得：

$F_{NDE} = F_{NDC} = 1.5F_P$，$F_{NKE} = F_{NKP} = \frac{\sqrt{2}}{2}F_P$，$F_{NRQ} = F_{NQP} = -2F_P$

右半部杆件轴力由对称性可得。

（b）

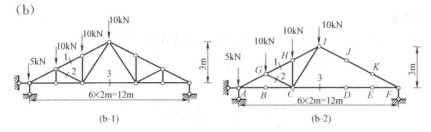

图 2-40 习题 2-2（b）题图

【解】 去除 BG、EK、DJ、DK、DI 零杆后，结构如图 2-40（b-2）所示。

由 A 节点得：

$F_{NAG} = -20\sqrt{5}\text{kN}$，$F_{NAB} = 40\text{kN}$

由 G 节点得：

$F_{N2} = -5\sqrt{5}\text{kN}$，$F_{N1} = -15\sqrt{5}\text{kN}$

由 F 节点得：$F_{N3} = F_{NFE} = 20\text{kN}$

（c）

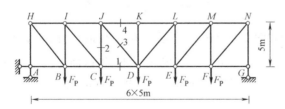

图 2-41 习题 2-2（c）图

【解】 DK 为零杆。

由 A 节点得：$F_{NAB} = 0$，$F_{NAH} = -2.5F_P$

由 H 节点得：$F_{NHB} = \frac{5\sqrt{2}}{2}F_P$，$F_{NHI} = -2.5F_P$

由 B 节点得：$F_{NBC} = 2.5F_P$，$F_{NBI} = -1.5F_P$；$F_{NIC} = \frac{3\sqrt{2}}{2}F_P$，$F_{NIJ} = -4F_P$

由 C 节点得：$F_{N1} = 4F_P$，$F_{N2} = -0.5F_P$；由 J 结点得 $F_{N3} = \frac{\sqrt{2}}{2}F_P$，$F_{N4} = -4.5F_P$

2-3 用截面法求图 2-42~图 2-43 所示桁架中指定杆的轴力。

(a)

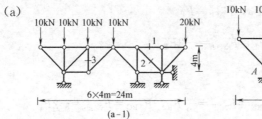
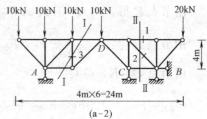

图 2-42 习题 2-3 (a) 图

【解】
如图2-42（a-2）所示，由Ⅰ-Ⅰ截面，取左半部分得：$F_{N3}=0$

由Ⅱ—Ⅱ截面，取右半部分得：$F_{N2}=-10\sqrt{2}kN$，$F_{N1}=20kN$

(b)

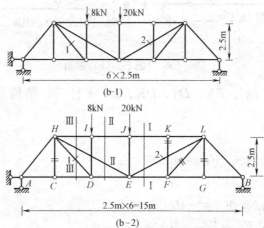

图 2-43 习题 2-3 (b) 图

【解】 零杆如图 2-43 (b-2) 所示。由Ⅰ-Ⅰ截面得：$F_{N2}=\sqrt{5}F_{By}=28.32kN$

由Ⅱ-Ⅱ截面得：$F_{NHE}=16.39kN$；由Ⅲ-Ⅲ截面得：$F_{N1}=8\sqrt{2}kN$

2-4 试求图 2-44～图 2-45 所示桁架指定杆的轴力。

(a)

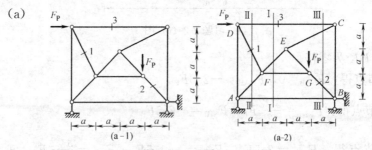

图 2-44 习题 2-4 (a) 图

【解】 如图 2-44 (a-2)，由节点 G 得：$F_{NGF}=-F_P$；由Ⅰ-Ⅰ截面得：

$$F_{N3}=-\frac{2}{3}F_P$$

由Ⅱ-Ⅱ截面得：$F_{N1}=-\frac{\sqrt{5}}{3}F_P$；由Ⅲ-Ⅲ截面得：$F_{N2}=-\frac{7\sqrt{2}}{6}kN$

(b)

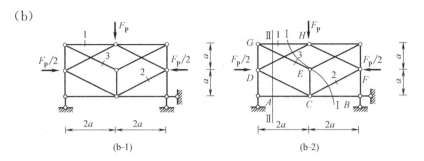

图 2-45　习题 2-4 (b) 图

【解】　如图 2-45 (b-2)，由节点 A 得：$F_{NAC}=0$，

由节点 B 得：$F_{NBC}=0$，

由 I-I 得：$F_{N1}=\dfrac{F_P}{2}$

由对称性得：$F_{N2}=F_{NCD}$

由 II-II 得：$F_{N3}=-\dfrac{\sqrt{5}}{4}F_P$，

$$F_{N2}=\dfrac{\sqrt{5}}{4}F_P$$

2-5　试用对称性求图 2-46 所示桁架各杆轴力。

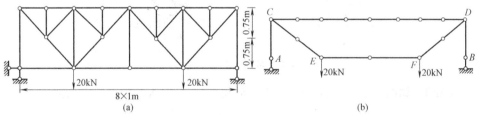

图 2-46　习题 2-5 图

【解】　去掉零杆简化后体系如图 2-46 (b)。

由 E 节点得：$F_{NEC}=33.33\text{kN}$；$F_{NEF}=26.67\text{kN}$

由 C 节点得：$F_{NCD}=-26.67\text{kN}$；由对称性得：$F_{NFD}=F_{NEC}=33.33\text{kN}$

2-6　试说明如何用较简单的方法求图 2-47～图 2-50 所示桁架指定杆件的轴力。

(a)

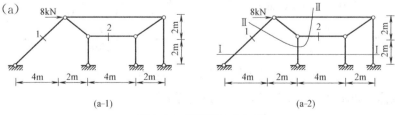

图 2-47　习题 2-6 (a) 图

【解】　如图 2-47 (a-2)，由 I-I 截面得：$F_{N1}=8\sqrt{2}\text{kN}$；由 II-II 截面得：

$F_{N2}=-8\text{kN}$

(b)

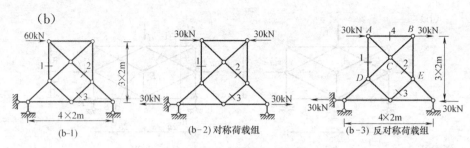

图 2-48 习题 2-6 (b) 图

【解】 将荷载与支座反力分解成对称和反对称情况，对称情况下，1、2、3 杆轴力为零。反对称情况下，4 杆轴力为零。

由 A 节点得：$F_{NAC} = F_{N2} = -30\sqrt{2} \text{kN}$，$F_{N1} = 30 \text{kN}$

由对称性得：$F_{NBE} = -F_{N1} = -30 \text{kN}$；由 E 节点的平衡条件，得：$F_{N3} = -15\sqrt{2} \text{ kN}$

(c)

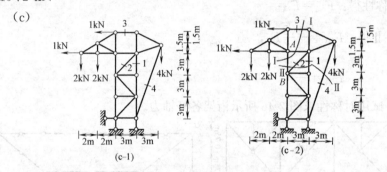

图 2-49 习题 2-6 (c) 图

【解】 如图 2-49 (c-2)，由 I-I 截面得：$F_{N3} = 5 \text{kN}$，$F_{NAB} = -4 \text{kN}$

由 II-II 截面得：$F_{N4x} = \dfrac{1}{3} \text{kN}$，$F_{N4} = \dfrac{\sqrt{10.5^2 + 3^2}}{3} F_{N4x} = 1.21 \text{kN}$

$F_{N2} = -3.3 \text{kN}$；$F_{N1} = -2.83 \text{kN}$

(d)

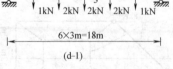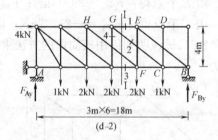

图 2-50 习题 2-6 (d) 图

【解】 如图 2-50 (d-2) 所示，CD 为零杆。

由节点 C 得：$F_{N2} = \dfrac{\sqrt{13}}{2} F_{N2y} = 1.8 \text{kN}$

由节点 G 得：$F_{N4} = -1 \text{kN}$

由 I-I 截面得：$F_{N1} = -7.33 \text{kN}$，$F_{N3} = 10.17 \text{kN}$

2-7 试作图 2-51～图 2-52 所示多跨静定梁的弯矩图和剪力图。

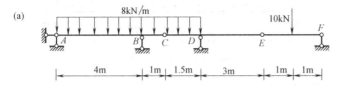

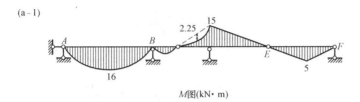

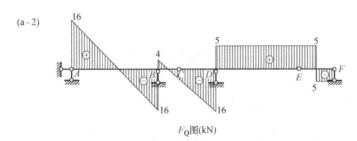

图 2-51 习题 2-7（a）图

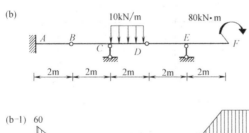

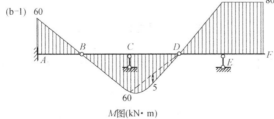

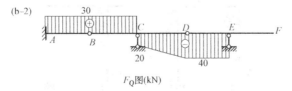

图 2-52 习题 2-7（b）图

2-8 试选择图 2-53 所示铰的位置，使中跨的跨中截面弯矩与支座弯矩相等。

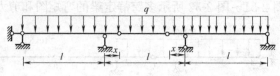

图 2-53　习题 2-8 图

【解】　中跨的跨中弯矩为

$$M_1 = \frac{q(l-2x)^2}{8}$$

支座弯矩为

$$M_2 = \frac{q(l-2x)}{2}x + \frac{qx^2}{2} = \frac{q(l-x)x}{2}$$

由 $M_1 = M_2$，得

$$x = \frac{8 \pm \sqrt{64-32}}{16}l = \frac{2 \pm \sqrt{2}}{4}l$$

根据实际情况，$x < \dfrac{l}{2}$，取 $x = 0.1464l$

2-9　试找出图 2-54～图 2-59 所示弯矩图中的错误。

(a)

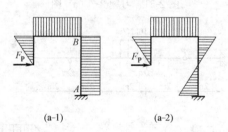

图 2-54　习题 2-9（a）图

【解】　AB 竖杆剪力不等于 0，弯矩图应该为斜直线。改正后的弯矩图如图 2-54（a-2）所示。

(b)

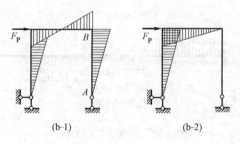

图 2-55　习题 2-9（b）图

【解】　AB 杆只有轴力，弯矩为零。改正后的弯矩图如图 2-55（b-2）所示。

(c)

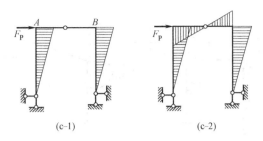

(c-1)   (c-2)

图 2-56　习题 2-9（c）图

【解】 A、B 两个节点处弯矩不平衡。改正后的弯矩图如图 2-56（c-2）所示。

(d)

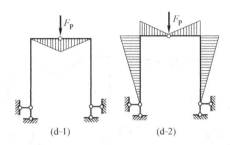

(d-1)   (d-2)

图 2-57　习题 2-9（d）图

【解】 铰处无外力偶，弯矩为 0。改正后的弯矩图如图 2-57（d-2）所示。

(e)

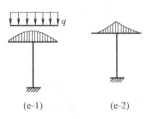

(e-1)   (e-2)

图 2-58　习题 2-9（e）图

【解】 弯矩图凹向应该与荷载方向相同。改正后的弯矩图如图 2-58（e-2）所示。

(f)

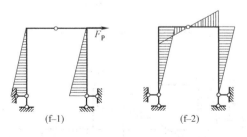

(f-1)   (f-2)

图 2-59　习题 2-9（f）图

【解】 铰处无外力偶，弯矩为 0。改正后的弯矩图如图 2-59（f-2）所示。

2-10　试作图 2-60～图 2-67 所示刚架内力图。

（a）

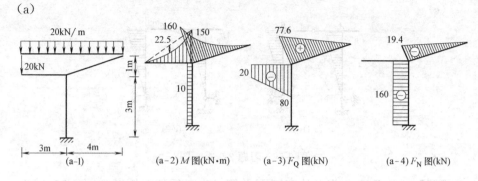

(a-1)　　　　(a-2) M 图(kN·m)　　　(a-3) F_Q 图(kN)　　　(a-4) F_N 图(kN)

图 2-60　习题 2-10（a）图

（b）

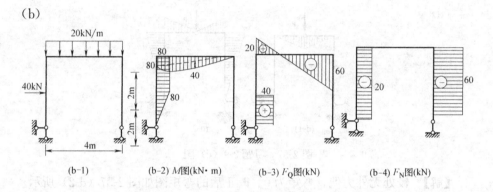

(b-1)　　　　(b-2) M图(kN·m)　　　(b-3) F_Q图(kN)　　　(b-4) F_N图(kN)

图 2-61　习题 2-10（b）图

（c）

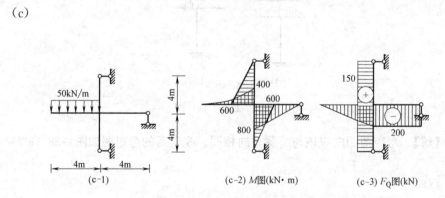

(c-1)　　　　(c-2) M图(kN·m)　　　(c-3) F_Q图(kN)

图 2-62　习题 2-10（c）图

（d）

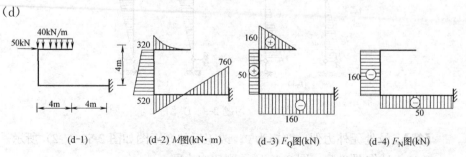

(d-1)　　　　(d-2) M图(kN·m)　　　(d-3) F_Q图(kN)　　　(d-4) F_N图(kN)

图 2-63　习题 2-10（d）图

(e)

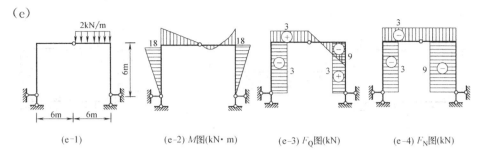

(e-1)　　　　　(e-2) M图(kN·m)　　　(e-3) F_Q图(kN)　　　(e-4) F_N图(kN)

图 2-64　习题 2-10（e）图

(f)

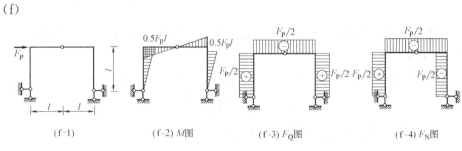

(f-1)　　　　　(f-2) M图　　　　(f-3) F_Q图　　　　(f-4) F_N图

图 2-65　习题 2-10（f）图

(g)

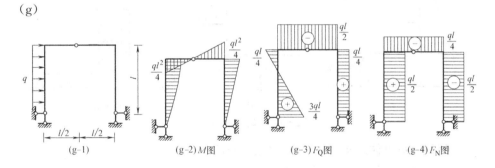

(g-1)　　　　　(g-2) M图　　　　(g-3) F_Q图　　　　(g-4) F_N图

图 2-66　习题 2-10（g）图

(h)

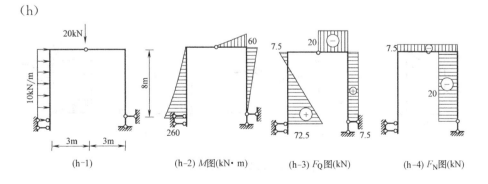

(h-1)　　　　　(h-2) M图(kN·m)　　　(h-3) F_Q图(kN)　　　(h-4) F_N图(kN)

图 2-67　习题 2-10（h）图

2-11　试作图 2-68～图 2-71 所示刚架弯矩图。

(a)

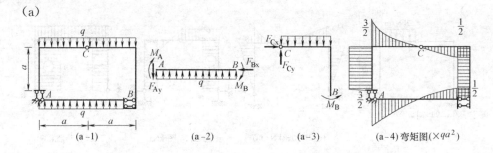

图 2-68 习题 2-11（a）图

【解】 如图 2-68（a-2）中，AB 部分：$\sum F_x = 0$，$F_{Bx} = 0$；$\sum F_y = 0$，$F_{Ay} = 2qa$

如图 2-68（a-3）中，BC 部分：$\sum F_x = 0$，$F_{Cx} = 0$；$\sum F_y = 0$，$F_{Cy} = qa$

$$\sum M_C = 0，M_B = \frac{1}{2}qa^2$$

CA 部分的弯矩图可以从 C 点开始画。

(b)

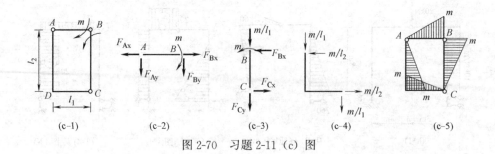

图 2-69 习题 2-11（b）图

【解】 取整体结构为隔离体：$F_{Ax} = -F_P$

如图 2-69（b-2），AGE 部分：

$$\sum F_y = 0：F_{Ay} = 0；\sum M_G = 0：F_{NEF} = -2F_P；\sum F_x = 0：F_{NGJ} = 2F_P$$

(c)

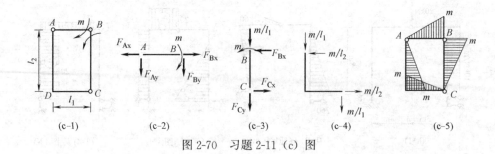

图 2-70 习题 2-11（c）图

【解】 图 2-70（c-2）中，AB 部分：$\sum M_A = 0：F_{By} = -\dfrac{m}{l_1}$；$\sum F_y = 0$：

$$F_{Ay} = \frac{m}{l_1}$$

图 2-70（c-3）中，BC 部分：$\sum M_C = 0$：$F_{Bx} = -\dfrac{m}{l_2}$；$\sum F_x = 0$：$F_{Cx} = -\dfrac{m}{l_2}$

$$\sum F_y = 0 : F_{Cy} = -\frac{m}{l_1}$$

（d）

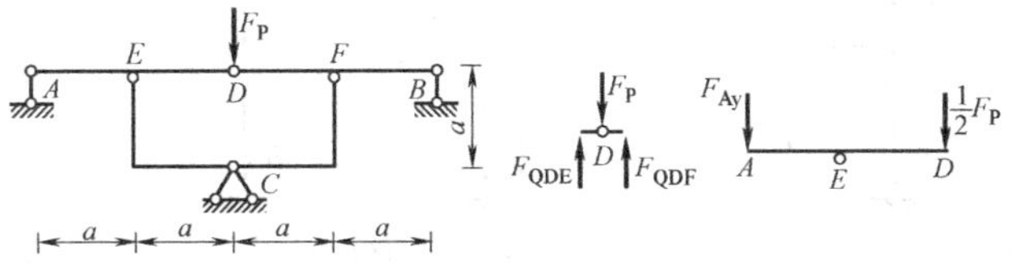

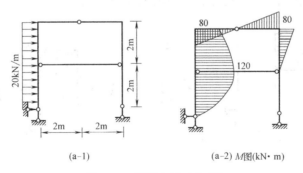

图 2-71　习题 2-11（d）图

【解】　图 2-71（d-2）中，D 节点：$\sum F_y = 0$（考虑对称性）：$F_{QDA} = -F_{QDF} = \dfrac{F_P}{2}$

图 2-71（d-3）中的 AD 杆：$\sum M_E = 0$（考虑对称性）：$F_{Ay} = F_{By} = \dfrac{1}{2} F_P$

取整体为隔离体：$\sum F_y = 0$：$F_{Cy} = 2F_P$

这样，ECF 部分为一个顶铰作用集中荷载 $2F_P$ 的三铰刚架。则整个结构的弯矩图可以画出。

2-12　试作图 2-72～图 2-75 所示结构的弯矩图。

（a）

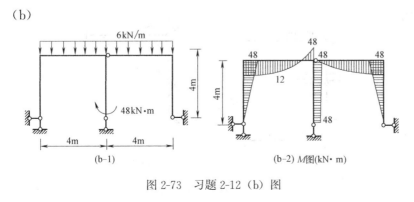

图 2-72　习题 2-12（a）图

（b）

图 2-73　习题 2-12（b）图

(c)

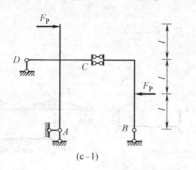
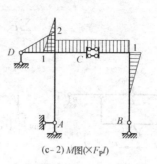

(c-1) (c-2) M图($\times F_{\mathrm{p}}l$)

图 2-74 习题 2-12（c）图

(d)

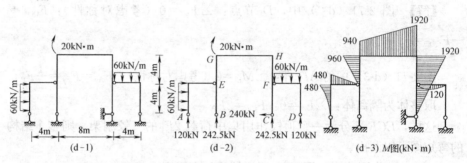

(d-1) (d-2) (d-3) M图(kN·m)

图 2-75 习题 2-12（d）图

2-13 试作图 2-76～图 2-79 所示结构的弯矩图。

(a)

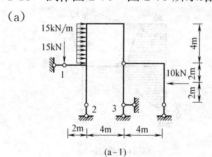

(a-1) (a-2) M图(kN·m)

图 2-76 习题 2-13（a）图

(b)

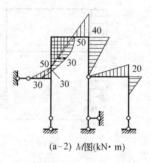

(b-1) (b-2) M图(kN·m)

图 2-77 习题 2-13（b）图

（c）

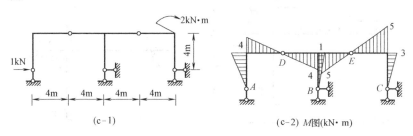

（c-1）

（c-2）M图(kN·m)

图 2-78　习题 2-13（c）图

（d）

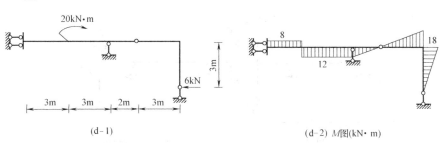

（d-1）

（d-2）M图(kN·m)

图 2-79　习题 2-13（d）图

2-14　试作图 2-80～图 2-83 所示结构的弯矩图。

（a）

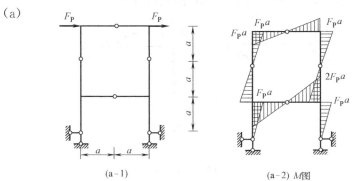

（a-1）

（a-2）M图

图 2-80　习题 2-14（a）图

（b）

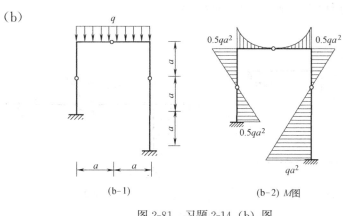

（b-1）

（b-2）M图

图 2-81　习题 2-14（b）图

(c)

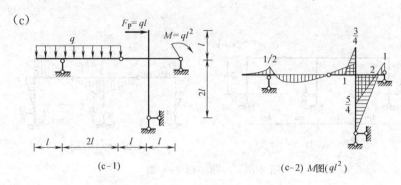

图 2-82 习题 2-14（c）图

(d)

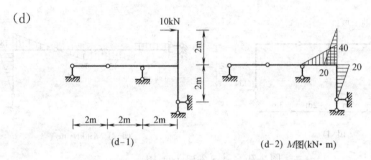

图 2-83 习题 2-14（d）图

2-15 试快速作图 2-84～图 2-92 所示刚架的弯矩图。

(a)

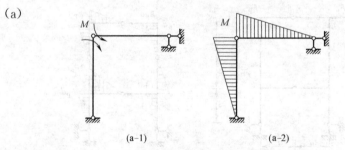

图 2-84 习题 2-15（a）图

【解】 铰链处作用有力偶 M，该处弯矩数值为 M，结构的两段杆均无荷载作用，因此均为直线，而铰支座处弯矩为 0。

(b)

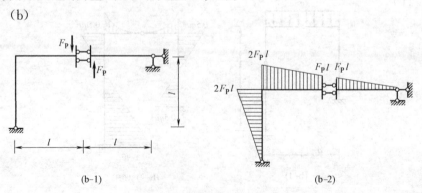

图 2-85 习题 2-15（b）图

【解】 无荷载段弯矩为直线，铰链处弯矩为 0。

(c)

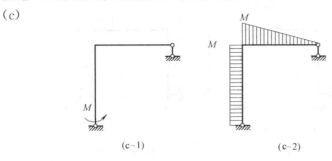

(c-1)　　　　　　　　　　(c-2)

图 2-86　习题 2-15（c）图

【解】 无荷载段弯矩为直线，铰链处作用有力偶 M，该处弯矩数值为 M。

(d)

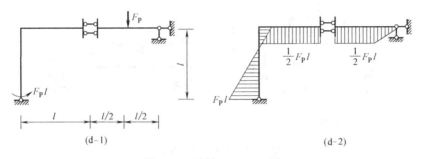

(d-1)　　　　　　　　　　(d-2)

图 2-87　习题 2-15（d）图

(e)

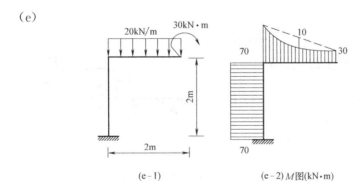

(e-1)　　　　　　　　　　(e-2) M图(kN·m)

图 2-88　习题 2-15（e）图

(f)

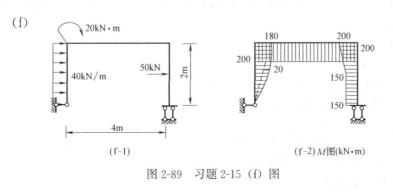

(f-1)　　　　　　　　　　(f-2) M图(kN·m)

图 2-89　习题 2-15（f）图

(g)

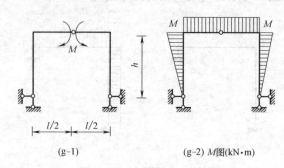

(g-1)　　　　　　　(g-2) M图(kN·m)

图 2-90　习题 2-15（g）图

(h)

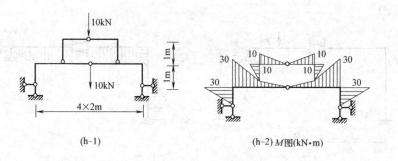

(h-1)　　　　　　　(h-2) M图(kN·m)

图 2-91　习题 2-15（h）图

(i)

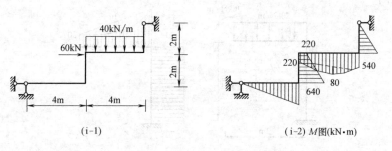

(i-1)　　　　　　　(i-2) M图(kN·m)

图 2-92　习题 2-15（i）图

2-16　求图 2-93 所示抛物线［$y=4fx(l-x)/l^2$］三铰拱距左支座 5m 的截面内力。

【解】

（1）支座反力

$F_{By}=48kN$，$F_{Ay}=152kN$，$F_H=130kN$

（2）等代梁 K 截面内力

$$M_K^0=F_{Ay}\times 5-\frac{1}{2}\times 20\times 5^2=510kN\cdot m$$

$$F_{QK}^0=F_{Ay}-20\times 5=52kN$$

（3）K 截面内力

$$y_K = \frac{4fx(l-x)}{l^2} = 3\text{m}, \tan\varphi_K = y_K' = \frac{4f(l-2x)}{l^2} = \frac{2}{5}$$

$$\sin\varphi_K = \frac{2}{\sqrt{29}}, \cos\varphi_K = \frac{5}{\sqrt{29}}$$

$$M_K = M_K^0 - F_H y_K = 510 - 130 \times 3 = 120\text{kN} \cdot \text{m}$$

$$F_{QK} = F_{QK}^0 \cos\varphi_K - F_H \sin\varphi_K = 52 \times \frac{5}{\sqrt{29}} - 130 \times \frac{2}{\sqrt{29}} = 0$$

$$F_{NK} = F_{QK}^0 \sin\varphi_K + F_H \cos\varphi_K = 52 \times \frac{2}{\sqrt{29}} + 130 \times \frac{5}{\sqrt{29}} = 140\text{kN}$$

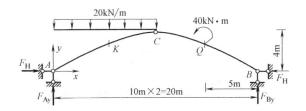

图 2-93　习题 2-16 图

2-17　图 2-94～图 2-95 所示圆弧三铰拱，求支座反力及截面 D 的 M、F_Q、F_N 值。

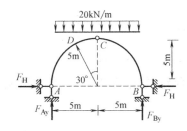

图 2-94　习题 2-17（a）图

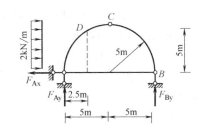

图 2-95　习题 2-17（b）图

【解】　(1) 求支座反力

$$F_{By} = 100\text{kN}, F_{Ay} = 100\text{kN}, F_H = 50\text{kN}$$

(2) 求等代梁 D 截面内力

$$M_D^0 = F_{Ay} \times 2.5 - \frac{1}{2} \times 20 \times 2.5^2 = 187.5\text{kN} \cdot \text{m}$$

$$F_{QD}^0 = F_{Ay} - 20 \times 2.5 = 50\text{kN}$$

(3) 求三铰拱 D 截面内力

$$y_D = 5\text{m} \times \cos30° = 2.5\sqrt{3}\text{m}$$

$$\varphi_D = 30°, \tan\varphi_D = \frac{\sqrt{3}}{3}, \sin\varphi_D = \frac{1}{2}, \cos\varphi_D = \frac{\sqrt{3}}{2}$$

$$M_D = M_D^0 - F_H y_D = 187.5 - 50 \times 2.5 \times \sqrt{3} = -29.0\text{kN} \cdot \text{m}$$

$$F_{QD} = F_{QD}^0 \cos\varphi_D - F_H \sin\varphi_D = 50 \times \frac{\sqrt{3}}{2} - 50 \times \frac{1}{2} = 18.3\text{kN}$$

$$F_{QD}=F^0_{QD}\sin\varphi_D+F_H\cos\varphi_D=50\times\frac{1}{2}-50\times\frac{\sqrt{3}}{2}=-18.3\text{kN}$$

【解】　$F_{By}=2.5\text{kN}$，$F_{Ay}=-2.5\text{kN}$，$F_{Ax}=10\text{kN}$

取 AD 部分为隔离体，$\varphi_D=30°$：

$$\sum M_D=0,M_D=7.476\text{kN}\cdot\text{m};$$
$$\sum F_t=0,F_{QD}=-2.745\text{kN};$$
$$\sum F_n=0,F_{ND}=0.245\text{kN}$$

2-18　求图 2-96 所示三铰拱结构的支座反力、链杆轴力，并求指定截面 K 的内力。

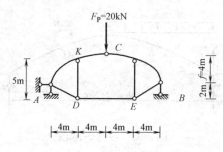

图 2-96　习题 2-18 图

【解】　（1）求支座反力：$F_{By}=10\text{kN}$，$F_{Ay}=10\text{kN}$，$F_{Ax}=0$

取 CEB 部分为隔离体：

$$\sum M_C=0,F_{NED}\times6-F_{By}\times8=0,F_{NED}=13.33\text{kN}$$

取 KAD 部分为隔离体：

$$M_K=F_{Ay}\times4-F_{NED}\times5=-26.67\text{kN}\cdot\text{m}$$

2-19　试作图 2-97～图 2-98 所示组合结构的弯矩图，并求出桁架杆轴力。

（a）

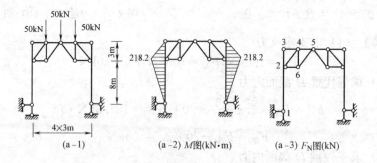

图 2-97　习题 2-19（a）图

【解】　根据对称性，可知各杆轴力关于对称轴正对称，结构对称，荷载对称。

$F_{N12}=-75\text{kN}$，$F_{N34}=72.73\text{kN}$，$F_{N24}=-106.05\text{kN}$，$F_{N26}=-25\text{kN}$

$F_{N46}=25\text{kN}$，$F_{N56}=-35.35\text{kN}$，$F_{N23}=0$，$F_{N45}=-2.27\text{kN}$

(b)

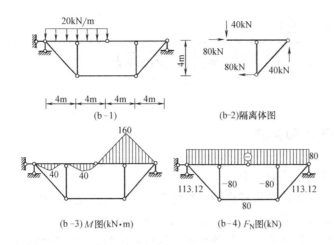

图 2-98　习题 2-19（b）图

【解】　本结构为两刚片组成，先计算支座反力，再如图 2-98（b-2）取一半为隔离体计算桁架杆内力和联系力，最后即可作出弯矩图和轴力图。

第3章
静定结构位移计算

3.1 学习要求和目的

学习本章的要求有三个：

（1）了解应用虚功原理推导位移计算公式及其思路和过程。

（2）熟练掌握各种因素下，静定结构位移的计算。

（3）了解各种因素下，各种静定结构位移的特点及影响因素。

学习这些内容的目的有如下几个方面：

（1）**为学习力法做准备**　在力法求解超静定结构的过程中，需要建立力法方程。力法方程中的系数就是某种静定结构的位移。因此，在用力法解超静定结构的每一道题中都要不止一次地求解静定结构位移，而且要达到又准又快的程度，否则，力法这一章学习会非常吃力。

（2）**为学习超静定结构位移计算做准备**　本章通过虚设单位力求结构位移的方法，对于超静定结构也是适用的。对于超静定结构不仅要满足强度要求，还要满足刚度要求。如果结构的刚度太小，结构的位移（例如梁的跨中挠度）就会比较大。这种现象不仅影响结构的正常使用（如精密仪器的安装和工作），而且还会使人产生压抑感。实际工程中，绝大多数结构都是超静定的。因此，本章学习的静定位移计算方法也为超静定结构的位移计算奠定了基础。

3.2 基本内容总结和学习建议

本章的主要内容是利用虚功原理推导在荷载、支座位移、制造误差和温度变化等作用下，静定结构位移的计算公式及这些公式的具体应用。

3.2.1 虚功原理

虚功原理是贯穿本章的一个主线。对学习虚功原理的要求是：

1. 准确理解虚力、虚位移和虚功的含义

下面以图 3-1 为例加以说明。图 3-1（a）所示为一个简支梁在均布荷载作用下，K 截面产生竖向位移 Δ；图 3-1（b）为同样的简支梁在 K 点作用有集中荷载 F_P。

虚力、虚位移　若一个体系处于两种状态（a）、（b），如图 3-1 所示，状态（a）上的位移与状态（b）上的力系无关，则对位移 Δ 来说，F_P 就是虚

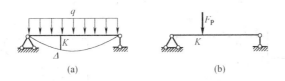

图 3-1　虚力与虚位移

力，而对 F_P 来说 Δ 就是虚位移。

虚功　力在虚位移上做的功称为虚功。这里的"虚"是指位移不是由做功的力引起的，做虚功时力的大小是不变的。

计算虚功的时候，需要注意的是，虚功中的力与位移一定是对应的。这种对应关系有两个含义：

（1）**同一位置**　这是指力和位移都针对同一截面（如 F_P 作用在 K 点、Δ 指的是 K 点的位移）。

（2）**同一性质**　这是指力与位移必须是对应的。即竖向力与竖向线位移对应、水平力与水平线位移对应、力偶与转角对应。

2. 理解虚功原理的前提条件

（1）**平衡的力状态**　这个概念比较容易理解。

（2）**协调的变形状态**　协调有两个含义：一个是位移与变形协调，指的是杆件变形后不断开、不重叠；另一个含义是位移与约束协调，指的是位移函数在约束处等于约束位移，例如固定端截面的线位移和转角位移都等于零。

虚功原理的一般表达式为

$$W_e = W_i$$

在推导这个公式的时候，只用到了力的平衡和变形的协调两个条件，没有涉及结构的类型，也没有用到材料具体的力与位移的关系。因此，这个公式适用于任何杆系结构、任何变形体。

3.2.2　应用虚功原理推导结构位移计算公式

下面将对推导几种因素下位移公式的过程进行简单汇总，使读者能抓住这几个公式的内在联系，在概念上有一个总体的理解，这样可以使书越读越薄。建议读者将这几个公式反复推导几遍。

1. 荷载作用下的位移计算公式

位移状态　将结构在荷载作用下的位移作为位移状态，如图 3-2（a）所示；对于线弹性材料，位移状态的变形为 $\varepsilon = \dfrac{F_{NP}}{EA}$，$\gamma = \dfrac{k F_{QP}}{GA}$，$\kappa = \dfrac{M_P}{EI}$。

力状态　将虚设的单位力及由单位力产生的支座反力、结构内力作为力状态，如图 3-2（b）所示。

对两种状态应用虚功原理，得总外力功 $W_e = 1 \cdot \Delta$，总变形功为：

$$\delta W_i = \sum_e \int_0^l (\overline{F}_N \varepsilon + \overline{F}_Q \gamma + \overline{M} \kappa) \mathrm{d}s$$

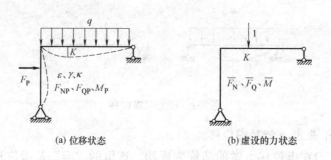

(a) 位移状态　　　　　　　　　　(b) 虚设的力状态

图 3-2　荷载下的位移状态及其虚设的单位力状态

$$= \sum_e \int_0^l \left(\frac{\overline{F}_N F_{NP}}{EA} + \frac{k\overline{F}_Q F_{QP}}{GA} + \frac{\overline{M}M_P}{EI} \right) \mathrm{d}s$$

因此，虚功方程为

$$1 \cdot \Delta = \sum_e \int_0^l \left(\frac{\overline{F}_N F_{NP}}{EA} + \frac{k\overline{F}_Q F_{QP}}{GA} + \frac{\overline{M}M_P}{EI} \right) \mathrm{d}s$$

位移计算公式为

$$\Delta = \sum_e \int_0^l \left(\frac{\overline{F}_N F_{NP}}{EA} + \frac{k\overline{F}_Q F_{QP}}{GA} + \frac{\overline{M}M_P}{EI} \right) \mathrm{d}s$$

因为这个公式应用了线弹性材料的内力与变形关系，因此上式仅适用于线弹性杆系结构的位移计算。一些公式的适用范围就是看公式推导过程中是否用到了某个条件，如果用到了，这个条件就是这个公式的适用条件。

2. 支座位移引起的静定结构位移计算

位移状态　将结构在有支座位移时的实际位移作为位移状态，如图 3-3 (a) 所示。很明显，发生支座位移后，杆件的变形和内力都等于零，结构只有刚体位移。

力状态　将虚设的单位力及由单位力产生的支座反力、结构内力作为力状态，如图 3-3 (b) 所示。这个力状态的特点是支座反力在虚位移上也做功。

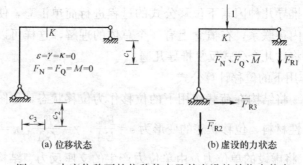

(a) 位移状态　　　　　　　　　　(b) 虚设的力状态

图 3-3　支座位移下的位移状态及其虚设的单位力状态

对两种状态应用虚功原理，得总外力功 $W_e = 1 \cdot \Delta + \sum \overline{F}_{Ri} c_i$、总变形功 $W_i = \sum \int_0^l (\overline{F}_N \varepsilon + \overline{F}_Q \gamma + \overline{M}\kappa) \mathrm{d}s = 0$。因此，虚功方程为

$$1 \cdot \Delta + \sum \overline{F}_{Ri} c_i = 0$$

位移计算公式为

$$\Delta = - \sum \overline{F}_{Ri} c_i$$

需要指出的是位移计算公式的右侧是由有支座位移杆件对应的总虚功移项得到的，因此，求和号前有负号。在求和符号后，支座位移与对应的单位力引起的支反力方向相同取正号，反之取负号。

3. 制造误差引起的结构位移

以求图3-4（a）所示桁架中杆件 AC 由于制造误差缩短了 Δl_{AC} 所产生的 E 点竖向位移为例说明。

位移状态　将结构制造误差引起的实际位移作为位移状态，如图3-4（a）所示。制造误差不引起内力，故除有误差的杆件外各杆均无变形，有误差的杆件的变形为制造误差 Δl_{AC}。

力状态　在原结构需求位移的 E 节点上加一个单位力作为力状态，如图3-4（b）所示。

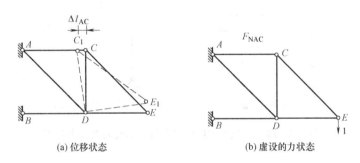

(a) 位移状态　　　　　　(b) 虚设的力状态

图 3-4　制造误差下的位移状态及其虚设的单位力状态

总外力功 $W_e = 1 \cdot \Delta + F_{NAC} \cdot \Delta l_{AC}$，这是因为除 AC 杆外，其他杆无变形，内力功为零，只有 F_{NAC} 做功。当 F_{NAC} 为拉力，表示 AC 杆做短了，或 F_{NAC} 为压力，表示 AC 杆做长了，这个功为正，否则为负。对两种状态应用虚功原理，有

$$\Delta = - F_{NAC} \cdot \Delta l_{AC}$$

当有 s 个杆件有制造误差时，同样可推得位移计算公式为

$$\Delta = - \sum_{i=1}^{s} \overline{F}_{Ni} \cdot \Delta l_i$$

式中　$\overline{F}_{Ni}$——单位力引起的第 i 个有制造误差的杆件中的轴力。

对其他结构或其他形式制造误差（如初曲率）等引起的位移可仿照计算。

4. 温度变化引起的静定结构位移计算

位移状态　将结构在温度改变时的实际位移作为位移状态，如图3-5（a）所示。温度改变后，杆件的变形为 $\varepsilon = \alpha t_0$、$\gamma = 0$、$\kappa = \dfrac{\alpha \Delta t}{h}$。

力状态　将虚设的单位力及由单位力产生的支座反力、结构内力作为力状态，如图3-5（b）所示。

对两种状态应用虚功原理，得总外力功 $W_e = 1 \cdot \Delta$，总变形功为：

$$\delta W_i = \sum_e \int_0^l \left(\overline{F}_N \varepsilon + \overline{F}_Q \gamma + \overline{M}\kappa\right) \mathrm{d}s = \sum_e \int_0^l \left(\overline{F}_N \alpha t_0 + \overline{M}\frac{\alpha \Delta t}{h}\right) \mathrm{d}s$$

因此，虚功方程为

$$1 \cdot \Delta = \sum \int_0^l \left(\overline{F}_N \alpha t_0 + \overline{M}\frac{\alpha \Delta t}{h}\right) \mathrm{d}s$$

位移计算公式为

$$\Delta = \sum \int_0^l \left(\overline{F}_N \alpha t_0 + \overline{M}\frac{\alpha \Delta t}{h}\right) \mathrm{d}s$$

如果材料、温度沿杆长不变，而且为等截面杆件，则公式变为

$$\Delta = \sum \left(\alpha t_0 A_{\overline{F}_N} + \alpha \frac{\Delta t}{h} A_{\overline{M}}\right)$$

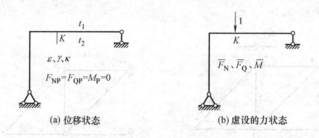

图 3-5　温度变化下的位移状态及其虚设的单位力状态

3.2.3　荷载位移计算公式的简化

对这部分内容的要求是明确公式简化的理由和简化公式的准确程度。这样可以深刻认识各种结构的受力特点。

(1) **桁架结构**　只有轴力、没有剪力和弯矩，公式简化为

$$\Delta = \sum_e \frac{\overline{F}_N F_{NP} l}{EA}$$

因此，简化公式从理论上是准确的。

(2) **梁及刚架**　忽略剪切变形和轴向变形对位移的贡献，公式简化为

$$\Delta = \sum_e \int_0^l \frac{\overline{M} M_P}{EI} \mathrm{d}s$$

因此，简化公式是近似的。但是，从教材的例题计算结果可以看出，公式的精度还是很高的。

(3) **小曲率拱结构**　此时轴力比较大，故一般需要考虑轴向变形和弯曲变形对位移的影响。另外用直杆的计算公式也会带来误差，对于曲率很小的杆件这个误差是很小的，故采用近似公式

$$\Delta = \int_s \left(\frac{\overline{M} M_P}{EI} + \frac{\overline{F}_N F_{NP}}{EA}\right) \mathrm{d}s$$

（4）**组合结构**　桁架杆只有轴向变形，梁式杆只需考虑弯曲变形对位移的贡献，公式简化为

$$\Delta = \sum_{e1} \frac{\overline{F}_N F_{NP} l}{EA} + \sum_{e2} \int_0^l \frac{\overline{M} M_P}{EI} \mathrm{d}s$$

3.2.4　图乘法

图乘法的应用是本章的一个重点，需要熟练掌握。

1. 计算公式

图乘法的计算公式为

$$\Delta = \sum \int_A^B \frac{\overline{M} M_P}{EI} \mathrm{d}s = \frac{1}{EI} \sum A y_0$$

2. 前提条件

和所有公式的适用范围一样，前提条件就是看在推导公式的过程中用到了哪些限制条件。由教材中公式的推导过程可以总结出图乘法的应用前提条件有：

（1）杆件为等截面直杆；

（2）$EI=$ 常数；

（3）两个弯矩图中至少有一个是直线图形。

在弯矩图乘时，特别要注意两点：一个是杆件的抗弯刚度 EI 是否是常数；另一个是取纵坐标的图形是否是直线图形。特别是折线中有一段纵坐标为零的时候，很容易将折线看成直线。

3. 图形分解

学习图乘法时，应该熟记图 3-6 下面两个图形面积的计算公式和其形心位置。

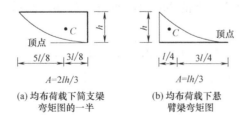

(a) 均布荷载下简支梁　　　(b) 均布荷载下悬
弯矩图的一半　　　　　　臂梁弯矩图

图 3-6　简单图形的面积及其形心位置

对于复杂图形应该能熟练地将其分解成简单图形。分解的方法一般有三种：

（1）按杆件上作用的荷载分解。将多种荷载作用下的弯矩图分解成几个单一荷载作用下弯矩图。

（2）按弯矩叠加法作弯矩图的过程分解。将弯矩图分解成两部分，一部分是将杆件的两端弯矩纵坐标连成直线的图形。这个图形一般是梯形，可以将这个梯形分解成两个三角形或一个三角形和一个矩形。另一部分是杆上荷载作用在同等跨度简支梁上的弯矩图，这个图形一般都是一个简单图形。

（3）可以将杆件一端看成固定端，将另一端截面的内力求出来，再将这些内力连同杆上荷载一起看成是这个悬臂梁的荷载，这样就可以将杆件的弯矩图分解成若干单一荷载作用下的弯矩图了。

对图乘法这部分内容的要求是熟练掌握，学习时必须做足够多数量的习题才能达到熟练掌握的程度。应用图乘法解题时，有两个步骤非常重要：

（1）每个题需要画两个静定结构弯矩图（荷载下和单位力下的弯矩图），这是对读者静定结构弯矩图是否达到熟练掌握程度的一个检验。如果没有达到这个要求，建议读者对上一章这部分内容重新复习，并做一定量的练习。在这个地方多花一些时间是十分必要的。

（2）对两个静定结构弯矩图（荷载下和单位力下的弯矩图）进行图乘。对这一步的要求是能熟练灵活地分解复杂弯矩图，并能正确地进行图乘。达到这个要求的途径是在理解基本概念的基础上多做习题。

3.2.5　互等定理

深刻理解互等定理，并记住结论。这些结论将在超静定结构的求解过程中获得广泛应用。

3.3　附加例题

【附加例题 3-1】　如图 3-7（a）所示已知等截面梁的 $EI = 600\text{kN} \cdot \text{m}^2$。试求：（1）铰 B 处左右截面的相对转角 φ'_{B-B}；（2）若支座 A 下沉 $\Delta = 3\text{cm}$，A 端应转多大转角 φ_A，才能使 B 处左右截面的相对转角 φ_{B-B} 为零？

【解】　（1）铰 B 处左右截面的相对转角 φ'_{B-B}

首先，作出荷载作用下的 M_P 图，如图 3-7（b）所示。然后，在铰 B 两

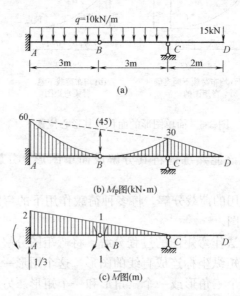

图 3-7　附加例题 3-1 图

侧施加一对方向相反的单位集中力偶，作出 $\overline{M}$ 图，并求出支座 A 的反力，如图 3-7（c）所示。则

$$\varphi'_{B-B}=\frac{1}{EI}\left[\frac{1}{2}\times6\times2\times\left(30+\frac{2}{3}\times30\right)-\frac{2}{3}\times6\times45\times1\right]=0.2\text{rad}$$

（2）A 端应转的转角 φ_A（逆时针为正）

根据支座 A 的位移 Δ 和 φ_A 以及单位力作用下 A 支座的反力，得到 B 处支座位移下左右截面的相对转角为

$$\varphi''_{B-B}=-\sum_i\overline{F}_{RiCi}=-\left(-\frac{1}{3}\times0.03+2\varphi_A\right)=0.01\text{rad}-2\varphi_A$$

梁在荷载及 A 支座位移共同作用下，B 两侧截面相对转角应为

$$\varphi_{B-B}=\varphi'_{B-B}+\varphi''_{B-B}=0.2\text{rad}+0.01\text{rad}-2\varphi_A$$

令 $\varphi_{B-B}=0$，得

$$\varphi_A=0.105\text{rad}$$

【附加例题 3-2】 已知梁的 $EI=$ 常数，弹簧支座 B 的刚度 $k=3EI/l^3$，$F_P=ql$。试求 A 端与 C 端截面的相对转角。

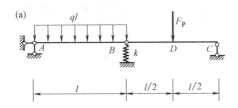

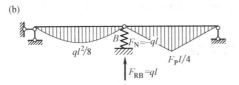

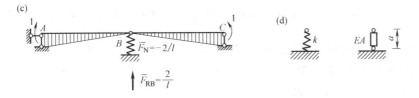

图 3-8 附加例题 3-2 图

【解】 （1）作荷载作用下的弯矩图——M_P 图，并求弹簧支座的位移。

M_P 图如图 3-8（b）所示。这时，弹簧支座 B 的位移为

$$\Delta_B=\frac{F_{RB}}{k}=\frac{ql^4}{3EI}(\downarrow)$$

（2）作单位力作用下的弯矩图——$\overline{M}_1$ 图，并求弹簧支座的反力。

为求 A 端与 C 端截面的相对转角，需要在 A 端与 C 端截面施加一对方向相反的单位集中力偶，$\overline{M}_1$ 图如图 3-8（c）所示。这时，弹簧支座 B 的弹性反

力为 $\overline{F}_{RB}=2/l$。

（3）计算 A 端与 C 端截面的相对转角。

这时要同时应用荷载和支座位移作用下的位移计算公式，即

$$\varphi_{A\text{-}C}=\int\frac{\overline{M}M_P}{EI}ds+(-\Sigma\overline{F}_{Ri}c_i)=\Sigma Ay_0-(\overline{F}_{RB}\cdot\Delta_B)$$

$$=\frac{1}{EI}\left(\frac{ql^3}{12}\times\frac{1}{2}+\frac{ql^3}{8}\times\frac{1}{2}\right)-\left(-\frac{2}{l}\times\frac{ql^4}{3EI}\right)=\frac{37ql^3}{48EI}$$

讨论：

（1）弹性支承 B 的弹性位移引起相对转角 $\dfrac{\overline{F}_{RB}F_{RB}}{k}$ 可推广到有抗转动弹簧的中间铰和铰支座弹性位移引起的各种位移，公式为 $\Sigma\dfrac{\overline{F}_R F_R}{k}$，式中 k 为弹簧刚度系数，$\overline{F}_R$、F_R 分别为虚设单位荷载、实际荷载引起的该弹簧处的支座反力。

（2）若将 B 处弹性支承视为结构的一个轴向变形构件，其对所求位移的贡献为 $\Delta=\dfrac{\overline{F}_N F_N}{EA}a=\dfrac{\overline{F}_N F_N}{EA/a}=\dfrac{\overline{F}_N F_N}{k}$，所以荷载引起的弹性支承轴向变形对 A 端与 C 端截面的相对转角贡献为 $\varphi''_{AC}=\dfrac{\overline{F}_N F_N}{k}=\dfrac{(-2/l)\cdot(-ql)}{\dfrac{3EI}{l}}=\dfrac{2ql^3}{3EI}$，与上述结果相同。

【附加例题 3-3】　如图 3-9（a）所示，组合结构 $a=2$m，$EA=2\times10^4$ kN，$EI=2\times10^5$ kN·m^2，$F_P=15$kN，求杆 BF 的转角和 C、E 两点的相对位移。

【解】　这是一个组合结构求位移例题。

（1）求杆 BF 的转角

首先，作出梁式杆的 M_P 图，并求出桁架杆的轴力，如图 3-9（b）所示。

然后，在杆 BF 两端节点施加一对大小等于杆长倒数 $\dfrac{1}{\sqrt{13}a}$、方向相反、垂直于杆的集中力（这对集中力正好形成单位力偶），作出梁式杆的 $\overline{M}_1$ 图，求出桁架杆的轴力，如图 3-9（c）所示。

最后，计算 BF 的转角

$$\varphi_{B\text{-}F}=\Sigma\frac{1}{EI}Ay_0+\Sigma\frac{\overline{F}_N F_{NP}}{EA}l=\frac{8F_P a^2}{3EI}+\frac{3F_P}{2EA}$$

$$=\frac{8\times15\times10^3\times2^2}{3\times2\times10^8}+\frac{3\times15\times10^3}{2\times2\times10^7}=0.001925\text{rad}$$

思考：

桁架杆只能受节点荷载，为求杆 BF 的转角，在杆 BF 施加单位集中力偶，转化为在杆 BF 两端节点施加一对大小相等、方向相反、等效于单位集中力偶的集中力。本例在 B、F 两端节点施加一对大小为 $\dfrac{1}{2a}$，方向分

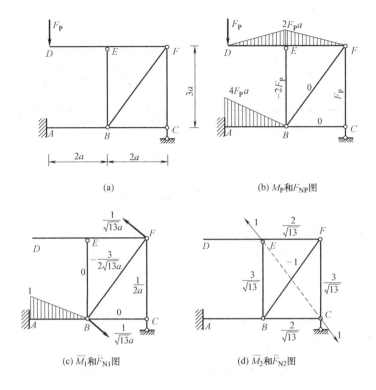

(a)

(b) M_P和$\bar{F}_{NP}$图

(c) $\overline{M}_1$和$\overline{F}_{N1}$图

(d) $\overline{M}_2$和$\overline{F}_{N2}$图

图 3-9　附加例题 3-3 图

别为向下、向上的集中力，也等效于单位集中力偶，计算更方便。这样做对吗？

（2）求 C、E 两节点的相对位移

在 C、E 两节点上沿 C、E 两节点连线方向加一对大小相等、方向相反的单位集中力，并作出梁式杆的 $\overline{M}_2$ 图和求出桁架杆轴力，如图 3-9（d）所示。则

$$\Delta_{\text{C-E}} = \sum \frac{Ay_0}{EI} + \sum \frac{\overline{F}_N F_{NP}}{EA} l$$

$$= 0 + \frac{1}{EA} \left[\frac{3}{\sqrt{13}} \cdot (F_P - 2F_P) \cdot 3a \right] = -\frac{9F_P a}{\sqrt{13} EA}$$

$$= -\frac{9 \times 15 \times 10^3 \times 2}{\sqrt{13} \times 2 \times 10^7} = -0.003744\text{m} = -3.744\text{mm}$$

【附加例题 3-4】　在下列三种情形中，求 C 点的竖向位移 Δ_{cy}（见图 3-10a）：

（1）杆 AC 温度升高 50℃，杆 CB 温度升高 60℃，$\alpha = 1 \times 10^{-5}/℃$；

（2）设由于温度升高，杆 AC 伸长 $\lambda_{AC} = 1\text{mm}$，杆 CB 伸长 $\lambda_{CB} = 1.2\text{mm}$；

（3）设由于制造误差，杆 AC、CB 实际长度分别为 2.001m、2.0012m（C 点的竖向位移 Δ_{Cy} 指装配后 C 点实际位置偏离设计位置的高度差）。

【解】　为求 C 点的竖向位移，在 C 点施加竖向单位集中力，求出杆 AC、

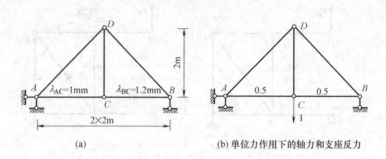

(a)

(b) 单位力作用下的轴力和支座反力

图 3-10　附加例题 3-4 图

CB 的轴力，如图 3-10（b）所示。

（1）AC 杆 $t_0 = 50℃$，CB 杆 $t_0 = 60℃$

$$\Delta_{Cy} = \sum \int_0^l \left(\overline{F}_N \alpha t_0 + \overline{M} \frac{\alpha \Delta t}{h} \right) ds = \sum \overline{F}_N \alpha t_0 l$$

$$= 0.5 \times 10^{-5} \times (50 \times 2 + 60 \times 2) = 0.0011m$$

$$= 1.1mm（\downarrow）$$

（2）杆 AC 伸长 $\lambda_{AC} = 1mm$，杆 BC 伸长 $\lambda_{BC} = 1.2mm$

$$\Delta_{Cy} = \sum \overline{F}_N \lambda = 0.5 \times 1 + 0.5 \times 1.2 = 1.1mm（\downarrow）$$

（3）$\lambda_{AC} = 2.001 - 2 = 0.001m = 1mm$，$\lambda_{BC} = 2.0012 - 2 = 0.0012m = 1.2mm$

$$\Delta_{Cy} = \sum \overline{F}_N \lambda = 0.5 \times 1 + 0.5 \times 1.2 = 1.1mm（\downarrow）$$

【附加例题 3-5】　如图 3-11（a）所示，设三铰拱中的拉杆 AB 在 D 点装有花篮螺栓，如果拧紧螺栓，使截面 D_1 与 D_2 彼此靠近的距离为 λ_0，求由此引起的 C 点的竖向位移。

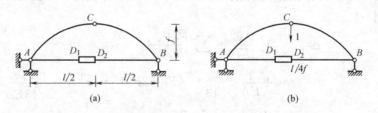

(a)

(b)

图 3-11　附加例题例 3-5 图

【解】　此题相当于 AB 杆有制造误差的情况下求 C 点位移。为求 C 点的竖向位移，在 C 点施加竖向单位集中力，求出杆 AB 的轴力，如图 3-11（b）所示。则

$$\Delta_{Cy} = \sum \overline{F}_N \lambda = \frac{-l}{4f} \cdot \lambda_0 = -\frac{l\lambda_0}{4f}（\uparrow）$$

【附加例题 3-6】　如图 3-12（a）所示，设柱 AB 由于材料收缩，产生应变 $-\varepsilon_0$，求 C 点的水平位移。

【解】 为求 C 点的水平位移，在 C 点施加水平单位集中力，求出杆 AB 的轴力，如图 3-12（b）所示。

$$\Delta_{Cx} = \sum \int \overline{F}_N \varepsilon ds = \overline{F}_N \varepsilon l = 2 \cdot (-\varepsilon_0) \cdot 2a = -4\varepsilon_0 a (\leftarrow)$$

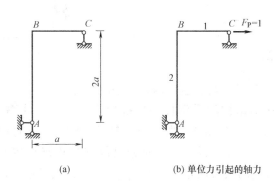

(a)   (b) 单位力引起的轴力

图 3-12 附加例题 3-6 图

3.4 自测题及答案

自测题 （A）

一、是非题（将判断结果填入括号：以○表示正确，以×表示错误，每小题 4 分）

1. M_P 和 $\overline{M}$ 图中有一个是直线图形是图乘法的必要条件。（   ）

2. 图 3-13 所示简支梁，当 $F_{P1} = 1$，$F_{P2} = 0$ 时，1 点的挠度为 $0.0165 l^3/EI$，2 点挠度为 $0.077 l^3/EI$。当 $F_{P1} = 0$，$F_{P2} = 1$ 时，则 1 点的挠度为 $0.021 l^3/EI$。（   ）

3. 图 3-14 所示梁的跨中挠度为零。（   ）

图 3-13   图 3-14

二、选择题（将选中答案的字母填入括号内，每小题 5 分）

1. 图 3-15 所示结构 A 截面转角（设顺时针为正）为（   ）。

A. $2F_P a^2/EI$ B. $-F_P a^2/EI$

C. $5F_P a^2/(4EI)$ D. $-5F_P a^2/(4EI)$

2. 图 3-16 所示刚架 $l > a > 0$，B 点的水平位移是（   ）。

A. 不定，方向取决于 a 的大小   B. 向左

C. 等于零   D. 向右

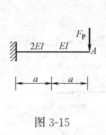

图 3-15

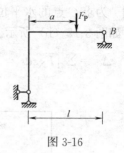

图 3-16

三、填充题（将答案写在空格内，每小题 6 分）

1. 图 3-17 所示结构的受弯杆件的抗弯刚度为 EI，桁架杆的抗拉（压）刚度为 EA，且 $A=I/(30\text{m}^2)$，则 D 端的转角（顺时针方向）为_____。

2. 如图 3-18 所示，欲使 A 点的竖向位移与正确位置相比误差不超过 0.6cm，杆 BC 长度的最大误差 $\lambda_{\max}=$_____，假设其他各杆保持精确长度。

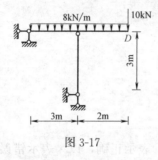

图 3-17

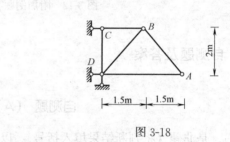

图 3-18

四、求图 3-19 所示结构 D 点水平位移 Δ_{Dx}（$EI=$ 常数）。（20 分）

五、求图 3-20 所示结构 A、B 相对横向线位移，$EI=$ 常数。（20 分）

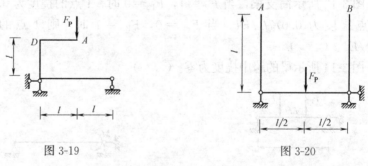

图 3-19

图 3-20

六、计算图 3-21 所示桁架 CD 杆的转角（设各杆 EA 相同）。（26 分）

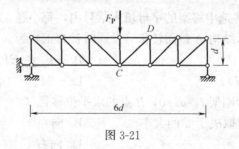

图 3-21

自测题 （B）

一、是非题（将判断结果填入括号：以○表示正确，以×表示错误，每小题 4 分）

1. 非荷载因素（支座移动、温度变化、材料收缩等）作用下，静定结构不产生内力，但会有位移，且位移只与杆件相对刚度有关。（　　）

2. 图 3-22 所示为刚架的虚设力系，按此力系及位移计算公式可求出杆 AC 的转角。（　　）

3. 图 3-23 所示对称桁架各杆 EA 相同，节点 A 和 B 的竖向位移均为零。（　　）

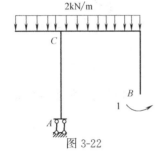

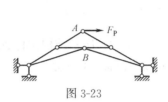

图 3-22　　　　　　　　　　　　　　　　　图 3-23

二、选择题（将选中答案的字母填入括号内，每小题 5 分）

1. 图 3-24 所示静定多跨梁，当 EI_2 增大时，D 点挠度（　　）。

A. 不定，取决于 EI_1/EI_2

B. 减小

C. 不变

D. 增大

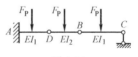

图 3-24

2. 图 3-25 所示桁架，由于制造误差，AE 杆做长了 1cm，BE 杆做短了 1cm，节点 E 的竖向位移为（　　）。

A. 0

B. 0.05cm（↓）

C. 0.707cm（↓）

D. 1.0cm（↓）

图 3-25

三、填充题（将答案写在空格内，每小题 6 分）

1. 图 3-26 所示刚架中杆长 $l=1$m，EI 相同，BC 杆中点处作用集中力 $F=10$kN，C 点作用力偶 $M_0=2$kN·m，则 A 点的水平位移为_____。

2. 图 3-27 所示刚架材料线膨胀系数为 α，各杆为矩形截面，$h=l/20$。在图示温度变化情况下，B、C 两点的竖向相对位移为_____。

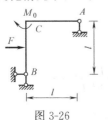

图 3-26

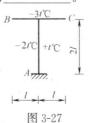

图 3-27

四、图 3-28 所示桁架各杆温度均匀升高 t℃，材料线膨胀系数为 α，试求 C 点的竖向位移。（20 分）

五、图 3-29 所示结构，已知 AC 杆的 $EA = 4.2 \times 10^5\,\mathrm{kN}$，$BCD$ 杆的 $EI = 2.1 \times 10^8\,\mathrm{kN \cdot cm^2}$，试求截面 D 的角位移。（26 分）

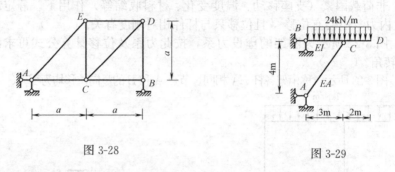

图 3-28　　　　　　　　　　图 3-29

六、图 3-30 所示结构拉杆 AB 温度升高 t℃，材料线膨胀系数为 α，计算 C 点的竖向位移。（20 分）

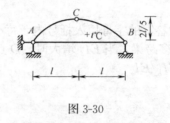

图 3-30

自测题 （A） 参考答案

一、1. ○　2. ×　3. ○

二、1. C　2. D

三、1. $4673/(3EI)$　　2. $\pm 0.4\,\mathrm{cm}$

四、如图 3-31 所示，$\Delta_{Dx} = \dfrac{7F_P l^3}{6EI}\ (\rightarrow)$

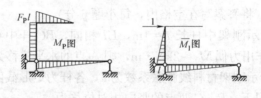

图 3-31

五、如图 3-32 所示。

$$\Delta_{A\text{-}B} = \frac{1}{EI}\left[\left(\frac{1}{2} \cdot l \cdot \frac{1}{4}F_P l\right) \cdot l\right] = \frac{F_P l^3}{8EI}\ (\rightarrow \!\!\times\!\! \leftarrow)$$

六、如图 3-33 所示，$\varphi_{C\text{-}D} = 2.207 F_P / EA$（逆时针）

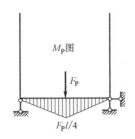
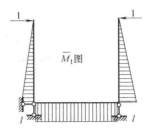

图 3-32

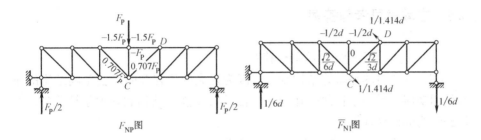

图 3-33

自测题 （B）参考答案

一、1. × 2. × 3. ○

二、1. C 2. A

三、1. $37/(8EI)(\rightarrow)$ 2. $\Delta_{kt}=270\alpha tl(\downarrow\uparrow)$

四、在 C 点加竖向力 $F_P=1$，求 $\overline{F}_N$，如图 3-34 所示。

$$t_0=t$$
$$\Delta_{Cy}=\sum\alpha t_0\overline{F}_N l=0$$

五、如图 3-35 所示。

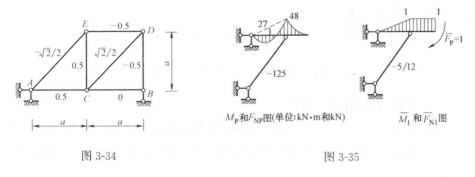

图 3-34

图 3-35

$$\varphi_D=3.144\times10^{-3}\,\text{rad}$$

六、如图 3-36 所示，$\Delta_{Cy}=5\alpha tl/2(\downarrow)$

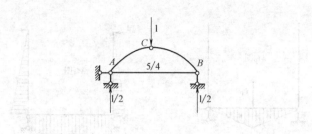

图 3-36

3.5　主教材思考题答案

3-1　为什么要计算结构的位移?

答：一个目的是验算结构刚度，因为过大的位移和变形会影响结构的正常使用功能。另一个目的是在应用力法求解超静定结构和动力学计算时，要用到结构的位移计算。

3-2　产生静定结构位移的因素有哪些?

答：荷载、温度变化、支座位移、制造误差等。

3-3　虚功原理中对力状态和位移状态有什么要求，为什么?

答：平衡的力状态和协调的位移状态。因为推导公式是从微段的平衡方程开始的。中间过程采用了位移表达应变的方法，并且在积分中用到了位移边界条件与截面位移的一致性。

3-4　变形体虚功原理与刚体虚功原理有何区别和联系?

答：刚体虚功原理是变形体虚功原理的特例。当位移状态只有刚体位移时，变形体虚功原理就退化成刚体虚功原理。

3-5　单位荷载法是否适用于超静定结构位移的计算?

答：适用。

3-6　单位广义力状态中的"单位广义力"的量纲是什么?

答：单位广义力是广义力除以自身的结果，是个等于 1 的比例系数，没有量纲或者称其量纲为一。

3-7　试说明如下位移计算公式的适用条件、各项的物理意义。

$$\Delta = \sum_e \int_0^l (\overline{M}\kappa + \overline{F}_N\varepsilon + \overline{F}_Q\gamma)\mathrm{d}s - \sum \overline{F}_{Ri}c_i$$

答：任何杆系结构，任何变形体。

式中，$\overline{M}$、$\overline{F}_N$、$\overline{F}_Q$、$\overline{F}_{Ri}$ 分别为单位力作用下杆件的弯矩、轴力、剪力和支座反力；κ、ε、γ、c_i 分别为结构的弯曲应变、轴向应变、剪切应变和支座位移。

3-8　试说明荷载下位移计算公式的适用条件及各项的物理意义。

答：公式为

$$\Delta = \sum_{e} \int_{0}^{l} \left(\frac{\overline{F}_N F_{NP}}{EA} + \frac{k\overline{F}_Q F_{QP}}{GA} + \frac{\overline{M}M_P}{EI} \right) ds$$

式中，$\overline{F}_N$、$\overline{F}_Q$、$\overline{M}$ 分别为单位力作用下杆件的轴力、剪力和弯矩；F_{NP}、F_{QP}、M_P 分别为荷载作用下杆件的轴力、剪力和弯矩；k 为剪力不均匀系数。该公式适用于一切线弹性杆系结构。

3-9　图乘法的适用条件是什么？对连续变截面梁或拱能否用图乘法？

答：适用条件为：（1）等截面直杆；（2）单位力和荷载弯矩图中至少有一个是直线图形。对连续变截面梁或拱不能用图乘法。

3-10　图乘法公式中正负号如何确定？

答：面积和对应的形心纵坐标在杆轴的同侧，相乘的结果取正号，反之取负号。

3-11　对矩形截面细长杆（$h/l = 1/18 \sim 1/8$，h 为矩形截面高度，l 为杆长）在均匀荷载下，端点竖向位移计算忽略轴向变形和剪切变形会有多大的误差？

答：由 $I = Ah^2/12$ 可得

$$\Delta = \sum_{e} \int_{0}^{l} \left(\frac{\overline{F}_N F_{NP}}{EA} + \frac{k\overline{F}_Q F_{QP}}{0.4EA} + \frac{12\overline{M}M_P}{EAh^2} \right) ds$$

令弯矩和剪力之间的比值为 αl^2，得

$$\Delta = \sum_{e} \int_{0}^{l} \frac{1}{EA} \left(\overline{F}_N F_{NP} + 3\overline{F}_Q F_{QP} + \frac{12}{h^2}\overline{F}_Q F_{QP}\alpha l^2 \right) ds$$

考虑 $h/l = 1/18 \sim 1/8$，得

$$\Delta = \sum_{e} \int_{0}^{l} \frac{1}{EA} \left[\overline{F}_N F_{NP} + 3\overline{F}_Q F_{QP} + 12\overline{F}_Q F_{QP}\alpha(8^2 \sim 18^2) \right] ds$$

进一步，令

$$\frac{\overline{F}_N F_{NP}}{\overline{F}_Q F_{QP}} \approx 1, \quad \alpha \approx 1$$

整理，得

$$\frac{\Delta_N}{\Delta_M} = \frac{\overline{F}_N F_{NP}}{\alpha \overline{F}_Q F_{QP}(768 \sim 3888)} \approx \frac{1}{(768 \sim 3888)}$$

$$\frac{\Delta_Q}{\Delta_M} = \frac{3\overline{F}_Q F_{QP}}{\alpha \overline{F}_Q F_{QP}(768 \sim 3888)} \approx \frac{1}{(256 \sim 1296)}$$

从以上的推导中可以看出，轴向变形对位移的影响最小，在千分之几左右；剪切变形的影响略大，可达几百分之一。

3-12　图 3-37 所示的图乘结果是否正确？为什么？

答：（a）错。因为纵坐标取法不对。

（b）错。取纵坐标的图形是折线图形。

（c）错。面积的计算不对，公式中的面积只能是均布荷载作用下的

80

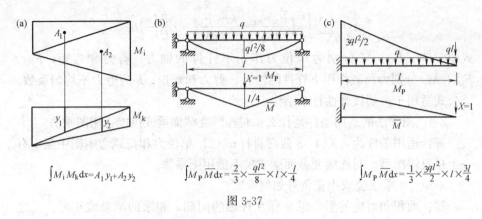

$$\int M_i M_k dx = A_1 y_1 + A_2 y_2 \qquad \int M_P \overline{M} dx = \frac{2}{3} \times \frac{ql^2}{8} \times l \times \frac{l}{4} \qquad \int M_P \overline{M} dx = \frac{1}{3} \times \frac{3ql^2}{2} \times l \times \frac{3l}{4}$$

图 3-37

弯矩图面积；这个图形应该首先分解，然后图乘。

3-13　荷载弯矩图和单位弯矩图如图 3-38 所示，如何用图乘法计算位移？

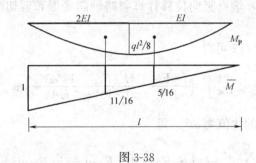

图 3-38

答：$\Delta = \dfrac{1}{2EI}\left(\dfrac{2}{3} \times \dfrac{ql^2}{8} \times \dfrac{l}{2} \times \dfrac{11}{16}\right) + \dfrac{1}{EI}\left(\dfrac{2}{3} \times \dfrac{ql^2}{8} \times \dfrac{l}{2} \times \dfrac{5}{16}\right) = \dfrac{7ql^3}{256EI}$

3-14　图乘法求位移时应注意避免哪些易犯的错误？

答：(1) 分母忘写 EI；(2) 从折线图形中取纵坐标；(3) 图形分解不正确。

3-15　为什么在计算支座位移引起的位移计算公式中，求和符号前总是有一负号？

答：因为这一项是外力虚功，原来在等号左侧，移到右侧后就有了负号。

3-16　如果杆件截面对中性轴不对称，则对温度改变引起的位移有何影响？

答：因为截面不对称，在计算平均温度时，不能再用平均温度了，而是要根据截面特点计算中性轴处的温度。

3-17　增加各杆刚度是否一定能减小荷载作用引起的结构位移？

答：不一定，这要看在位移计算结果中，这一段梁的变形在位移中的作用。也就是说这一段梁的积分或图乘结果是正的还是负的。

3-18　试说明 δ_{12} 和 δ_{21} 的量纲并用文字阐述位移互等定理。

答：δ_{12} 和 δ_{21} 的量纲是相同的。在任一线性变形体系中，由 1 位置上的单位力 $\overline{F}_1$ 在 2 位置上引起的与单位力 $\overline{F}_2$ 相应的位移等于 2 位置上的单位力 $\overline{F}_2$ 在 1 位置上引起的与单位力 $\overline{F}_1$ 相应的位移。

3-19　反力互等定理是否适用于静定结构？这时会得到什么结果？反力

互等定理如何阐述?

答:适合,这时会得到静定结构支座位移不能引起支反力的结论。在任一线性变形体系中,由 1 位置上的单位位移 $\overline{\Delta}_1$ 在 2 位置上引起的与单位位移 $\overline{\Delta}_2$ 相应的反力等于 2 位置上的单位位移 $\overline{\Delta}_2$ 在 1 位置上引起的与单位位移 $\overline{\Delta}_1$ 相应的反力。

3.6 主教材习题详细解答

3-1 试用直杆公式求图 3-39(a)所示圆弧形曲梁上 B 点的水平位移。EI 为常数。

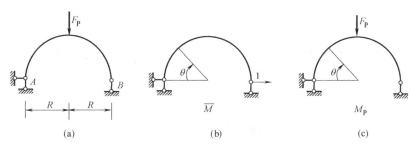

(a)   (b)   (c)

图 3-39 习题 3-1 图

【解】

令内侧受拉为正,则

$$\begin{cases} \overline{M} = R\sin\theta \\ M_P = \dfrac{F_P}{2}R(1-\cos\theta) \end{cases} \quad \theta \in \left[0, \dfrac{\pi}{2}\right]$$

$$\Delta_{Bx} = \sum \int \frac{\overline{M}M_P}{EI}\mathrm{d}s = 2 \cdot \int_0^{\frac{\pi}{2}} \frac{\overline{M}M_P}{EI}\mathrm{d}s$$

$$= \frac{2}{EI}\int_0^{\frac{\pi}{2}} R\sin\theta \cdot \frac{F_P}{2}R(1-\cos\theta)R\mathrm{d}\theta = \frac{F_P R^3}{2EI} \quad (\rightarrow)$$

3-2 图 3-40 所示柱的 A 端抗弯刚度为 EI,B 端为 $EI/2$,沿柱长刚度线性变化。试求 B 端水平位移。

【解】 以左侧受拉为正,则

$$\begin{cases} \overline{M} = x \\ M_P = \dfrac{q_0 x^3}{6l} \end{cases} \quad x \in [0, l]$$

$$\Delta_{Bx} = \int_0^l \frac{\overline{M}M_P}{EI(x)}\mathrm{d}s = \int_0^l \frac{1}{\dfrac{EI}{2}\left(1+\dfrac{x}{l}\right)} \cdot x \cdot \frac{q_0 x^3}{6l} \cdot \mathrm{d}x$$

$$= \int_0^l \frac{q_0 x^4}{3EI(x+l)} \cdot \mathrm{d}x = \frac{(-7+12\ln 2)q_0 l^4}{36EI} (\rightarrow)$$

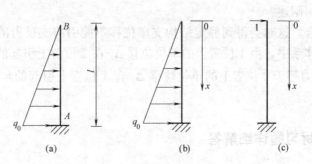

图 3-40　习题 3-2 图

3-3　试求图 3-41（a）所示结构考虑弯曲变形和剪切变形的挠度曲线方程。截面为矩形，$k=1.2$。

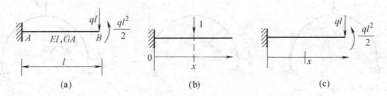

图 3-41　习题 3-3 图

【解】　令上侧受拉为正，任意截面的横坐标为 x_1，截面在单位力和荷载作用下的弯矩和剪力表达式分别为：

$$\begin{cases} \overline{M}(x_1)=x-x_1, \quad \overline{F}_Q(x_1)=1 \\ M_P(x_1)=ql(l-x_1)-\dfrac{ql^2}{2}, \quad F_{QP}(x_1)=ql \end{cases} \quad x_1\in[0,x]$$

则横坐标为 x 的截面的竖向位移，即挠曲线方程为

$$\Delta_y(x)=\frac{1}{EI}\int_0^x \overline{M}(x_1)\cdot M_P(x_1)\cdot dx_1+\frac{1.2}{GA}\int_0^x \overline{F}_Q(x_1)\cdot F_{QP}(x_1)\cdot dx_1$$

$$=\frac{1}{EI}\int_0^x (x-x_1)\cdot\left[ql(l-x_1)-\frac{ql^2}{2}\right]\cdot dx_1+\frac{1.2}{GA}\int_0^x 1\cdot ql\cdot dx_1$$

$$=\frac{qlx^2}{12EI}(3l-2x)+\frac{1.2qlx}{GA}$$

3-4　试求图 3-42（a）所示桁架 C 点竖向位移和 CD 杆与 CE 杆的夹角的改变量。已知各杆截面相同，$A=1.5\times10^{-2}\,\mathrm{m}^2$，$E=210\mathrm{GPa}$。

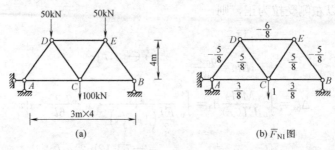

图 3-42　习题 3-4 图（一）

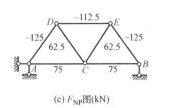

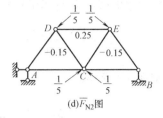

(c) F_{NP}图(kN)　　　　　　(d) $\overline{F}_{N2}$图

图 3-42　习题 3-4 图（二）

【解】　（1）C 点的竖向位移

$$\Delta_{Cy}=\frac{\left(-\dfrac{6}{8}\right)\times(-112.5\times10^3)\times6\ +2\times\left(-\dfrac{5}{8}\right)\times(-125\times10^3)\times5}{210\times10^9\times1.5\times10^{-2}}$$

$$+\frac{2\times\left(\dfrac{5}{8}\times62.5\times10^3\right)\times5+2\times\left(\dfrac{3}{8}\times75\times10^3\right)\times6}{210\times10^9\times1.5\times10^{-2}}$$

$$=6.399\times10^{-4}\ \mathrm{m}(\downarrow)$$

（2）CD 杆与 CE 杆夹角的改变量

$$\Delta_{CD\text{-}CE}=\sum\frac{\overline{F}_{N2}F_{NP}l}{EA}$$

$$=\frac{2\times(-0.15)\times62.5\times10^3\times5+0.25\times(-112.5\times10^3)\times6}{210\times10^9\times1.5\times10^{-2}}$$

$$=-8.333\times10^{-5}\ \mathrm{rad}$$

3-5　图 3-43 所示桁架 AB 杆的 $\sigma=E\sqrt{\varepsilon}$，其他杆的 $\sigma=E\varepsilon$。试求 B 点水平位移。

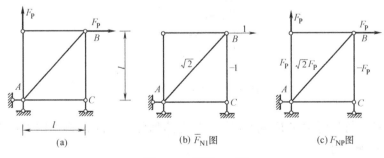

图 3-43　习题 3-5 图

【解】　本题中，AB 杆的应力-应变关系不是线性的，计算时要用单位荷载法最基本的公式。

AB 杆变形引起的 B 点水平位移

$$\Delta_1=\int_0^{l_{AB}}\overline{F}_{NAB}\varepsilon_{AB}\mathrm{d}s=\int_0^{l_{AB}}\overline{F}_{NAB}\frac{\sigma_{AB}^2}{E^2}\mathrm{d}s=\overline{F}_{NAB}\frac{1}{E^2}\frac{F_{NAB}^2}{A^2}l_{AB}$$

$$=\sqrt{2}\cdot\frac{1}{E^2}\cdot\frac{(\sqrt{2}F_P)^2}{A^2}\cdot\sqrt{2}l=\frac{4F_P^2l}{E^2A^2}$$

其他杆变形引起的 B 点水平位移

$$\Delta_2 = \frac{\overline{F}_{NBC} F_{NBC} l_{BC}}{EA} = \frac{(-1) \cdot (-F_P) \cdot l}{EA} = \frac{F_P l}{EA}$$

故 B 点水平位移为

$$\Delta_{Bx} = \Delta_1 + \Delta_2 = \frac{4F_P^2 l}{E^2 A^2} + \frac{F_P l}{EA}$$

3-6 试用图乘法求图 3-44～图 3-51 中结构的指定位移。除图 3-48、图 3-51 中标明杆件刚度外，其他各小题所示结构各杆 EI 均为常数。

(a) 求图 3-44（a-1）中 K 点竖向位移。

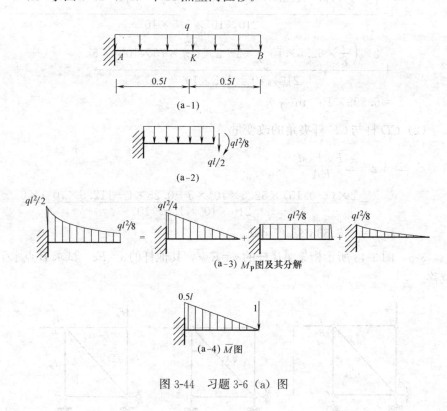

图 3-44 习题 3-6（a）图

【解】 将悬臂梁在 K 截面切开，取左边部分，并将 K 截面内力作为荷载作用在 K 截面上。

$$\Delta_{Ky} = \frac{1}{EI} \left[\left(\frac{1}{2} \cdot \frac{ql^2}{4} \cdot \frac{l}{2} \right) \cdot \left(\frac{2}{3} \cdot \frac{l}{2} \right) + \left(\frac{ql^2}{8} \cdot \frac{l}{2} \right) \cdot \left(\frac{l}{4} \right) \right]$$

$$+ \frac{1}{EI} \left(\frac{1}{3} \cdot \frac{ql^2}{8} \cdot \frac{l}{2} \right) \cdot \left(\frac{3}{4} \cdot \frac{l}{2} \right)$$

$$= \frac{17ql^4}{384EI} (\downarrow)$$

(b) 求图 3-45（b-1）中 K 点竖向位移。

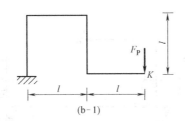

(b-1)

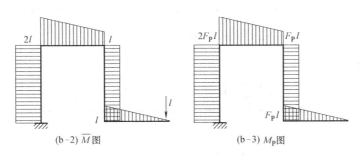

(b-2) $\overline{M}$图　　　　　　(b-3) M_P图

图 3-45　习题 3-6（b）图

【解】

$$
\Delta_{Ky}=\frac{(2l\cdot l)\cdot 2F_Pl+\left[\left(\frac{1}{2}\cdot 2l\cdot l\right)\cdot\left(l+\frac{2}{3}l\right)+\left(\frac{1}{2}\cdot l\cdot l\right)\cdot\left(l+\frac{1}{3}l\right)\right]\cdot F_P}{EI}+
$$

$$
\frac{(l\cdot l)\cdot F_Pl+\frac{l^2}{2}\cdot\frac{2}{3}F_Pl}{EI}=\frac{23F_Pl^3}{3EI}(\downarrow)
$$

（c）求图 3-46（c-1）中 C 铰两侧截面相对转角。

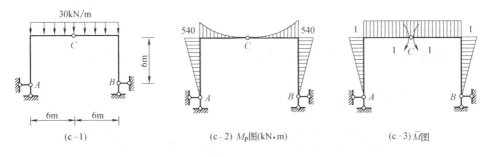

(c-1)　　　　　　(c-2) M_P图(kN·m)　　　　　　(c-3) $\overline{M}$图

图 3-46　习题 3-6（c）图

【解】

$$
\varphi_{C\text{-}C}=\frac{2}{EI}\left[\left(\frac{540\times6}{2}\right)\times\left(\frac{2}{3}\times1\right)+\left(\frac{540\times6}{3}\right)\times1\right]
$$

$$
=\frac{4320\text{kN}\cdot\text{m}^2}{EI}
$$

（d）求图 3-47（d-1）中 C 点的竖向位移（$EI=8.0\times10^5\text{kN}\cdot\text{m}^2$）。

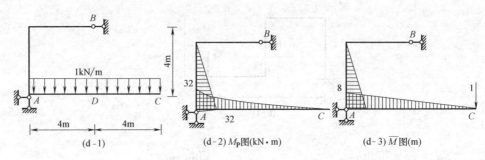

(d-1)　　　　　(d-2) M_p图(kN·m)　　　　　(d-3) $\overline{M}$ 图(m)

图 3-47　习题 3-6（d）图

【解】

$$\Delta_{\mathrm{Cy}}=\dfrac{\left(\dfrac{32\times4}{2}\right)\times\left(\dfrac{2}{3}\times8\right)+\left(\dfrac{32\times8}{3}\right)\times\left(\dfrac{3}{4}\times8\right)}{8.0\times10^5}$$

$$=\dfrac{32}{3}\times10^{-4}\mathrm{m}=1.07\mathrm{mm}(\downarrow)$$

（e）求图 3-48（e-1）所示结构铰 C 两侧截面的相对转角。

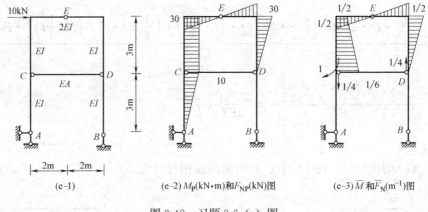

(e-1)　　　　　(e-2) M_p(kN·m)和F_{NP}(kN)图　　　　　(e-3)$\overline{M}$ 和$\overline{F}_\mathrm{N}$(m^{-1})图

图 3-48　习题 3-6（e）图

【解】　由于 CD 杆为桁架杆，所以，单位力偶由杆件两端作用的力形成。

$$\varphi_{\mathrm{C\text{-}C}}=\sum\dfrac{Ay_0}{EI}+\dfrac{\overline{F}_\mathrm{N}F_{\mathrm{NP}}l}{EA}$$

$$=\dfrac{\left[\dfrac{1}{2}\times\left(\dfrac{1}{2}+1\right)\times3\right]\times30+\left(\dfrac{1}{2}\times\dfrac{1}{2}\times3\right)\times\left(\dfrac{2}{3}\times30\right)}{EI}$$

$$+\dfrac{2\times\left(\dfrac{1}{2}\times\dfrac{1}{2}\times2\right)\times\left(\dfrac{2}{3}\times30\right)}{2EI}+\dfrac{\dfrac{1}{6}\times10\times4}{EA}$$

$$=\dfrac{185\mathrm{kN}\cdot\mathrm{m}^2}{2EI}+\dfrac{20\mathrm{kN}}{3EA}$$

（f）求图 3-49（f-1）所示 A、B 截面相对水平、竖向位移和相对转角。

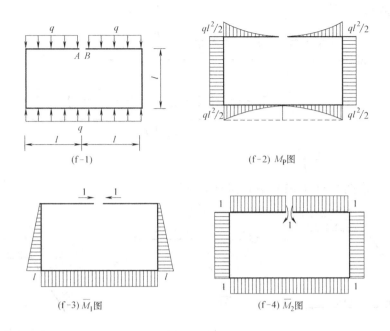

图 3-49　习题 3-6（f）图

【解】　（1）相对水平位移

$$\Delta_{\text{(A-B)x}}=\frac{2\cdot\left(\dfrac{ql^2}{2}\cdot l\right)\cdot\dfrac{l}{2}+2\times\left(\dfrac{1}{3}\cdot\dfrac{ql^2}{2}\cdot l\right)\cdot l}{EI}=\frac{5ql^4}{6EI}$$

（2）相对竖向位移

对称结构在对称荷载作用下的反对称位移等于零。

（3）相对转角

$$\varphi_{\text{A-B}}=\sum\frac{Ay_0}{EI}=\frac{\left[4\cdot\left(\dfrac{1}{3}\cdot\dfrac{ql^2}{2}\cdot l\right)+2\cdot\left(\dfrac{ql^2}{2}\cdot l\right)\right]\cdot 1}{EI}=\frac{5ql^3}{3EI}$$

（g）求图 3-50（g-1）中 K 点竖向位移。

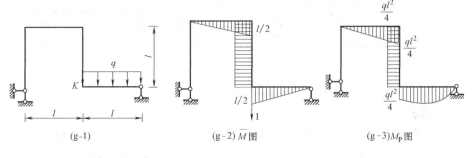

图 3-50　习题 3-6（g）图

【解】

$$\Delta_{Ky} = \frac{\left(\frac{1}{2} \cdot \frac{ql^2}{4} \cdot l\right) \cdot \left(\frac{2}{3} \cdot \frac{l}{2}\right) + \left(\frac{ql^2}{4} \cdot l\right) \cdot \frac{l}{2}}{EI}$$

$$+ \frac{\left(\frac{1}{2} \cdot \frac{ql^2}{4} \cdot l\right) \cdot \left(\frac{2}{3} \cdot \frac{l}{2}\right) + \left(\frac{2}{3} \cdot \frac{ql^2}{8} \cdot l\right) \cdot \left(\frac{1}{2} \cdot \frac{l}{2}\right)}{EI}$$

$$= \frac{11ql^4}{48EI}(\downarrow)$$

（h）求图 3-51（h-1）中 C 点竖向位移。

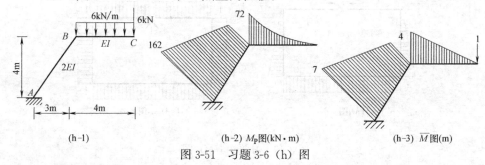

(h-1)　　　　　　　　(h-2) M_p 图(kN·m)　　　　　　(h-3) $\overline{M}$ 图(m)

图 3-51　习题 3-6（h）图

【解】

$$\Delta_{Ky} = \frac{\left(\frac{24 \times 4}{2}\right) \times \left(\frac{2}{3} \times 4\right) + \left(\frac{48 \times 4}{3}\right) \times \left(\frac{3}{4} \times 4\right)}{EI}$$

$$+ \frac{\left(\frac{162 \times 5}{2}\right) \times \left(\frac{2}{3} \times 7 + \frac{1}{3} \times 4\right)}{2EI} + \frac{\left(\frac{72 \times 5}{2}\right) \times \left(\frac{1}{3} \times 7 + \frac{2}{3} \times 4\right)}{2EI}$$

$$= \frac{1985 \text{kN} \cdot \text{m}^3}{EI}(\downarrow)$$

3-7　试求图 3-52～图 3-53 所示结构在支座位移下的指定位移。

（a）求图 3-52（a-1）中 C 点的水平位移和 C 截面的转角。

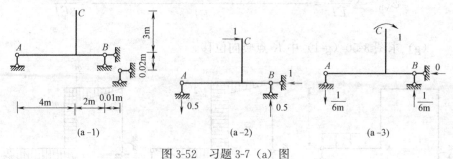

(a-1)　　　　　　　　(a-2)　　　　　　　　(a-3)

图 3-52　习题 3-7（a）图

【解】

$$\Delta_{Cx} = -\sum \overline{F}_{Ri} c_i = -[-(0.5 \times 0.02) - (1 \times 0.01)] = 0.02\text{m}(\rightarrow)$$

$$\varphi_C = -\sum \overline{F}_{Ri} c_i = -\left[-\left(\frac{1}{6} \times 0.02\right)\right] = 0.0033\text{rad}(顺时针)$$

（b）求图 3-53（b-1）中 K 点的水平位移。

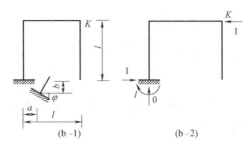

图 3-53　习题 3-7（b）图

【解】　$\Delta_{Kx} = -\sum \overline{F}_{Ri} \cdot c_i = -[(1 \times a) + (l \times \varphi)] = -a - l\varphi$　（→）

3-8　图 3-54（a）所示结构各杆件均为截面高度相同的矩形截面，内侧温度上升 t，外侧不变。试求 C 点的竖向位移，线膨胀系数为 α。

【解】

$$\Delta_{Cy} = \sum \left(\pm A_{\overline{F}_N} t_0 \pm A_{\overline{M}} \frac{\Delta t}{h} \right) \alpha = -[2 \times (0.5 \times l) + (0.25 \times l)] \times \frac{t}{2} \times \alpha$$

$$-2 \times \left(\frac{1}{2} \times 0.25l \times l + \frac{1}{2} \times 0.25l \times \frac{l}{2} \right) \times \frac{t}{h} \times \alpha$$

$$= -\frac{35}{8} \alpha t l (\uparrow)$$

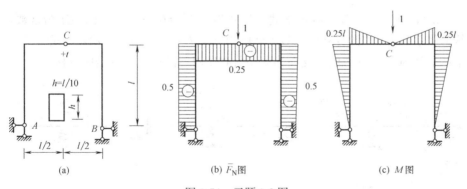

图 3-54　习题 3-8 图

3-9　试求图 3-55（a）所示刚架在温度作用下产生的 D 点的水平位移。梁为高度 $h = 0.8\text{m}$ 的矩形截面梁，线膨胀系数为 $\alpha = 10^{-5} \text{°C}^{-1}$。

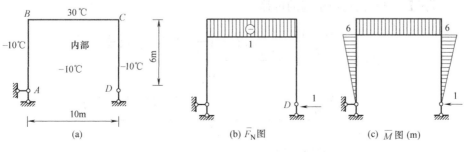

图 3-55　习题 3-9 图

【解】

$$\Delta_{Dx} = \sum \left(\pm A_{\overline{F}_N} t_0 \pm A_M \frac{\Delta t}{h} \right) \alpha$$

$$= \left[-(1 \times 10) \times \frac{(30-10)}{2} + (6 \times 10) \times \frac{[30-(-10)]}{0.8} \right] \times 10^{-5}$$

$$= 29 \times 10^{-3} \text{m} (\leftarrow)$$

3-10　图 3-56 (a) 所示桁架各杆温度上升 t，已知线膨胀系数为 α。试求由此引起的 K 点竖向位移。

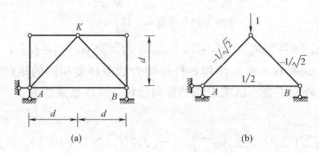

图 3-56　习题 3-10 图

【解】

$$\Delta_{Ky} = \sum \pm A_{\overline{F}_N} t_0 \alpha = \left(-2 \times \frac{1}{\sqrt{2}} \times \sqrt{2} d + \frac{1}{2} \times 2d \right) \times \alpha t = -d\alpha t (\uparrow)$$

3-11　图 3-57 (a) 所示梁截面尺寸为 $b \times h = 0.2\text{m} \times 0.6\text{m}$，$EI$ 为常数，线膨胀系数为 α，弹簧刚度系数 $k = 48EI/l^3$，$l = 2\text{m}$。梁上侧温度上升 $10℃$，下侧上升 $30℃$，并有图示支座移动和荷载作用。试求 C 点的竖向位移。

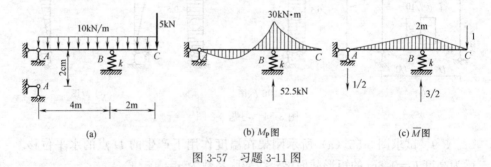

图 3-57　习题 3-11 图

【解】　(1) 由荷载引起的位移

$$\Delta_{Cy1} = \frac{\left(\frac{30 \times 4}{2} \right) \times \left(\frac{2}{3} \times 2 \right) - \left(\frac{2}{3} \times 20 \times 4 \right) \times \left(\frac{1}{2} \times 2 \right)}{EI} +$$

$$\frac{\left(\frac{30 \times 2}{2} \right) \times \left(\frac{2}{3} \times 2 \right) - \left(\frac{2}{3} \times 5 \times 2 \right) \times \left(\frac{1}{2} \times 2 \right)}{EI}$$

$$= \frac{60 \text{kN} \cdot \text{m}^3}{EI}$$

（2）由支座位移引起的位移

$$\Delta_{Cy2} = -\sum \overline{F}_{Ri} \times c_i = -\left(\frac{1}{2} \times 0.02\right) - \left(-\frac{3}{2} \times \frac{52.5}{k}\right)$$

$$= -0.01\text{m} + \frac{105\text{kN} \cdot \text{m}^3}{8EI}$$

（3）由温度变化引起的位移

$$\Delta_{Cy3} = \sum \pm A_{\overline{M}} \frac{\Delta t}{h} \alpha$$

$$= \left[-\left(\frac{1}{2} \times 2 \times 4\right) - \left(\frac{1}{2} \times 2 \times 2\right)\right] \times \left(\frac{30-10}{0.6}\right) \times \alpha$$

$$= -200\alpha \cdot \text{m} \cdot \text{℃}$$

总位移为

$$\Delta_{Cy} = \frac{585\text{kN} \cdot \text{m}^3}{8EI} - 0.01\text{m} - 200\alpha \cdot \text{m} \cdot \text{℃}$$

3-12　欲使图 3-58（a）所示简支梁中点的挠度为 0，试问施加多大杆端弯矩 M_0？已知线膨胀系数 α，梁截面为矩形，截面高度为 h。

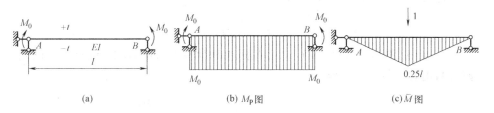

图 3-58　习题 3-12 图

【解】（1）温度作用时，梁中点的挠度

$$\Delta_t = \sum \pm A_{\overline{M}} \frac{\Delta t}{h} \alpha = -\left(\frac{1}{2} \times 0.25l \times l\right) \times \frac{2t}{h} \alpha = -\frac{l^2 t}{4h} \alpha$$

（2）只有外力偶作用时，梁中点挠度

$$\Delta_P = \frac{1}{EI}\left(\frac{1}{2} \times 0.25l \times l\right) M_0 = \frac{l^2 M_0}{8EI}$$

由

$$\Delta_t + \Delta_P = 0$$

得

$$M_0 = \frac{2\alpha t EI}{h}$$

3-13　已知在图 3-59（a）中荷载的作用下，$\theta_A = \dfrac{l}{3EI}\left(M_1 - \dfrac{M_2}{2}\right)$。试求图 3-59（b）中梁 A 端的转角。

【解】　由图 3-59（a），梁左端转角为

$$\theta_A = \frac{l}{3EI}\left(M_1 - \frac{M_2}{2}\right) \qquad\qquad (1)$$

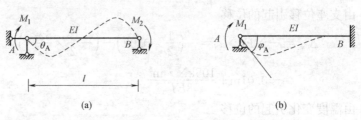

图 3-59　习题 3-13 图

可得图 3-59（a）梁右端转角为

$$\theta_B = \frac{l}{3EI}\left(M_2 - \frac{M_1}{2}\right)$$

图 3-59（b）情况为

$$\theta_B = 0$$

由此可解得

$$M_2 = \frac{M_1}{2} \tag{2}$$

将式（2）代入（1）中，得

$$\varphi_A = \frac{M_1 l}{4EI}$$

3-14　已测得图 3-60（a）中 A 截面逆时针转了 0.001rad。试求 C 铰两侧截面的相对转角。$EI =$ 常数。

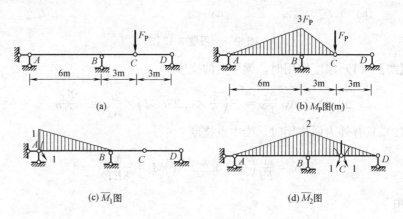

图 3-60　习题 3-14 图

【解】　本题已知 A 截面转角，但 F_P 未知。因此，应该首先由 A 截面转角求出 F_P，然后在已知 F_P 的情况下求 C 铰两侧截面的相对转角。

在 F_P 作用下 A 点的转角为

$$\varphi_A = \frac{1}{EI}\left(\frac{1}{2} \times 3F_P \times 6\right) \times \left(\frac{1}{3} \times 1\right) = \frac{3F_P}{EI}\,\text{m}^2$$

由此解得

$$F_P = \frac{EI}{3}\varphi_A \cdot \text{m}^{-2}$$

按上述思路，再求 C 截面两侧的转角，为此作出单位弯矩图，如图 3-60

（d）所示，则

$$\varphi_{\text{C-C}}=\frac{1}{EI}\left[\left(\frac{1}{2}\times 3F_{\text{P}}\times 6\right)\times\left(\frac{2}{3}\times 2\right)+\left(\frac{1}{2}\times 3F_{\text{P}}\times 3\right)\times\left(1+\frac{2}{3}\times 1\right)\right]$$

$$=\frac{39F_{\text{P}}}{2EI}\text{m}^2=\frac{13}{2}\varphi_{\text{A}}=6.5\times 10^{-3}\text{rad}$$

3-15 已测得在图 3-61 所示荷载作用下，各点竖向位移为 H 点 1.2cm，G、I 点 0.1cm，F、C、J 点 0.06cm，D、B 点 0.05cm。试求当 10kN 竖向力平均分布作用于 15 个节点上时，H 点的竖向位移。

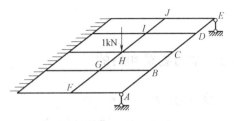

图 3-61 习题 3-15 图

【解】 利用虚功互等定理。

状态 1：1kN 的外力及其引起的 15 个节点的已知位移。

状态 2：15 个节点上 10kN/15 的集中荷载及其引起的 15 个节点的未知位移。

状态 1 的外力在状态 2 位移上做的功为

$$W_{12}=1\text{kN}\times\Delta_{\text{Hy}}$$

状态 2 的外力在状态 1 位移上做的功为

$$W_{21}=\frac{10}{15}\times(1.2+0.1\times 2+0.06\times 3+0.05\times 2)$$

$$=1.12\text{kN}\cdot\text{cm}$$

由

$$W_{12}=W_{21}$$

得

$$\Delta_{\text{Hy}}=1.12\text{cm}（\downarrow）$$

第4章 力 法

4.1 学习要求和目的

学习本章的要求有三个：

(1) 了解力法解题的思路及其平衡条件、位移协调条件的体现。

(2) 熟练掌握荷载作用下，用力法求解超静定结构的内力。

(3) 掌握其他因素（支座位移、温度变化）下，力法的求解过程。

(4) 掌握超静定结构的位移求解及力法的校核。

学习这些内容的目的有如下几个方面：

(1) **为校核结构强度和刚度做准备**　对于超静定次数较少的结构可以用力法来计算内力和位移。内力的计算结果可用来校核结构的强度是否满足要求，位移的计算结果可用来校核结构的刚度是否满足要求。

(2) **为学习位移法做准备**　在位移法解超静定结构的过程中，要用到单跨等截面梁在各种因素（支座位移、温度变化）作用下的杆端弯矩和杆端剪力。这些杆端内力都是用力法求解的。

(3) **了解力法解超静定结构的特点**　用力法解超静定结构时，首先将超静定结构转化为静定结构，然后应用变形协调条件消除二者的差别。

4.2 基本内容总结和学习建议

力法是求解超静定结构的基本方法。本章的主要内容是用力法求解超静定结构在荷载、支座位移、温度变化等因素作用下的内力和位移。

学习本章之前，必须熟练掌握静定结构内力的计算（特别是弯矩图和桁架杆轴力），必须熟练掌握荷载、支座位移、温度变化等因素作用下的静定结构位移计算。这些知识是学习力法的必要基础，每一个例题都不止一次地用到这些知识。毫不夸张地说，如果不掌握这些知识，力法的学习将无法进行。

例如，一个荷载作用下的一次超静定结构用力法求解时需要绘制 3 个弯矩图，进行 2 次静定结构位移的计算。若是一个二次超静定结构，则需要绘制 4 个弯矩图，进行 5 次静定结构位移的计算。

4.2.1 力法求解超静定结构内力

建立力法方程是贯穿本章的主线。基本要求是：

1. 准确理解并正确判断多余约束力

力法求解超静定结构的第一步就是去掉结构的多余约束。对于一个超静定结构，虽然多余约束的数量是一定的，但是，选择哪些约束作为多余约束，答案不是唯一的。去掉多余约束的方法直接影响力法解题的繁简程度。学习时，应适当练习多种去掉多余约束的方法。

2. 深刻理解力法方程的物理意义

力法方程的物理意义是**基本结构在多余约束力和各种因素（荷载、支座位移、温度变化等）作用下，去掉约束处的位移等于原结构的实际位移。**

力法方程的一般形式为

$$\delta_{11}X_1+\delta_{12}X_2+\cdots+\delta_{1n}X_n+\Delta_{1P}+\Delta_{1c}+\Delta_{1e}+\Delta_{1t}=\Delta_1$$

$$\delta_{21}X_1+\delta_{22}X_2+\cdots+\delta_{2n}X_n+\Delta_{2P}+\Delta_{2c}+\Delta_{2e}+\Delta_{2t}=\Delta_2$$

$$\cdots \quad \cdots \quad \cdots$$

$$\delta_{n1}X_1+\delta_{n2}X_2+\cdots+\delta_{nn}X_n+\Delta_{nP}+\Delta_{nc}+\Delta_{ne}+\Delta_{nt}=\Delta_n$$

其中，δ_{ij} 为基本结构在单位力作用下，去掉约束处的位移；Δ_{iP}、Δ_{ic}、Δ_{ie} 和 Δ_{it} 分别为基本结构在荷载、支座位移、温度变化等因素作用下，去掉约束处的位移；Δ_i 为原结构去掉约束处的实际位移。

下面将对各种因素作用下、选择不同基本结构建立力法方程的方法做一总结。

（1）荷载作用

图 4-1（a）所示为单跨超静定梁。选择图 4-1（b）和（c）两种基本结构，力法方程的形式均为

$$\delta_{11}X_1+\Delta_{1P}=0$$

其中，δ_{11} 由单位多余约束力弯矩图自乘求得；Δ_{1P} 由单位多余约束力与荷载弯矩图互乘求得。

但是，针对每一种基本体系，方程的物理意义是不同的。

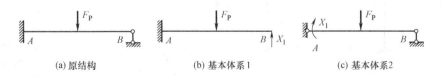

(a) 原结构　　　　　(b) 基本体系1　　　　　(c) 基本体系2

图 4-1　梁的基本体系选取及其物理意义

选择图 4-1（b）所示的基本体系，力法方程的物理意义是基本结构在多余约束力 X_1 和荷载 F_P 的共同作用下，B 点的竖向位移等于零。

若选择图 4-1（c）所示的基本体系，则力法方程的物理意义是基本结构在多余约束力 X_1 和荷载 F_P 共同作用下，A 截面的转角位移等于零。

读者还可以练习选择其他形式的基本结构和基本体系，并阐述相应力法

方程的物理意义。

图 4-2 所示为一个一次超静定桁架。选择基本结构时，可以采用切断作为多余约束的杆件或去掉作为多余约束的杆件两种办法。

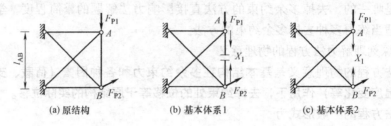

(a) 原结构　　　　　(b) 基本体系1　　　　　(c) 基本体系2

图 4-2　桁架结构的基本体系选取及其物理意义

选择图 4-2（b）所示的基本体系，力法方程的物理意义是基本结构在多余约束力 X_1 和荷载的共同作用下，断开的截面两侧相对位移等于零，即

$$\delta_{11}X_1 + \Delta_{1P} = 0$$

若选择图 4-2（c）所示的基本体系，则力法方程的物理意义是基本结构在多余约束力 X_1 和荷载共同作用下，去掉杆件两端的相对位移等于这个杆件的轴向变形，即

$$\delta_{11}X_1 + \Delta_{1P} = -\frac{X_1 l_{AB}}{EA}$$

由于在荷载作用下的力法方程每一项系数的分母中都含有刚度项，因此求出的多余约束力 X_1 只与刚度的相对值有关。进而可以判断，荷载作用下超静定结构的内力只与刚度的相对值有关。

（2）支座位移

有支座位移时，去掉多余约束有两种情况，一种是去掉有支座位移的多余约束，另一种是去掉没有支座位移的多余约束。图 4-3 是一个 2 次超静定结构，有 2 个支座位移。分 3 种情况选择基本结构和基本体系（图 4-3b、c 和 d）。

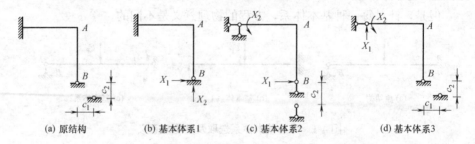

(a) 原结构　　　　(b) 基本体系1　　　　(c) 基本体系2　　　　(d) 基本体系3

图 4-3　有支座位移时基本体系的选取及其物理意义

图 4-3（b）所示的基本体系是去掉有支座位移的多余约束。这时，力法方程的物理意义是基本结构在多余约束力 X_1 和 X_2 的共同作用下，B 点的水平位移等于 c_1、竖向位移等于 $-c_2$，即

$$\begin{cases} \delta_{11}X_1 + \delta_{12}X_2 = c_1 \\ \delta_{21}X_1 + \delta_{22}X_2 = -c_2 \end{cases}$$

这时，每个力法方程的左侧只有两项。

图 4-3（c）所示的基本体系是去掉了一个有支座位移的多余约束和一个没有支座位移的多余约束。这时，力法方程的物理意义是基本结构在多余约束力 X_1、X_2 和支座位移 c_2 的共同作用下，B 点的水平位移等于 c_1、A 截面的转角位移等于零，即

$$\begin{cases} \delta_{11}X_1 + \delta_{12}X_2 + \Delta_{1c} = c_1 \\ \delta_{21}X_1 + \delta_{22}X_2 + \Delta_{2c} = 0 \end{cases}$$

这时，每个力法方程的左侧有 3 项，求 Δ_{1c} 和 Δ_{2c} 时只需求 1 个支座反力，即

$$\Delta_{1c} = -\overline{F}_{R2}c_2$$

（这时的 $\overline{F}_{R2}$ 为 $X_1 = 1$ 时，B 点竖向支座的反力）

$$\Delta_{2c} = -\overline{F}_{R2}c_2$$

（这时的 $\overline{F}_{R2}$ 为 $X_2 = 1$ 时，B 点竖向支座的反力）

图 4-3（d）所示的基本体系，去掉的多余约束都是没有支座位移的约束，这时，力法方程的物理意义是基本结构在多余约束力 X_1、X_2 和支座位移 c_1、c_2 共同作用下，A 截面的竖向位移和转角位移分别等于零，即

$$\begin{cases} \delta_{11}X_1 + \delta_{12}X_2 + \Delta_{1c} = 0 \\ \delta_{21}X_1 + \delta_{22}X_2 + \Delta_{2c} = 0 \end{cases}$$

这时，每个力法方程的左侧虽然也有 3 项，但求 Δ_{1c} 和 Δ_{2c} 时却需求 2 个支座反力，即

$$\Delta_{1c} = -(\overline{F}_{R1}c_1 + \overline{F}_{R2}c_2)$$

（这时的 $\overline{F}_{R1}$、$\overline{F}_{R2}$ 分别为 $X_1 = 1$ 时，B 支座的水平和竖向反力）

$$\Delta_{2c} = -(\overline{F}_{R1}c_1 + \overline{F}_{R2}c_2)$$

（这时的 $\overline{F}_{R1}$、$\overline{F}_{R2}$ 分别为 $X_2 = 1$ 时，B 支座的水平和竖向反力）

比较这三种基本结构和基本体系，可以看出，第 1 种（图 4-3b）是最简单的。因此，解题时，应尽量将有支座位移的多余约束去掉。这样，可避免求自由项 Δ_{ic}，简化解题过程，而且不易出错。

（3）制造误差

与支座位移一样，尽量将有制造误差杆件的多余约束去掉，使计算过程简化。

（4）温度变化

同支座位移作用时的情况类似，尽量将有温度变化杆件的多余约束去掉，使计算过程简化。

在支座位移、温度变化等因素作用下，力法方程系数 δ_{ij} 的分母含有刚度

的绝对值，而方程的自由项或等号右侧项与刚度无关，因此可以判断，超静定结构在这些因素作用下的内力与刚度的绝对值有关。

3. 力法解超静定结构的一般步骤

（1）选择基本结构和基本体系。

（2）建立力法方程。

（3）求方程中的系数和自由项，解方程。

（4）由叠加法得到结构的弯矩图或轴力图。

4. 对称性的利用

利用对称性，在大多数情况下，可以使计算得到简化。对称性利用主要有两种方式。

（1）将与对称轴相交截面的约束作为多余约束，这样可以使力法方程中的某些系数为零。

例如，图4-4（a）所示对称结构为三次超静定结构。将横梁中间截面断开作为基本结构，三对多余约束力中两对是对称的，一对是反对称的。单位多余约束力作用下的弯矩图如图4-4（b）、（c）和（d）所示。力法方程为

$$\delta_{11}X_1 + \delta_{12}X_1 + \delta_{13}X_1 + \Delta_{1P} = 0$$

$$\delta_{21}X_1 + \delta_{22}X_1 + \delta_{23}X_1 + \Delta_{2P} = 0$$

$$\delta_{31}X_1 + \delta_{32}X_1 + \delta_{33}X_1 + \Delta_{3P} = 0$$

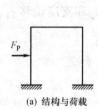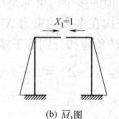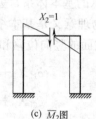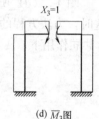

(a) 结构与荷载   (b) $\overline{M}_1$图   (c) $\overline{M}_2$图   (d) $\overline{M}_3$图

图4-4　对称性利用——切开对称轴截面

由于单位多余约束力弯矩图的对称性，很明显，系数$\delta_{12} = \delta_{21} = \delta_{23} = \delta_{32} = 0$，这时，方程可简化为

$$\delta_{11}X_1 + \delta_{13}X_1 + \Delta_{1P} = 0$$

$$\delta_{22}X_1 + \Delta_{2P} = 0$$

$$\delta_{31}X_1 + \delta_{33}X_1 + \Delta_{3P} = 0$$

另外，在求系数δ_{11}、δ_{13}、δ_{22}、δ_{31}和δ_{33}时，也可以利用弯矩图的对称性，只对半边图形进行图乘，然后将结果乘2即可。

（2）利用对称性，取半结构进行计算。

若结构上的荷载是对称的或反对称的，可以取一半结构进行计算。这部分要求学生一定要将奇数跨、偶数跨在对称荷载和反对称荷载作用下，半结构的取法熟练掌握，甚至要分类背下来。这部分内容会遇到以下几种情况：

① 若荷载不对称，可以先将荷载分解成对称和反对称两组，然后分别利用对称性计算。

② 对于图 4-4（a）所示结构，如果将荷载分成对称和反对称两组（图 4-5a），各自的半结构如图 4-5（b）所示。很明显，这两个半结构一个是二次超静定，一个是一次超静定。这样的解题过程并不比图 4-4 所示的过程简单。因此，没有必要利用荷载分组。

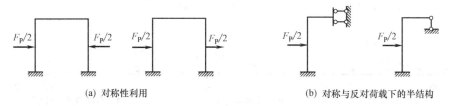

(a) 对称性利用　　　　　　　　　　　(b) 对称与反对称荷载下的半结构

图 4-5　对称性利用——不适合荷载分组的情况

(a) 荷载分组；(b) 对称与反对称荷载下的半结构

③ 若荷载作用在节点上（图 4-6a），将荷载分组（图 4-6b），再利用对称性（图 4-6c），就会带来很大的简化。因为，这种情况下，对称荷载下的弯矩图为零。但是，需要注意的是，反对称荷载下的轴力图并不是原结构的轴力图。因为，对称荷载作用下横梁的轴力并不为零。

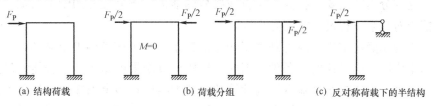

(a) 结构荷载　　　　　　　　　(b) 荷载分组　　　　　　　(c) 反对称荷载下的半结构

图 4-6　对称性利用——适合的荷载分组的情况

4.2.2　超静定结构位移计算

　　超静定结构在各种因素作用下的位移，可以看成是基本结构在原有各种因素和多余约束力共同作用下的位移。因此，采用单位荷载法时，可以将单位力加在基本结构上。这样做的好处是因为基本结构是静定的，容易求解。

　　由于基本结构的选择不是唯一的，不同的基本结构，计算量是不同的。这部分对学生的主要要求是选出最佳基本结构进行计算。

　　例如，求图 4-7（a）所示超静定结构 B 截面的转角位移。图 4-7（b）是原结构的弯矩图。

　　求解时，可以任选一个基本结构，在 B 点加上一个单位力偶，画出相应的弯矩图。将这个弯矩图与原结构的弯矩图作图乘，即可求得 B 截面的转角位移。为了比较，选择三种基本结构，分别画出单位力作用下的弯矩图（图 4-7c、d 和 e）。

　　对于图 4-7（c），图乘时，要分两段，而且 AB 段还要将结构弯矩图分解成三个简单图形。图 4-7（d）虽然只有一段，但图乘时 AB 段也要将结构弯矩图分解成三个简单图形。图 4-7（e）只有一段，而且图乘时两个图形都是简单图形，可以直接图乘。很明显，选择这个基本结构是最佳的。

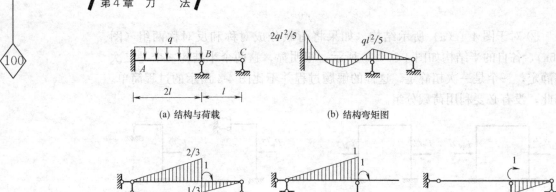

图 4-7　施加单位力的基本结构的选取

4.2.3　内力图计算结果的校核

这部分内容主要是提高学生自我校核的能力，培养良好的学习习惯。这个能力对从事工程设计的人员尤为重要。

因为超静定结构的内力是利用变形协调条件和平衡条件求出来的，正确的结果应同时满足这两个条件。因此，校核计算结果就是看其是否能满足这两个条件。力法是通过基本结构计算的，基本结构在多余未知力和外界因素共同作用下的内力及位移与原结构是一致的，所以校核可在基本结构上进行，分两步进行。

（1）校核变形条件

计算基本结构在多余未知力和外界因素共同作用下引起的位移，看其是否与原结构的位移一致。若不一致，说明变形条件不能满足，计算结果是错误的。校核的位移应选原结构上已知的位移，比如支座处的位移。

（2）校核平衡条件

校核基本结构在多余未知力和外界因素共同作用下引起的内力，看其是否满足平衡条件。不满足平衡条件时，计算结果是错误的。校核方法与静定结构的内力校核相同。

超静定结构的内力图需要同时满足变形协调条件和力的平衡条件。因此，校核分两个步骤。

（1）校核多余约束力是否正确

求解多余约束力用的是力法方程，这是变形协调方程。因此，用某一已知位移条件是否得到满足，可以校核多余约束力是否正确。

（2）校核内力图是否正确

在保证多余约束力正确的前提下，这一步是将已求出的多余约束力和原有荷载一起作用在基本结构上，用力的平衡条件做内力图。因此，任意取一个隔离体，用力的平衡条件是否得到满足，可以校核这一步是否正确。

因为第（2）步的内容属于静定结构的范畴，具体可参照第 2 章的内容。因此，本章的校核主要指第（1）步。

4.3 附加例题

【附加例题 4-1】 确定图 4-8（a）所示结构超静定次数。

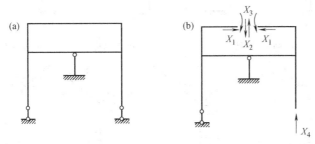

图 4-8 附加例题 4-1 图

【解】 切断无铰的闭合框的梁式杆相当于解除三个约束，拆除右边支杆相当于解除一个约束，得静定结构，如图 4-8（b）所示。因此，原结构超静定次数为 4。

【附加例题 4-2】 确定图 4-9（a）所示桁架超静定次数。

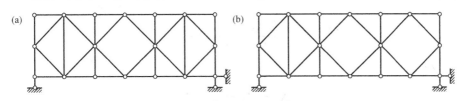

图 4-9 附加例题 4-2 图

【解】 图 4-9（b）桁架为几何不变且无多余约束，它比原桁架少一根链杆，因此原桁架为几何不变体系，有一个多余约束，即超静定次数为一次。

【附加例题 4-3】 作图 4-10（a）所示对称结构的 M 图，$EI=$ 常数。

【解】 （1）取半结构。图 4-10（a）所示结构对称，荷载对称。可取图 4-10（b）所示的半结构进行分析。

（2）选择基本体系。基本体系如图 4-10（c）所示。

（3）建立力法方程

$$\delta_{11}X_1+\Delta_{1P}=0$$

（4）求系数和自由项，解方程。

做出相应的 $\overline{M}_1$ 和 M_P 图（图 4-10d、图 4-10e），由图乘法得

$$\delta_{11}=\frac{1}{EI}\left[\frac{1}{2}\times3\times5\times\frac{2}{3}\times3+\left(\frac{1}{2}\times3\times3\right)\times\left(\frac{2}{3}\times3+\frac{1}{3}\times6\right)+\right.$$
$$\left.\left(\frac{1}{2}\times3\times6\right)\times\left(\frac{1}{3}\times3+\frac{2}{3}\times6\right)\right]=\frac{78}{EI}$$

$$\Delta_{1P}=-\frac{1}{EI}\left[\left(\frac{1}{3}\times5\times32\right)\times\left(\frac{3}{4}\times3+3\times32\times\left(\frac{1}{2}\times3+\frac{1}{2}\times6\right)\right]=-\frac{552}{EI}$$

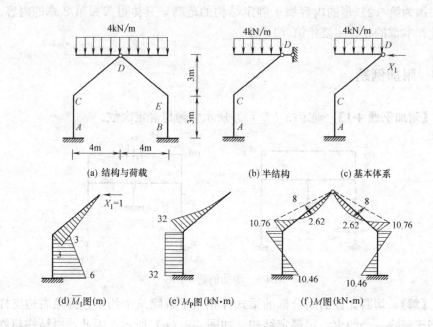

图 4-10 附加例题 4-3 图

解方程

$$\frac{78}{EI}X_1 - \frac{552}{EI} = 0$$

得

$$X_1 = \frac{276}{39} = 7.08\text{kN}$$

（5）由叠加公式 $M = \overline{M}_1 X_1 + M_P$ 得半结构弯矩图，按弯矩图对称的性质得到最终弯矩图（图 4-10f）。

【附加例题 4-4】 作图 4-11（a）所示结构由支座移动引起的 M 图，$EI =$ 常数。

【解】 （1）荷载分组，取半结构。将支座移动分成对称和反对称两组（图 4-11b 和图 4-11c）。很明显，对称支座移动作用下，结构均匀下沉，为无弯矩状态。反对称支座移动作用下的半结构如图 4-11（d）所示。

（2）选择基本体系。将有支座位移的多余约束去掉，取图 4-11（e）所示的基本体系。

（3）建立力法方程。力法方程的物理意义是在多余约束力 X_1 作用下，沿 X_1 方向的位移等于 $-\dfrac{c}{2}$，即

$$\delta_{11} X_1 = -\frac{c}{2}$$

（4）求系数，解方程。做基本结构在 $X_1 = 1$ 作用下的弯矩图——$\overline{M}_1$ 图，由 $\overline{M}_1$ 图自乘得系数

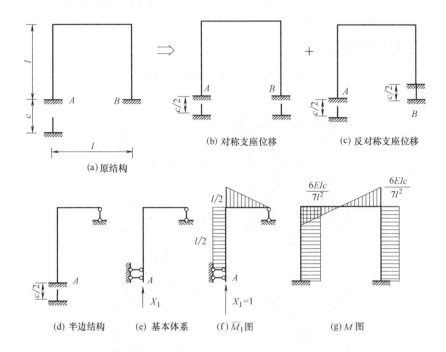

图 4-11　附加例题 4-4 图

$$\delta_{11}=\frac{1}{EI}\left[\left(\frac{1}{2}\times\frac{l}{2}\times\frac{l}{2}\right)\times\left(\frac{2}{3}\times\frac{l}{2}\right)+\left(l\times\frac{l}{2}\right)\times\frac{l}{2}\right]=\frac{7l^3}{24EI}$$

$$X_1=-\frac{c}{2}\cdot\frac{24EI}{7l^3}=-\frac{12EIc}{7l^3}$$

（5）由 $M=\overline{M}_1X_1$ 可得半结构弯矩图，按弯矩图反对称的性质得到最终弯矩图（图 4-11g）。

【附加例题 4-5】 图 4-12（a）所示超静定桁架中，仅 CD 杆的两侧温度升高了 $t\,℃$，各杆线膨胀系数均为 α，EA＝常数。求桁架的轴力和 CD 杆升温后的长度。

【解】（1）选择基本结构和基本体系。此桁架为一次超静定结构。去掉 CD 杆，得基本体系如图 4-12（b）。

（2）建立力法方程。

$$\delta_{11}X_1=-\left(\alpha tl+\frac{X_1l}{EA}\right)$$

（3）求系数和自由项，解方程。首先，求解单位力下的轴力，如图 4-12（c）所示，得

$$\delta_{11}=\sum\frac{\overline{F}_{N1}^2l}{EA}=\frac{1}{EA}\cdot\left[3\times1^2\cdot l+2\times(-\sqrt{2})^2\times\sqrt{2}l\right]=\frac{(3+4\sqrt{2})}{EA}l$$

将系数代入力法方程，解得

$$X_1=-\frac{(\sqrt{2}-1)EA\alpha t}{4}=-0.1036EA\alpha t$$

104

（4）由 $F_N = \overline{F}_{N1} X_1$，可获得图 4-12（d）所示的桁架各杆轴力。

（5）求 CD 杆的长度。

CD 杆升温后的长度为

$$l_{CD} = l + \left(\alpha t l + \frac{X_1 l}{EA} \right) = l + 0.8964 \alpha t l$$

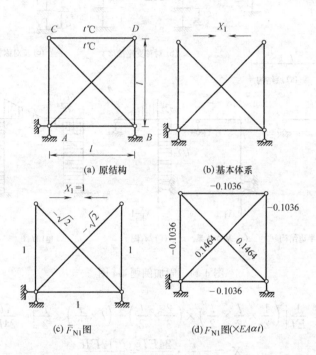

(a) 原结构   (b) 基本体系

(c) $\overline{F}_{N1}$图   (d) F_{N1}图（$\times EA\alpha t$）

图 4-12 附加例题 4-5 图

【附加例题 4-6】 已知图 4-13（a）所示结构的 M 图（仅 BD 杆承受向下均布荷载，中点弯矩为 $10.5\text{kN} \cdot \text{m}$），各杆 EI 相同。试求 C 点竖向位移 Δ_{Cy}。

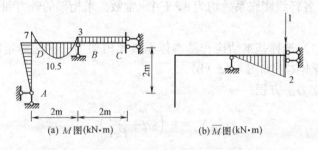

(a) M 图（kN·m）   (b) $\overline{M}$ 图（kN·m）

图 4-13 附加例题 4-6 图

【解】（1）选择基本结构。因为求 C 点的竖向位移时，需要在 C 点加一个单位力，若 A 点变成自由端，加在 C 点的单位力就不会在 AD 和 DB 杆上引起弯矩，这样图乘时，就只有 BC 杆了。因此，取图 4-13（b）所示的基本结构及其单位力状态。

（2）求位移。将图 4-13（a）、图 4-13（b）弯矩图图乘，得

$$\Delta_{Cy} = -\frac{1}{EI}\left(\frac{1}{2} \times 2 \times 2\right) \times 3 = -\frac{6}{EI}\text{kN} \cdot \text{m}^3(\uparrow)$$

【附加例题 4-7】 图 4-14（a）所示结构 EI＝常数，已知其弯矩图，试求截面 B 和 C 的相对转角 φ_{BC}，并校核弯矩图的正误。

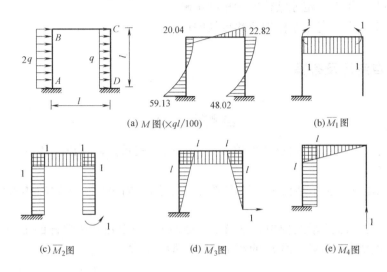

（a）M 图（$\times ql/100$）   （b）$\overline{M}_1$ 图

（c）$\overline{M}_2$ 图   （d）$\overline{M}_3$ 图   （e）$\overline{M}_4$ 图

图 4-14　附加例题 4-7 图；（d）$\overline{M}_3$ 图；（e）$\overline{M}_4$ 图

【解】 （1）选择基本结构。将 D 点变成自由端时，加在 B 点和 C 点一对方向相反的单位力偶，不会在 AB 和 DC 杆上引起弯矩，这样图乘时，就只有 BC 杆了。因此，取图 4-14（b）所示的基本结构及其单位力状态。

（2）求位移。将图 4-14（a）、图 4-14（b）的弯矩图互乘，得

$$\varphi_{BC} = \frac{1}{EI} \cdot \frac{1}{2}(22.82-20.04) \cdot \frac{ql^2}{100} = 0.0139\frac{ql^2}{EI}(\curvearrowright)$$

（3）校核。

D 点的转角位移：取图 4-14（c）所示的单位力状态。图 4-14（a）与图 4-14（c）图乘结果为

$$\varphi_D = \frac{1}{EI}\left[\frac{1}{2} \cdot (-59.13+20.04+20.04-22.82-22.82+48.02) \cdot \frac{ql^2}{100} \cdot\right.$$
$$\left. l \cdot 1 + \frac{2}{3} \cdot \left(\frac{2ql^2}{8} - \frac{ql^2}{8}\right) \cdot l \cdot 1\right] = 0$$

D 点的水平位移：取图 4-14（d）所示的单位力状态。图 4-14（a）与图 4-14（d）图乘得

$$\Delta_{Dx} = \frac{1}{EI}\left[\frac{1}{2}\left(-59.13 \times \frac{l^2}{3} + 20.04 \times \frac{2l^2}{3} + 20.04 \times l^2 - 22.82 \times l^2 - 22.82 \times\right.\right.$$
$$\left.\left. \frac{2l^2}{3} + 48.02 \times \frac{l^2}{3}\right) \cdot \frac{ql^2}{100} + \frac{2}{3}\left(\frac{2ql^2}{8} - \frac{ql^2}{8}\right) \cdot \frac{l^2}{2}\right] = 0$$

D 点的竖向位移：取图 4-14（e）所示的单位力状态。图 4-14（a）与图 4-14（e）图乘得

$$\Delta_{Dy} = \frac{1}{EI}\left[\frac{1}{2} \cdot \left(-59.13 \times l^2 + 20.04 \times l^2 + 20.04 \times \frac{2l^2}{3} - 22.82 \times \frac{l^2}{3}\right) \cdot \frac{ql^2}{100} + \frac{2}{3} \cdot \frac{2ql^2}{8} \cdot l^2\right] = 0$$

因此，可以断定原结构的弯矩图正确。

一般，只针对一个已知位移校核即可。

4.4 自测题及答案

自测题（A）

一、是非题（将判断结果填入括号：以○表示正确，以×表示错误，每小题4分，共12分）

1. 图 4-15 所示结构用力法求解时，可选切断杆件 2、4 后的体系作为基本结构。（　　）

2. 图 4-16 所示结构中，梁 AB 的截面 EI 为常数，桁架杆的 E_1A 相同，当 EI 增大时，则梁截面 D 的弯矩绝对值 M_D 增大。（　　）

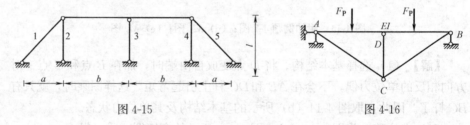

图 4-15　　　　　　　　　　　　　　　图 4-16

3. 力法中，基本结构与基本体系的关系为：在多余约束力和荷载共同作用时的基本结构称为基本体系。（　　）

二、选择题（将选中答案的字母填入括号内，每小题5分）

1. 图 4-17 所示两刚架的 EI 均为常数，并分别为 $EI=1$ 和 $EI=10$，这两刚架的内力关系为：（　　）

A. M 图相同　　　　　　　　　B. M 图不同

C. 图（a）刚架各截面弯矩大于图（b）刚架各相应截面弯矩

D. 图（a）刚架各截面弯矩小于图（b）刚架各相应截面弯矩

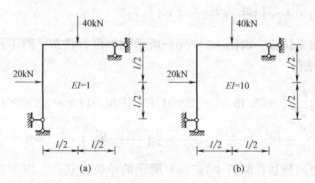

图 4-17

2. 图 4-18 （a） 所示结构，取图 4-18 （b） 为力法基本体系，线膨胀系数为 α，则 $\Delta_{1t}=$ （   ）。

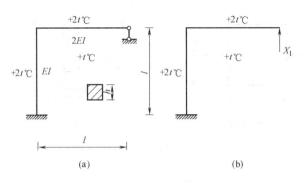

图 4-18

A. 0

B. $3\alpha tl/2+3\alpha tl^2/(2h)$

C. $3\alpha tl^2/h$

D. $3\alpha tl/2-3\alpha tl^2/(2h)$

三、填充题（将答案写在空格内，共 12 分）

1. 图 4-19 所示结构超静定次数为_____。（4 分）

2. 图 4-20 所示结构，$EI=$ 常数，在给定荷载下，$F_{QBC}=$_____。（8 分）

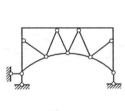

图 4-19

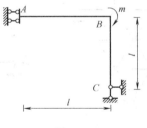

图 4-20

四、已知图 4-21 所示基本体系对应的力法方程系数和自由项如下：$\delta_{11}=\delta_{22}=l^3/(2EI)$，$\Delta_{1P}=-5ql^4/(48EI)$，$\Delta_{2P}=ql^4/(48EI)$，作最后的 M 图。（20 分）

五、已知 $EI=$ 常数，用力法求解图 4-22 所示结构由于 AB 杆的制造误差（缩短了 Δ）所产生的 M 图。（26 分）

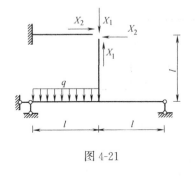

图 4-21

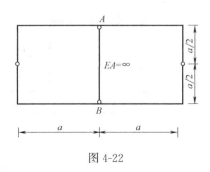

图 4-22

六、图 4-23（b）为图 4-23（a）所示结构的 M 图，求荷载作用点的相对水平位移，EI 为常数。（20 分）

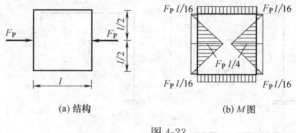

（a）结构　　　　　（b）M 图

图 4-23

自测题（B）

一、是非题（将判断结果填入括号：以○表示正确，以×表示错误，每小题 4 分）

1. 图 4-24 所示对称桁架，各杆 EA，l 相同，$F_{NAB}=F_P/2$。（　　　）

2. 图 4-25（a）所示梁在温度变化时的 M 图形状如图 4-25（b）所示。（　　　）

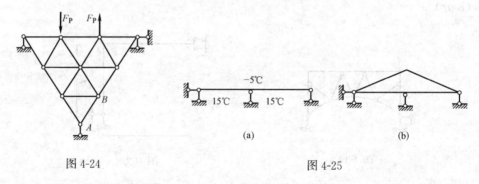

图 4-24　　　　　　　　　（a）　　　　　（b）

图 4-25

二、选择题（将选中答案的字母填入括号内，每小题 5 分）

1. 图 4-26（a）所示结构，$EI=$ 常数，取图 4-26（b）为力法基本体系，则下述结果中错误的是：（　　　）。

A. $\delta_{23}=0$　　　　　　　　B. $\delta_{31}=0$

C. $\Delta_{2P}=0$　　　　　　　　D. $\delta_{12}=0$

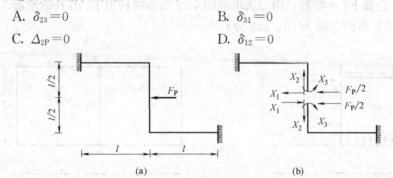

（a）　　　　　　　　　（b）

图 4-26

2. 图 4-27 所示连续梁用力法求解时，最简便的基本结构是：（　　）。

A. 拆去 B、C 两支座

B. 将 A 支座改为固定铰支座，拆去 B 支座

C. 将 A 支座改为滑动支座，拆去 B 支座

D. 将 A 支座改为固定铰支座，B 处改为完全铰

3. 图 4-28 所示结构 F_{Hx} 为：（　　）。

A. F_P 　　　　B. $-F_P/2$ 　　　　C. $F_P/2$ 　　　　D. $-F_P$

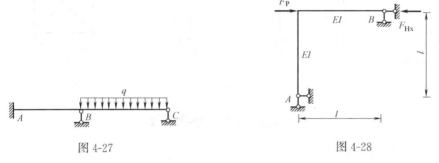

图 4-27　　　　　　　　　　　　图 4-28

三、填充题（将答案写在空格内，每小题 6 分）

1. 试对图 4-29 所示结构进行适当简化，使其用力法计算时，未知量最少。

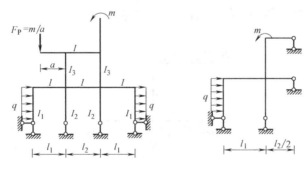

图 4-29

2. 图 4-30（a）结构中支座转动 θ，力法基本结构如图 4-30（b），杆件 $EI =$ 常数，力法方程中 $\delta_{12} =$ ＿＿＿＿＿＿。

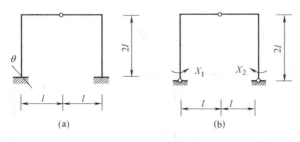

(a)　　　　　　　　(b)

图 4-30

四、已知 EA、EI 均为常数，试用力法作图 4-31 所示对称结构的 M 图。

(25分)

五、用力法计算并作图 4-32 所示结构的 M 图。各杆截面相同，$EI=$ 常数，矩形截面高为 h，材料线膨胀系数为 α。（20分）

六、已知各杆的 EA 相同，用力法求图 4-33 所示桁架的内力。（20分）

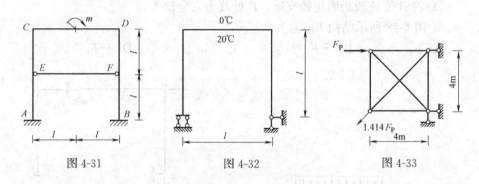

图 4-31 图 4-32 图 4-33

自测题 （A） 参考答案

一、1. × 2. ○ 3. ○

二、1. A 2. D

三、1. 4 2. $-3m/(4l)$

四、如图 4-34 所示。$X_1=\dfrac{5ql}{24}$，$X_2=-\dfrac{ql}{24}$

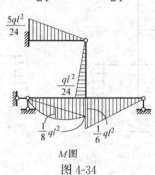

M图

图 4-34

五、如图 4-35 所示。

$$X_1=\frac{3EI\Delta}{2a^3}$$

六、如图 4-36 所示。$\Delta=\dfrac{5F_{\mathrm{P}}l^3}{192EI}$（靠拢）

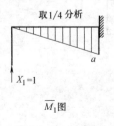

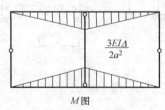

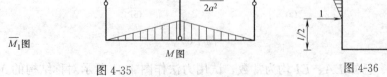

图 4-35 图 4-36

自测题（B）参考答案

一、1. ×　2. ○

二、1. D　2. D　3. A

三、1. 如图 4-37 所示。　　　　　　　2. $-l/(2EI)$

四、如图 4-38 所示。

$$\delta_{11}X_1 + \Delta_{1P} = 0$$

$$\delta_{11} = 7l/(3EI)，\quad \Delta_{1P} = -ml/(12EI)，\quad X_1 = \frac{m}{28}$$

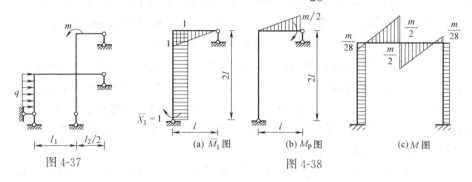

图 4-37

(a) $\overline{M}_1$ 图　　(b) M_P 图　　(c) M 图

图 4-38

五、如图 4-39 所示。

$$\delta_{11}X_1 + \Delta_{1t} = 0$$

$$\delta_{11} = \frac{4l^3}{3EI}，\quad \Delta_{1t} = \frac{30\alpha l^2}{h}，$$

$$X_1 = -\frac{90\alpha EI}{4lh}$$

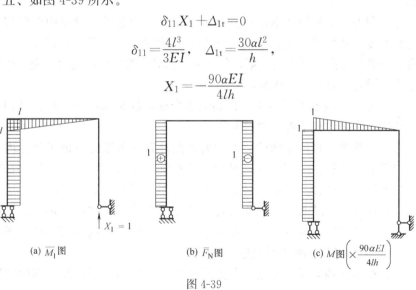

(a) $\overline{M}_1$ 图　　　(b) $\overline{F}_N$ 图　　　(c) M 图$\left(\times \dfrac{90\alpha EI}{4lh}\right)$

图 4-39

六、如图 4-40 所示。

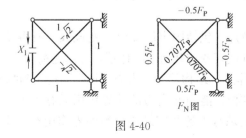

F_N 图

图 4-40

$$\delta_{11}X_1+\Delta_{1P}=0$$

$$\delta_{11}=\frac{16(1+\sqrt{2})}{EA}, \quad \Delta_{1P}=-\frac{8(1+\sqrt{2})F_P}{EA}, \quad X_1=0.5F_P$$

4.5 主教材思考题答案

4-1 何谓力法的基本结构和基本体系？

答：去掉结构的多余约束，得到的用于力法求解的结构称为基本结构。一般是去掉全部多余约束，得到的基本结构为静定结构。作用有原结构荷载（或外因作用）和多余约束力（也称基本未知力）的基本结构，称为力法的基本体系。

4-2 力法方程的各项及整个方程的物理意义是什么？

答：力法方程各项均为位移，$\delta_{ij}X_j$ 是基本未知力 X_j 引起的 X_i 方向的位移，Δ_{iP} 是广义荷载引起的 X_i 方向的位移，$\overline{\Delta}_i$ 是 X_i 方向的支座已知位移。整个力法方程是一组位移协调的条件。对第 i 个方程来说，其物理意义为：基本结构在基本未知力及原结构承受的外界因素共同作用下，在去掉第 i 个约束处的位移等于原结构的实际位移

4-3 为什么力法方程的主系数 δ_{ii} 恒大于零？副系数 $\delta_{ij}(i\neq j)$ 可正、可负也可为零？

答：因为主系数是基本结构在单位力作用下引起的自身方向的位移，只要是变形体，此位移一定沿力方向发生，因此 $\delta_{ii}>0$。而副系数 δ_{ij}（$=\delta_{ji}$）是第 j 个单位力作用所引起的第 i 个单位力相对应的位移，这就要视具体问题而定了。因此，它只能是代数量。

4-4 在超静定桁架计算中，以切断多余轴向联系和拆除对应杆件构成的基本结构，力法方程是否相同？为什么？

答：一般两者是不相同的。因为前者在计算主系数时考虑了此杆内力对位移的贡献，所建立的方程含义是截面相对轴向位移等于零。而拆除杆件情况的基本结构在计算主系数时此杆不存在，当然没有考虑。此时的力法方程含义是此杆件所联结两点间的相对位移应该等于此杆的实际变形，方程的右端项为负。对排架因为不考虑铰接横杆的变形，所以两者所列方程是一样的。

4-5 什么情况下刚架可能是无弯矩的？

答：在不计轴向变形和仅受节点集中力作用的情况下，如下两种情况的刚架将是无弯矩的。

（1）将全部刚节点（包括固定端支座）变成铰，所得铰接体系几何不变（静定或超静定）。

（2）将全部刚节点（包括固定端支座）变成铰，所得铰接体系虽然几何可变，但是附加链杆使其变成几何不变体系，在给定荷载下均为零杆。

4-6 没有荷载作用，结构就没有内力。这一结论正确吗？为什么？

答：对于静定结构，能引起内力的外界作用只有荷载，那么无荷载就无内力的结论成立。但是对于超静定结构，当外界作用有支座移动、温度改变

或制造误差等情况时，由于多余约束的存在，上述结论不成立。因为当多余约束限制了由于这些外因而产生的位移时，结构必将产生内力。

4-7　为什么超静定结构各杆刚度改变时，内力状态将发生改变，而静定结构却不因此而改变？为什么荷载作用下的超静定结构内力只与各杆的刚度的相对值有关，而与绝对值无关？

答：因为静定结构内力是用平衡条件确定的，与刚度无关，故各杆刚度改变时，内力不改变。超静定结构的多余约束力计算需要利用变形协调条件，而变形协调条件中的位移是与刚度有关的。因此，刚度变化时，内力也随之变化。

荷载作用下，力法方程每一项的分母都包括刚度值，因此，多余约束的计算结果只与刚度的相对值有关。

4-8　为什么非荷载作用或非单独荷载作用时超静定结构的内力与各杆的绝对刚度有关？

答：因为这种情况下力法方程存在其他外因引起的基本未知力对应的位移 $\Delta_{i\text{外}}$，或者方程右端存在原结构未知力方向位移，这些位移与各杆刚度无关（如 $\Delta_{ic}=-\sum\limits_{i}\overline{F}_{\mathrm{R}i}c_i$，$\Delta_{it}=\sum\pm\alpha t_0 A_{\overline{F}}+\sum\pm\dfrac{\alpha\Delta t}{h}A_{\overline{M}}$ 等），这就导致不可能以某杆刚度为基准在方程中消去此基准刚度。结果也就导致了未知力与各杆绝对刚度有关，从而内力与各杆绝对刚度有关。

4-9　力法计算结果校核应注意什么？

答：当然每一力法计算过程都应仔细校核，重要的是最后内力图平衡条件与变形条件的总校核。

平衡条件的校核是要求结构及其任意一部分都要满足平衡条件。常见的是截取节点或杆件检查是否满足平衡条件。变形条件校核实际是校核多余未知力计算的正误，因此，力法计算的校核以变形条件为主。

变形条件校核通常是根据最后内力图验算沿任一多余约束力 X_i（$i=1$、2、$\cdots$、n）方向的位移，看它是否与实际相符。n 次超静定利用了 n 个变形条件才求出 n 个多余未知力。所以，严格地说也应校核 n 个变形条件。但是，一般只作少量的几个校核即可。

4-10　为什么超静定结构位移计算时，可取任一静定基本结构建立单位广义力状态？

答：超静定结构位移可看成是任一静定基本结构在多余约束力和外因共同作用下的结果，因此，可以取任意基本结构建立单位广义力状态。

4-11　力法中，是否可以取超静定结构作为基本结构？

答：可以。但作为手算方法，为了简单，一般都取静定结构作为基本结构。

4-12　计算由支座位移引起的超静定结构的位移时，单位力状态如何选取会使计算得到简化？

答：将有支座位移的约束作为多余约束去掉，这样基本结构中就没有支座位移了。

4-13　能利用半结构的轴力求得原结构的轴力吗？

答：一般不能。在荷载分组时，若对称荷载下的弯矩图为零（但轴力不为零），则反对称荷载下的弯矩图就等于原结构的弯矩图。取半边结构计算时，半结构的选取是以弯矩图相同作为等效条件的。一般情况下，应该将对称和反对称荷载作用下的轴力分别求出，然后相加。

4-14 为什么校核计算结果时不用平衡条件，而用变形协调条件？

答：平衡条件和变形协调条件必须同时满足，才能认定结果是正确的。但若单位力和荷载内力图计算是正确的，则即使未知力求解错误，在不出现叠加错误的条件下，由未知力和荷载共同作用的内力一定满足平衡条件。因此，平衡条件无法校核多余力的求解是否正确，即平衡条件只是校核超静定结构内力图的必要条件，不是充分条件。所以，重点要求进行变形协调条件校核，以检查多余约束力结果是否正确。

4-15 力法的基本未知量一定是多余约束力吗？

答：一定是。因为如果去掉的约束是必要约束，则基本结构就是几何可变体系，无法进行计算。

4.6 主教材习题详细解答

4-1 试确定图 4-41～图 4-45 所示结构的超静定次数。

(a)

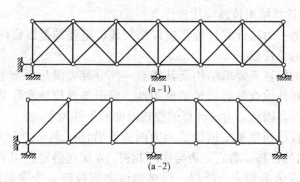

图 4-41 习题 4-1 (a) 图

【解】 去掉 7 根斜杆，得到图 4-41 (a-2) 所示静定结构。因此，原结构为 7 次超静定。

(b)

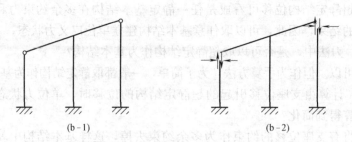

图 4-42 习题 4-1 (b) 图

【解】 去掉两个单铰，得到图 4-42 (b-2) 所示静定结构。因此，原结构为 4 次超静定。

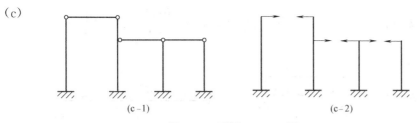

图 4-43 习题 4-1 (c) 图

【解】 去掉三个水平链杆，得到图 4-43（c-2）所示静定结构。因此，原结构为 3 次超静定。

(d)

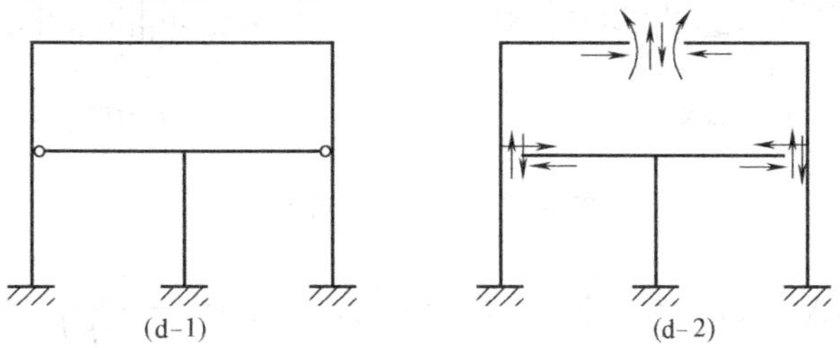

图 4-44 习题 4-1 (d) 图

【解】 去掉两个单铰，切断一个梁式杆，得到图 4-44（d-2）所示静定结构。因此，原结构为 7 次超静定。

(e)

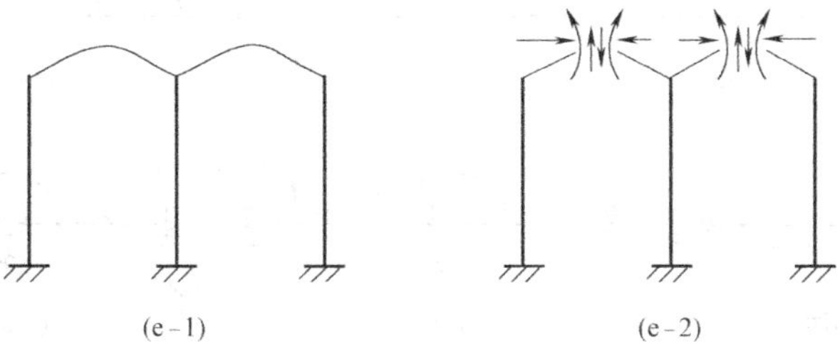

图 4-45 习题 4-1 (e) 图

【解】 切开两个封闭框，得到图 4-45（e-2）所示静定结构。因此，原结构为 6 次超静定。

4-2 试用力法做图 4-46～图 4-54 所示结构的弯矩图。$EI=$ 常数。

(a)

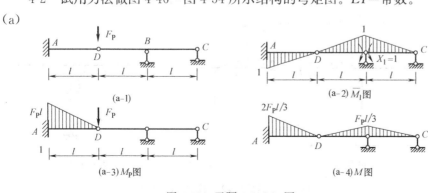

图 4-46 习题 4-2 (a) 图

【解】 $\delta_{11}X_1+\Delta_{1P}=0$, $\quad \delta_{11}=\dfrac{l}{EI}$, $\quad \Delta_{1P}=-\dfrac{F_P l^2}{3EI}$, $\quad X_1=\dfrac{1}{3}F_P l$

(b)

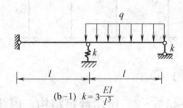

(b-1) $k=3\dfrac{EI}{l^3}$

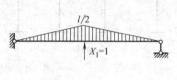

(b-2) $\overline{M}_1$图

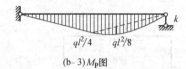

$ql^2/4$ $\quad$ $ql^2/8$

(b-3) M_P图

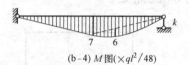

7 $\quad$ 6

(b-4) M图$(\times ql^2/48)$

图 4-47 习题 4-2 (b) 图

【解】 $\delta_{11}X_1+\Delta_{1P}=-\dfrac{X_1}{k}$, $\quad \delta_{11}=\dfrac{l^3}{6EI}$, $\quad \Delta_{1P}=-\dfrac{5ql^4}{48EI}$, $\quad X_1=\dfrac{5ql}{24}$

(c)

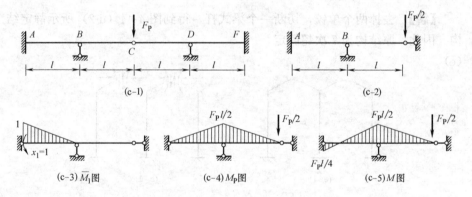

(c-1)

(c-2)

(c-3) $\overline{M}_1$图

(c-4) M_P图

(c-5) M图

图 4-48 习题 4-2 (c) 图

【解】 取半边结构。

$$\delta_{11}X_1+\Delta_{1P}=0, \quad \delta_{11}=\frac{l}{3EI}, \quad \Delta_{1P}=\frac{F_P l^2}{12EI}, \quad X_1=-\frac{1}{4}F_P l$$

(d)

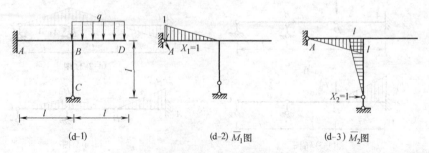

(d-1)

(d-2) $\overline{M}_1$图

(d-3) $\overline{M}_2$图

图 4-49 习题 4-2 (d) 图 (一)

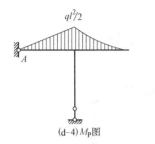

(d-4) M_P图

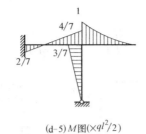

(d-5) M图($\times ql^2/2$)

图 4-49 习题 4-2 (d) 图 (二)

【解】

$$\begin{cases}\delta_{11}X_1+\delta_{12}X_2+\Delta_{1P}=0\\\delta_{21}X_1+\delta_{22}X_2+\Delta_{2P}=0\end{cases}$$

$$\delta_{11}=\frac{l}{3EI},\quad \delta_{12}=\delta_{21}=-\frac{l^2}{6EI},\quad \delta_{22}=\frac{2l^3}{3EI},\quad \Delta_{1P}=\frac{ql^3}{12EI},\quad \Delta_{2P}=-\frac{ql^4}{6EI},$$

$$X_1=-\frac{1}{7}ql^2,\quad X_2=\frac{3}{14}ql$$

(e)

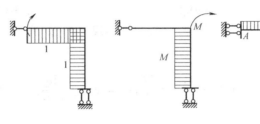

(e-1)   (e-2) $\overline{M}_1$图   (e-3) M_P图   (e-4) M图

图 4-50 习题 4-2 (e) 图

【解】

$$\delta_{11}X_1+\Delta_{1P}=0,\quad \delta_{11}=\frac{2l}{EI},\quad \Delta_{1P}=\frac{Ml}{EI},\quad X_1=-\frac{M}{2}$$

(f)

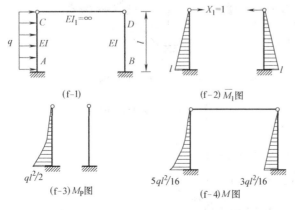

(f-1)   (f-2) $\overline{M}_1$图

(f-3) M_P图   (f-4) M图

图 4-51 习题 4-2 (f) 图

【解】

$$\delta_{11}X_1+\Delta_{1P}=0, \quad \delta_{11}=\frac{2l^3}{3EI}, \quad \Delta_{1P}=\frac{ql^4}{8EI}, \quad X_1=-\frac{3ql}{16}$$

(g)

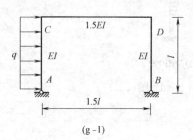

(g-1)

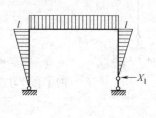

(g-2) $\overline{M}_1$图

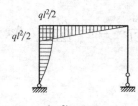

(g-3) M_P图

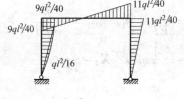

(g-4) M图

图4-52 习题4-2（g）图

【解】

$$\delta_{11}X_1+\Delta_{1P}=0, \quad \delta_{11}=\frac{5l^3}{3EI}, \quad \Delta_{1P}=-\frac{11ql^4}{24EI}, \quad X_1=\frac{11}{40}ql$$

(h)

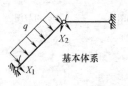

(h-1)

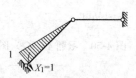

(h-2) $\overline{M}_1$图

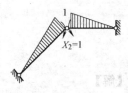

(h-3) $\overline{M}_2$图

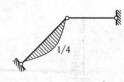

(h-4) M_P图(ql^2)

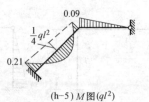

(h-5) M图(ql^2)

图4-53 习题4-2（h）图

【解】

$$\begin{cases}\delta_{11}X_1+\delta_{12}X_2+\Delta_{1P}=0\\ \delta_{21}X_1+\delta_{22}X_2+\Delta_{2P}=0\end{cases}$$

$$\delta_{11}=\frac{\sqrt{2}l}{3EI}, \quad \delta_{12}=\delta_{21}=\frac{\sqrt{2}l}{6EI}$$

$$\delta_{22}=\frac{(\sqrt{2}+1)l}{3EI}, \quad \Delta_{1P}=\Delta_{2P}=-\frac{\sqrt{2}ql^3}{12EI}$$

$$X_1=\frac{\sqrt{2}-1}{2}ql^2=0.2079l^2, \quad X_2=\frac{3-2\sqrt{2}}{2}ql^2=0.0858ql^2$$

(i)

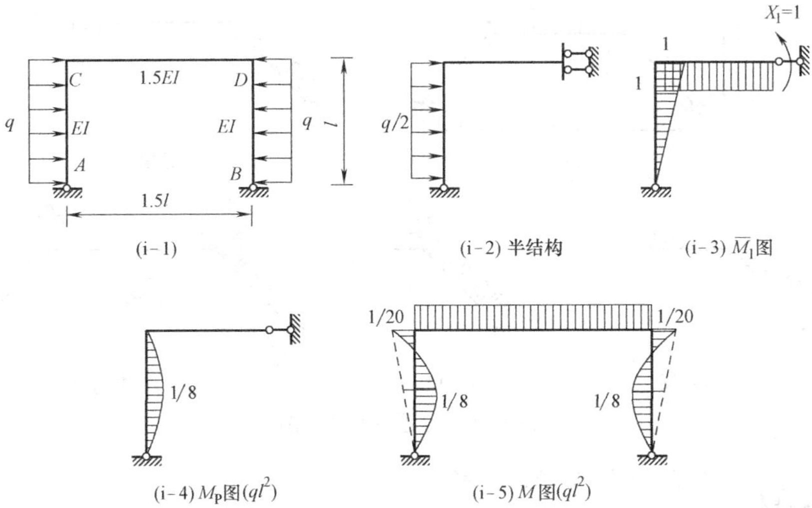

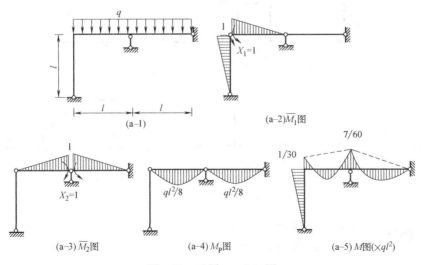

（i-1） 　　　　　　　（i-2）半结构 　　　　　（i-3）$\overline{M}_1$图

（i-4）M_P图（ql^2） 　　　　　（i-5）M图（ql^2）

图 4-54　习题 4-2（i）图

【解】

$$\delta_{11}X_1+\Delta_{1P}=0, \quad \delta_{11}=\frac{5l}{6EI}, \quad \Delta_{1P}=\frac{ql^3}{24EI}, \quad X_1=-\frac{1}{20}ql^2$$

4-3　试用力法做图 4-55～图 4-58 所示结构的弯矩图，$EI=$常数。

(a)

（a-1） 　　　　　　　　　（a-2）$\overline{M}_1$图

（a-3）$\overline{M}_2$图 　　　（a-4）M_P图 　　　（a-5）M图（$\times ql^2$）

图 4-55　习题 4-3（a）图

【解】
$$\begin{cases}\delta_{11}X_1+\delta_{12}X_2+\Delta_{1P}=0 \\ \delta_{21}X_1+\delta_{22}X_2+\Delta_{2P}=0\end{cases}$$

$$\delta_{11}=\delta_{22}=\frac{2l}{3EI}, \quad \delta_{12}=\delta_{21}=\frac{l}{6EI}, \quad \Delta_{1P}=-\frac{ql^3}{24EI}, \quad \Delta_{2P}=-\frac{ql^3}{12EI}$$

$$X_1=\frac{1}{30}ql^2, \quad X_2=\frac{7}{60}ql^2$$

(b)

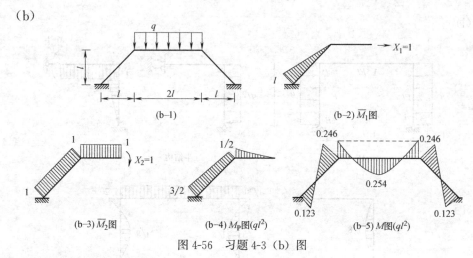

图 4-56 习题 4-3 (b) 图

【解】
$$\begin{cases}\delta_{11}X_1+\delta_{12}X_2+\Delta_{1P}=0\\\delta_{21}X_1+\delta_{22}X_2+\Delta_{2P}=0\end{cases}$$

$$\delta_{11}=\frac{\sqrt{2}l^3}{3EI}, \quad \delta_{12}=\delta_{21}=\frac{\sqrt{2}l^2}{2EI}, \quad \delta_{22}=\frac{(1+\sqrt{2})l}{EI}, \quad \Delta_{1P}=\frac{7\sqrt{2}ql^4}{12EI}$$

$$X_1=\frac{-11+\sqrt{2}}{7}ql=-1.369ql, \quad X_2=-\frac{4\sqrt{2}+5}{42}ql^2=-0.254ql^2$$

(c)

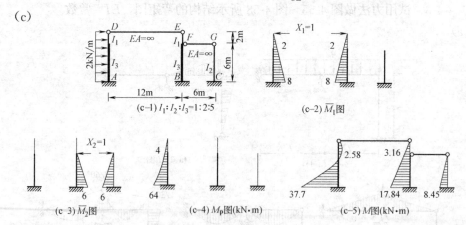

图 4-57 习题 4-3 (c) 图

【解】
$$\begin{cases}\delta_{11}X_1+\delta_{12}X_2+\Delta_{1P}=0\\\delta_{21}X_1+\delta_{22}X_2+\Delta_{2P}=0\end{cases}$$

$$\delta_{11}=\frac{2}{EI_1}\left[\left(\frac{1}{2}\times2\times2\right)\times\left(\frac{2}{3}\times2\right)\right]+\frac{2}{EI_3}\left[(2\times6)\times5+\left(\frac{1}{2}\times6\times6\right)\times\right.$$
$$\left.\left(\frac{2}{3}\times8+\frac{1}{3}\times2\right)\right]=\frac{1088}{15EI_1}$$

$$\delta_{12}=\delta_{21}=-\frac{1}{EI_3}\left[\left(\frac{1}{2}\times6\times6\right)\times\left(\frac{2}{3}\times8+\frac{1}{3}\times2\right)\right]=-\frac{108}{5EI_1}$$

$$\delta_{22}=\frac{1}{EI_3}\left[\left(\frac{1}{2}\times6\times6\right)\times\left(\frac{2}{3}\times6\right)\right]+\frac{1}{EI_2}\left[\left(\frac{1}{2}\times6\times6\right)\times\left(\frac{2}{3}\times6\right)\right]=\frac{252}{5EI_1}$$

$$\Delta_{1P}=-\frac{1}{EI_1}\left[\left(\frac{1}{3}\times4\times2\right)\times\left(\frac{3}{4}\times2\right)\right]+\frac{1}{EI_3}\left[-(4\times6)\times5-\left(\frac{1}{2}\times60\times6\right)\times\right.$$

$$\left.\left(\frac{2}{3}\times8+\frac{1}{3}\times2\right)+\left(\frac{2}{3}\times9\times6\right)\times5\right]=-\frac{208}{EI_1}$$

$$\Delta_{2P}=0, \quad X_1=\frac{5460}{1661}\text{kN}=3.29\text{kN}, \quad X_2=\frac{2340}{1661}\text{kN}=1.41\text{kN}$$

$$M_{AD}=-8\times\frac{5460}{1661}+64=\frac{62624}{1661}=37.7\text{kN}\cdot\text{m}$$

$$M_{BE}=8\times\frac{5460}{1661}-6\times\frac{2340}{1661}=\frac{29640}{1661}\text{kN}\cdot\text{m}=17.84\text{kN}\cdot\text{m}$$

$$M_{CG}=6\times\frac{2340}{1661}=\frac{14040}{1661}=8.45\text{kN}\cdot\text{m}$$

(d)

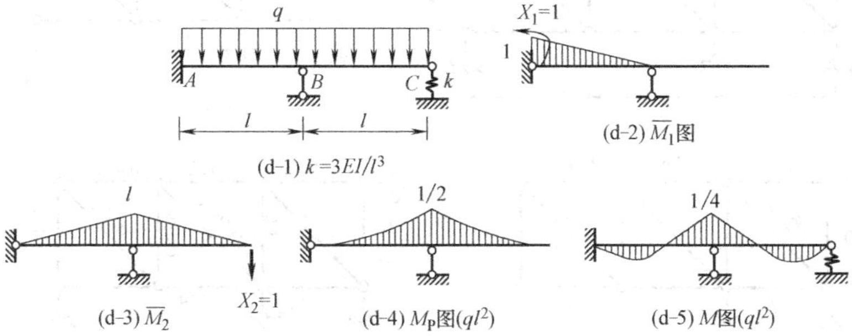

图 4-58 习题 4-3（d）图

【解】
$$\begin{cases}\delta_{11}X_1+\delta_{12}X_2+\Delta_{1P}=0\\\delta_{21}X_1+\delta_{22}X_2+\Delta_{2P}=-\dfrac{X_2}{k}\end{cases}$$

$$\delta_{11}=\frac{l}{3EI}, \quad \delta_{12}=\delta_{21}=\frac{l^2}{6EI}, \quad \delta_{22}=\frac{2l^3}{3EI}, \quad \Delta_{1P}=\frac{ql^3}{24EI}, \quad \Delta_{2P}=\frac{ql^4}{4EI}$$

$$X_1=0, \quad X_2=-\frac{1}{4}ql$$

4-4 试用力法求解图 4-59、图 4-60 所示桁架各杆的轴力，$EA=$常数。

(a)

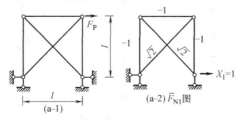

图 4-59 习题 4-4（a）图（一）

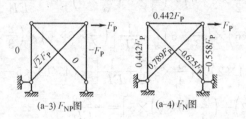

图 4-59 习题 4-4 (a) 图 (二)

【解】 $\delta_{11}X_1 + \Delta_{1P} = 0$

$$\delta_{11} = \frac{(3+4\sqrt{2})l}{EA}, \quad \Delta_{1P} = \frac{(2\sqrt{2}+1)F_Pl}{EA}, \quad X_1 = -\frac{(2\sqrt{2}+1)}{3+4\sqrt{2}}F_P = -0.442F_P$$

(b)

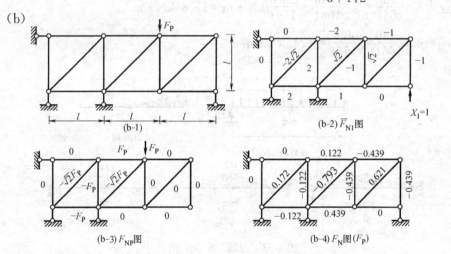

图 4-60 习题 4-4 (b) 图

【解】 $\delta_{11}X_1 + \Delta_{1P} = 0, \quad \delta_{11} = \frac{(16+12\sqrt{2})l}{EA}, \quad \Delta_{1P} = -\frac{(6\sqrt{2}+6)F_Pl}{EA}$

$$X_1 = \frac{(6-3\sqrt{2})}{4}F_P = 0.439F_P$$

4-5 试用力法求解图 4-61～图 4-63 所示结构中桁架杆的轴力，梁式杆的抗弯刚度与桁架杆的抗拉刚度之间的关系为 $EA = EI/(4l^2)$。

(a)

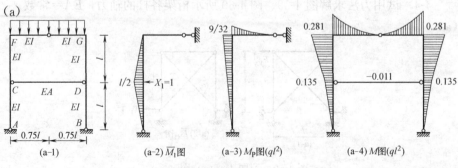

图 4-61 习题 4-5 (a) 图

【解】 $\delta_{11}X_1 + \Delta_{1P} = -\dfrac{X_1 \cdot 1.5l}{EA}$, $\delta_{11} = \dfrac{l^3}{6EI}$, $\Delta_{1P} = \dfrac{9ql^4}{128EI}$, $X_1 = -0.011ql$

(b)

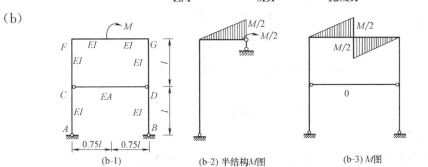

(b-1) (b-2) 半结构M图 (b-3) M图

图 4-62 习题 4-5 (b) 图

【解】 取半结构如图，桁架杆的轴力为 0。荷载反对称，则弯矩图也反对称。

(c)

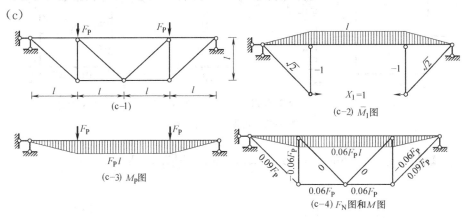

(c-1) (c-2) $\overline{M}_1$图

(c-3) M_P图 (c-4) F_N图和M图

图 4-63 习题 4-5 (c) 图

【解】 $\delta_{11}X_1 + \Delta_{1P} = -\dfrac{X_1 \cdot 2l}{EA}$, $\delta_{11} = \dfrac{(48\sqrt{2}+32)}{3EI}l^3$, $\Delta_{1P} = -\dfrac{8F_Pl^3}{3EI}$

$X_1 = \dfrac{\Delta_{1P}}{\delta_{11} + \dfrac{2l}{EA}} = \dfrac{(6\sqrt{2}-7)}{23}F_P = 0.0645F_P$

4-6 试用力法作图 4-64～图 4-70 所示结构的弯矩图，$EI=$常数。

(a)

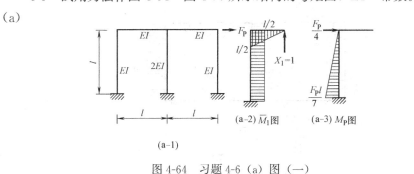

(a-1) (a-2) $\overline{M}_1$图 (a-3) M_P图

图 4-64 习题 4-6 (a) 图 (一)

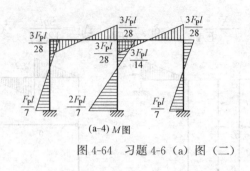

图 4-64 习题 4-6 （a）图（二）

【解】

将荷载进行分组，其中正对称荷载下的弯矩图为零。

$$\delta_{11} X_1 + \Delta_{1P} = 0, \quad \delta_{11} = \frac{7l^3}{24EI}, \quad \Delta_{1P} = -\frac{F_P l^3}{16EI}, \quad X_1 = \frac{3F_P}{14}$$

(b)

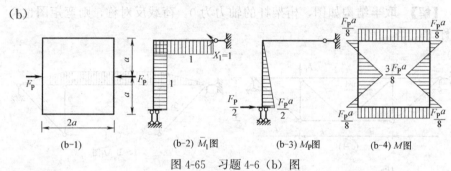

(b-1) (b-2) $\bar{M}_1$图 (b-3) M_P图 (b-4) M图

图 4-65 习题 4-6 （b）图

【解】 $\delta_{11} X_1 + \Delta_{1P} = 0, \quad \delta_{11} = \frac{2a}{EI}, \quad \Delta_{1P} = \frac{F_P a^2}{4EI}, \quad X_1 = -\frac{F_P a}{8}$

(c)

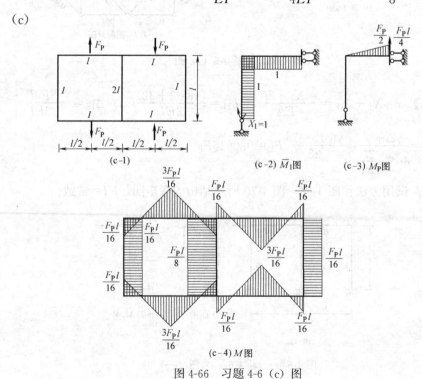

图 4-66 习题 4-6 （c）图

【解】 $\delta_{11}X_1 + \Delta_{1P} = 0$, $\delta_{11} = \dfrac{l}{EI}$, $\Delta_{1P} = -\dfrac{F_Pl}{16EI}$, $X_1 = \dfrac{F_Pl}{16}$

(d)

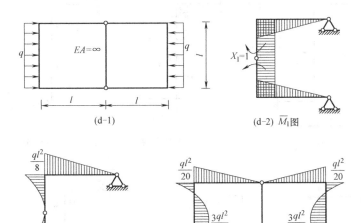

(d-1)

(d-2) $\overline{M}_1$ 图

(d-3) M_P 图

(d-4) M 图

图 4-67　习题 4-6（d）图

【解】 $\delta_{11}X_1 + \Delta_{1P} = 0$, $\delta_{11} = \dfrac{5l^3}{3EI}$, $\Delta_{1P} = -\dfrac{ql^3}{8EI}$, $X_1 = \dfrac{3ql^2}{40}$

(e)

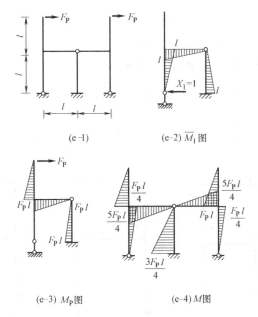

(e-1)

(e-2) $\overline{M}_1$ 图

(e-3) M_P 图

(e-4) M 图

图 4-68　习题 4-6（e）图

【解】 $\delta_{11}X_1 + \Delta_{1P} = 0$, $\delta_{11} = \dfrac{4l^3}{3EI}$, $\Delta_{1P} = -\dfrac{F_Pl^3}{3EI}$, $X_1 = \dfrac{F_P}{4}$

(f)

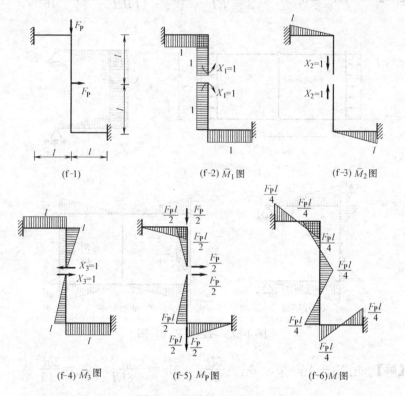

图 4-69 习题 4-6 (f) 图

$$\begin{cases}\delta_{11}X_1+\delta_{12}X_2+\delta_{13}X_3+\Delta_{1P}=0\\\delta_{21}X_1+\delta_{22}X_2+\delta_{23}X_3+\Delta_{2P}=0\\\delta_{31}X_1+\delta_{32}X_2+\delta_{33}X_3+\Delta_{3P}=0\end{cases}$$

$$\delta_{11}=\frac{4l}{EI},\quad \delta_{12}=0,\quad \delta_{13}=0,\quad \delta_{22}=\frac{2l^3}{3EI},\quad \delta_{23}=\frac{l^3}{EI},\quad \delta_{33}=\frac{8l^3}{3EI}$$

$$\Delta_{1P}=\frac{F_Pl^2}{EI},\quad \Delta_{1P}=\Delta_{2P}=\Delta_{3P}=0,\quad X_1=-\frac{F_Pl}{4},\quad X_2=X_3=0$$

(g)

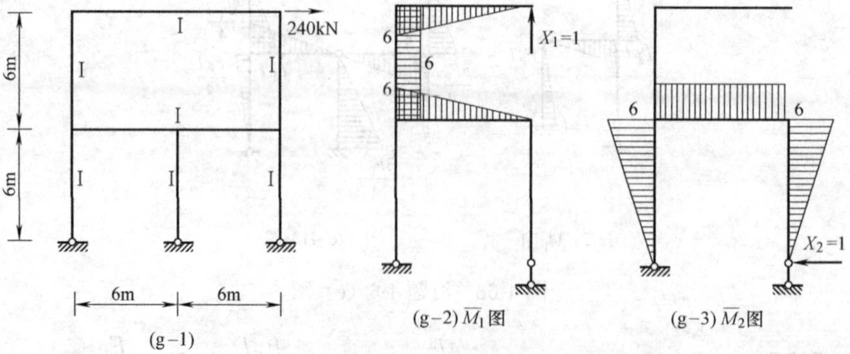

图 4-70 习题 4-6 (g) 图 (一)

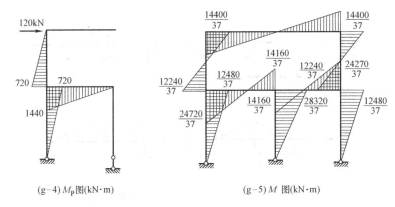

(g-4) M_p图(kN·m)   (g-5) M 图(kN·m)

图 4-70 习题 4-6 (g) 图 (二)

【解】 $\begin{cases} \delta_{11}X_1 + \delta_{12}X_2 + \Delta_{1P} = 0 \\ \delta_{21}X_1 + \delta_{22}X_2 + \Delta_{2P} = 0 \end{cases}$

$\delta_{11} = \dfrac{1}{EI}\left[\left(\dfrac{1}{2} \times 6 \times 6\right) \times \left(\dfrac{2}{3} \times 6\right) \times 2 + 6 \times 6 \times 6\right] = \dfrac{360}{EI},$

$\delta_{12} = \delta_{21} = \dfrac{1}{EI}\left(\dfrac{1}{2} \times 6 \times 6 \times 6\right) = \dfrac{108}{EI}$

$\delta_{22} = \dfrac{1}{EI}\left(\dfrac{1}{2} \times 6 \times 6 \times \dfrac{2}{3} \times 6\right) + \dfrac{1}{EI}(6 \times 6 \times 6) + \dfrac{1}{EI}\left(\dfrac{1}{2} \times 6 \times 6 \times \dfrac{2}{3} \times 6 \times 2\right) = \dfrac{432}{EI}$

$\Delta_{1P} = \dfrac{1}{EI}\left(-\dfrac{1}{2} \times 6 \times 6 \times \dfrac{2}{3} \times 1440\right) + \dfrac{1}{EI}\left(-6 \times 6 \times \dfrac{1}{2} \times 720\right) = -\dfrac{30240}{EI}$

$\Delta_{2P} = \dfrac{1}{EI}\left(-\dfrac{1}{2} \times 6 \times 1440 \times 6 - \dfrac{1}{2} \times 6 \times 720 \times 6 \times \dfrac{2}{3}\right) = -\dfrac{34560}{EI}$

$X_1 = \dfrac{2400}{37}, \quad X_2 = \dfrac{2360}{37}$

4-7 用力法计算并作图 4-71、图 4-72 所示结构由支座移动引起的 M 图，$EI =$ 常数。

(a)

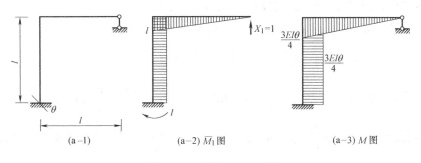

(a-1)   (a-2) $\overline{M}_1$ 图   (a-3) M 图

图 4-71 习题 4-7 (a) 图

【解】 $\delta_{11}X_1 + \Delta_{1C} = 0, \quad \delta_{11} = \dfrac{4l^3}{3EI}, \quad \Delta_{1C} = -\sum\overline{R}c = -l\theta, \quad X_1 = \dfrac{3EI\theta}{4l^2}$

(b)

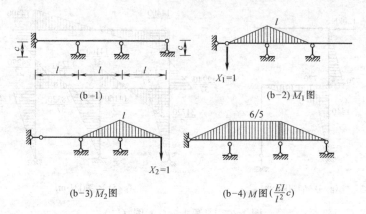

(b-1)

(b-2) $\overline{M}_1$图

(b-3) $\overline{M}_2$图

(b-4) M图($\frac{EI}{l^2}c$)

图 4-72　习题 4-7（b）图

【解】
$$\begin{cases} \delta_{11}X_1+\delta_{12}X_2=c \\ \delta_{21}X_1+\delta_{22}X_2=c \end{cases}$$

$$\delta_{11}=\delta_{22}=\frac{2l^3}{3EI}, \quad \delta_{12}=\delta_{21}=\frac{l^3}{6EI}, \quad X_1=X_2=\frac{6EI}{5l^3}c$$

4-8　用力法计算图 4-73（a）所示结构由于温度改变引起的 M 图。杆件截面为矩形，高为 h，线膨胀系数为 α。

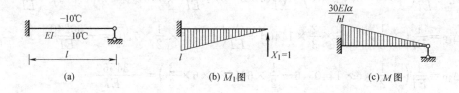

(a)

(b) $\overline{M}_1$图

(c) M图

图 4-73　习题 4-8 图

【解】 $\delta_{11}X_1+\Delta_{1t}=0, \quad \delta_{11}=\frac{l^3}{3EI}, \quad \Delta_{1t}=\sum\alpha\frac{\Delta t}{h}A_{\overline{M}}=\frac{10\alpha l^2}{h}, \quad X_1=-\frac{30EI\alpha}{hl}$

4-9　用力法计算并作图 4-74（a）所示结构的 M 图，已知：$\alpha=0.00001$ 及各矩形截面高 $h=0.3$m，$EI=2\times10^5$kN·m^2。

【解】 $\delta_{11}X_1+\delta_{12}X_2+\Delta_{1t}=0, \quad \delta_{21}X_1+\delta_{22}X_2+\Delta_{2t}=0$

$$\delta_{11}=\frac{64}{3EI}, \quad \delta_{12}=\delta_{21}=\frac{48}{EI}, \quad \delta_{22}=\frac{216}{EI}$$

$$\Delta_{1t}=\sum\alpha t_0 A_{\overline{F}_{N1}}+\sum\alpha\frac{\Delta t}{h}A_{\overline{M}_1}=-\alpha\times20\times1\times6+\alpha\times\frac{20}{0.3}\times\frac{1}{2}\times4\times4=\frac{1240}{3}\alpha$$

$$\Delta_{2t}=\sum\alpha t_0 A_{\overline{F}_{N1}}+\sum\alpha\frac{\Delta t}{h}A_{\overline{M}_1}=\alpha\times20\times1\times4+\alpha\times\frac{20}{0.3}\times\left(\frac{1}{2}\times6\times6+6\times4\right)=2880\alpha$$

$$X_1=\frac{85}{4}EI\alpha=\frac{85}{2}\text{kN}, \quad X_2=-\frac{325}{18}EI\alpha=-\frac{325}{9}\text{kN}$$

$$M_A=4\times\frac{85}{2}+6\times\left(-\frac{325}{9}\right)=-\frac{140}{3}\text{kN·m}, \quad M_B=6\times\left(-\frac{325}{9}\right)=-\frac{650}{3}\text{kN·m}$$

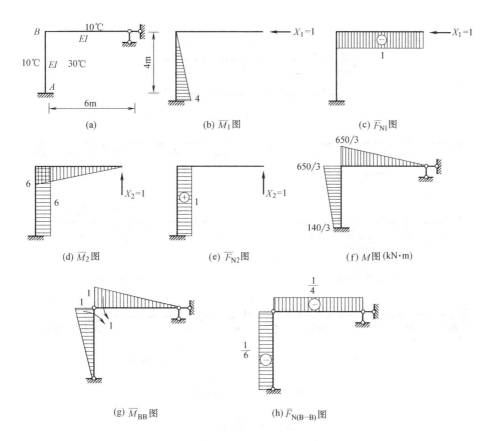

图 4-74 习题 4-9 图

校核:取图(g)所示基本结构,则基本结构由多余约束力引起的 B 节点两侧的相对转角为

$$\varphi_{\text{B-B}}^{\text{R}} = \frac{1}{EI}\left[\left(\frac{1}{2}\times 4\times 1\right)\times\left(\frac{2}{3}\times\frac{650}{3}+\frac{1}{3}\times\frac{140}{3}\right)+\left(\frac{1}{2}\times 1\times 6\right)\times\left(\frac{2}{3}\times\frac{650}{3}\right)\right]$$

$$=\frac{3390}{9}\times 10^{-5}\text{rad}$$

由温度变化引起的位移为

$$\Delta_{\text{B-B}}^{\text{t}} = -\alpha\times 20\times\left(\frac{1}{4}\times 6+\frac{1}{6}\times 4\right)-\alpha\times\frac{20}{0.3}\times\left(\frac{1}{2}\times 1\times 6+\frac{1}{2}\times 1\times 4\right)$$

$$=-\frac{1130}{3}\times 10^{-5}\text{rad}$$

两种因素引起的位移相加

$$\varphi_{\text{B-B}} = \varphi_{\text{B-B}}^{\text{R}}+\Delta_{\text{B-B}}^{\text{t}}=0$$

证明结果是对的。

4-10　计算图 4-75 所示连续梁,作出 M 图,并计算 K 点的竖向位移和截面 C 的转角。

【解】 (1) 作 M 图。

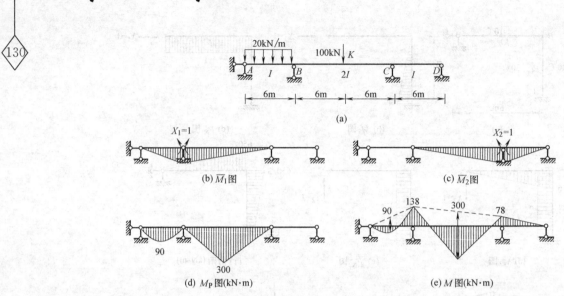

图 4-75 习题 4-10 图

$$\begin{cases} \delta_{11}X_1 + \delta_{12}X_2 + \Delta_{1P} = 0 \\ \delta_{21}X_1 + \delta_{22}X_2 + \Delta_{2P} = 0 \end{cases}$$

$$\delta_{11} = \delta_{22} = \frac{4}{EI}, \quad \delta_{12} = \delta_{21} = \frac{1}{EI}, \quad \Delta_{1P} = \frac{630}{EI}, \quad \Delta_{2P} = \frac{450}{EI}$$

$$X_1 = -138 \text{kN} \cdot \text{m}, \quad X_2 = -78 \text{kN} \cdot \text{m}$$

（2）求 K 点竖向位移。

$$\Delta_{Ky} = \frac{1}{2EI} \times \left[2 \times \left(\frac{1}{2} \times 3 \times 6 \right) \times \left(\frac{2}{3} \times 300 \right) - \left(\frac{1}{2} \times 3 \times 12 \right) \times \left(\frac{138 + 78}{2} \right) \right] = \frac{828}{EI}$$

（3）求 C 截面转角。

$$\varphi_C = -\frac{1}{EI} \left[\left(\frac{1}{2} \times 78 \times 6 \right) \times \frac{2}{3} \times 1 \right] = -\frac{156}{EI}$$

4-11 求图 4-76 所示单跨梁截面 C 的竖向位移 Δ_{Cy}。

$$\Delta_{cy} = -\frac{1}{EI} \left[\left(\frac{1}{2} \cdot \frac{l}{2} \cdot \frac{l}{2} \right) \cdot \left(\frac{5}{6} \cdot \frac{3EI}{l} \varphi \right) \right] + \varphi \cdot \frac{l}{2} -$$

$$\frac{1}{EI} \left[\left(\frac{1}{2} \cdot \frac{l}{2} \cdot \frac{l}{2} \right) \cdot \left(\frac{5}{6} \cdot \frac{3EI}{l^2} \Delta \right) \right]$$

$$= -\frac{5}{16} l\varphi + \frac{l}{2} \varphi - \frac{5}{16} \Delta = \frac{1}{16} (3l\varphi - 5\Delta)(\downarrow)$$

4-12 图 4-77 所示结构支座 B 发生水平位移 $a = 20\text{mm}$，竖向位移 $b = 20\text{mm}$，转角 0.01rad，已知各杆 $I = 6400\text{cm}^4$，$E = 210\text{GPa}$。试作 M 图，并求 D 点竖向位移 Δ_{Dy} 以及 F 点水平位移 Δ_{Fx}。

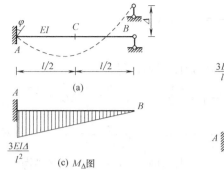
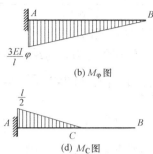

(a)

(b) M_φ图

(c) M_Δ图

(d) M_C图

图 4-76　习题 4-11 图

【解】　（1）作 M 图。

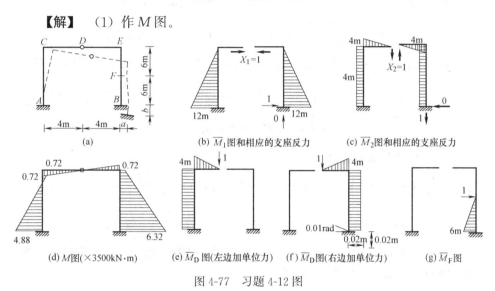

(a)

(b) $\overline{M}_1$图和相应的支座反力

(c) $\overline{M}_2$图和相应的支座反力

(d) M图$(\times 3500\text{kN}\cdot\text{m})$

(e) $\overline{M}_D$图(左边加单位力)

(f) $\overline{M}_D$图(右边加单位力)

(g) $\overline{M}_F$图

图 4-77　习题 4-12 图

$$\begin{cases} \delta_{11}X_1+\delta_{12}X_2+\Delta_{1C}=0 \\ \delta_{21}X_1+\delta_{22}X_2+\Delta_{2C}=0 \end{cases}$$

$$\delta_{11}=\frac{1152}{EI}\text{m}^3,\quad \delta_{12}=\delta_{21}=0,\quad \delta_{22}=\frac{1280}{3EI}\text{m}^3$$

$$\Delta_{1C}=-\sum\overline{R}_{1i}c_i=-[(1\times0.02\text{m})+(12\text{m}\times0.01\text{rad})]=-0.14\text{m}$$

$$\Delta_{2C}=-\sum\overline{R}_{2i}c_i=-[(1\times0.02\text{m})-(4\text{m}\times0.01\text{rad})]=0.02\text{m}$$

$$X_1=\frac{0.14EI}{1152}=1.635\text{kN},\quad X_2=-\frac{0.06EI}{1280}=-0.21\text{kN}$$

$$M_A=12\cdot X_1+4\cdot X_2=12\cdot\frac{0.14EI}{1152}+4\cdot\left(-\frac{0.06EI}{1280}\right)$$

$$=\frac{EI}{128}\cdot\frac{40\times0.14-0.24\times3}{30}=\frac{4.88EI}{128\times30}$$

$$M_B=12\cdot X_1-4\cdot X_2=12\cdot\frac{0.14EI}{1152}-4\cdot\left(-\frac{0.06EI}{1280}\right)$$

$$=\frac{EI}{128}\cdot\frac{40\times0.14+0.24\times3}{30}=\frac{6.32EI}{128\times30}$$

$$M_C=4\cdot X_2=4\cdot\left(-\frac{0.06EI}{1280}\right)=-\frac{EI}{128}\cdot\frac{0.06\times12}{30}=\frac{0.72EI}{128\times30}$$

$$\frac{EI}{128\times30}=\frac{210\times10^9\times6400\times10^{-8}}{128\times30}=3500\text{kN}\cdot\text{m}$$

（2）求 D 点竖向位移。

在左边施加单位力，与结构的弯矩图图乘，得

$$\Delta_{Dy}=\frac{1}{EI}\left[(4\times12)\times\left(\frac{4.88-0.72}{2}\right)-\left(\frac{1}{2}\times4\times4\right)\times\left(\frac{2}{3}\times0.72\right)\right]\times\frac{EI}{128\times30}$$

$$=(48\times2.08-16\times0.24)\times\frac{1}{128\times30}=96\times\frac{1}{128\times30}=0.025\text{m}=25\text{mm}$$

在右边施加单位力，与结构的弯矩图图乘，并考虑支座位移得

$$\Delta_{Dy}=\frac{1}{EI}\left[(4\times12)\times\left(\frac{1}{2}\times12\frac{0.14EI}{1152}-4\times\frac{0.06EI}{1280}\right)-\left(\frac{1}{2}\times4\times4\right)\times\right.$$

$$\left.\left(\frac{2}{3}\times4\times\frac{0.06EI}{1280}\right)\right]=0.035-0.009-0.001=0.025\text{m}=25\text{mm}$$

在三铰刚架上施加单位力，与结构的弯矩图图乘，并考虑支座位移，得

$$\Delta_{Dy}=\frac{2}{EI}\left[\left(\frac{1}{2}\times12\times12\frac{0.14EI}{1152}\right)\times\left(\frac{1}{3}\times2\right)\right]-\left[\left(-\frac{1}{2}\times0.02-\frac{1}{6}\times0.02\right)\right]$$

$$=\frac{0.07}{6}+0.01+\frac{0.02}{6}=0.025\text{m}=25\text{mm}$$

（3）求 F 点水平位移。

$$\Delta_{Fx}=\frac{1}{EI}\left[\left(\frac{1}{2}\times6\times6\right)\times\left(-\frac{5}{6}\times6.32+\frac{1}{6}\times0.72\right)\right]\times\frac{EI}{128\times30}+0.02+0.01\times6$$

$$=-30.88\times\frac{1}{1280}+0.02+0.01\times6=0.055875\text{m}=55.875\text{mm}$$

4-13 图 4-78 所示等截面梁 AB，当支座 A 顺时针转动 φ_A，求梁跨中截面的竖向位移 Δ_{Cy} 和 B 截面的转角 φ_B。

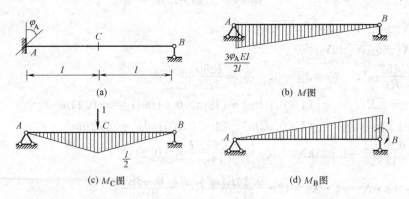

图 4-78 习题 4-13 图

【解】 $\delta_{11}X_1=\varphi_A$, $\quad\delta_{11}=\dfrac{2l}{3EI}$, $\quad X_1=\dfrac{3\varphi_A EI}{2l}$

$$\Delta_{Cy}=\frac{1}{EI}\left[\left(\frac{1}{2}\cdot2l\cdot\frac{l}{2}\right)\cdot\left(\frac{1}{2}\times\frac{3\varphi_A EI}{2l}\right)\right]=\frac{3\varphi_A l}{8}\ (\downarrow)$$

$$\varphi_B=-\frac{1}{EI}\times\left[\left(\frac{1}{2}\times2l\times\frac{3\varphi_A EI}{2l}\right)\times\frac{1}{3}\right]=-\frac{1}{2}\varphi_A\ (\circlearrowright)$$

第5章
位 移 法

5.1 学习目的

学习本章的目的有三个：

（1）了解位移法中先离散、后组合的解题思路及其平衡条件、位移协调条件的体现。

（2）熟练掌握荷载作用下，位移法求解超静定结构的内力。

（3）掌握位移法求解其他广义荷载下超静定结构内力。

同时，为后面以下几个方面的学习奠定基础：

（1）为校核结构强度做准备　对于独立节点位移数量较少的结构可以用位移法来计算内力。内力的计算结果可用来校核结构的强度是否满足要求。

（2）了解位移法超静定结构的特点　用位移法解超静定结构时，首先将超静定结构转化为已知杆端内力的单跨超静定梁，然后应用变形协调条件和平衡条件消除二者的差别。

（3）为学习力矩分配法和矩阵位移法做准备　在位移法中，要用到"先将结构离散单元，再将单元集成结构"的思路，这也是矩阵位移法及有限单元法的基本思路。因此，本章解题的思路、概念、过程及方法将为后面的矩阵位移法及有限单元法学习奠定基础。

5.2 基本内容总结和学习建议

5.2.1 基本内容

位移法是求解超静定结构的另一种基本方法。本章的主要内容是用位移法求解超静定结构在荷载、温度变化、支座位移和制造误差等因素作用下的内力。

学习本章之前，必须熟练掌握以下基础知识。

（1）记住单跨超静定梁的形常数和载常数

建议读者首先将各种形常数和载常数中的杆端弯矩记住，并能正确画出相应的弯矩图。至于剪力，可以根据需要由弯矩图求出。

特别常用的包括以下几种：

① **载常数**　满跨布置的均布荷载，跨中集中力，杆端集中力（杆端为平行链杆）和杆端集中力偶（杆端为固定铰支座、另一端为固定端）的载常数。

② **形常数** 主教材《结构力学》(第二版,祁皓等编著,中国建筑工业出版社,2018)表5-1中所有的形常数。

这些常数是学习位移法的必备基础,每一个例题都不止一次地用到这些常数。毫不夸张地说,如果不记住这些常数,位移法的学习将无法进行。

(2) 熟练掌握由弯矩图求杆端剪力

只要有独立节点线位移的例题都要不止一次地用到由弯矩图求杆端剪力。因此,必须熟练掌握。

5.2.2 位移法求解超静定结构内力

1. 准确理解并正确判断节点独立位移

位移法求解超静定结构的第一步就是判断节点独立位移。对于一个超静定结构,节点独立位移的数量取决于已知单跨梁的形常数和载常数种类的多少。

例如,图5-1(a)所示连续梁,如果我们已经知道一端固定一端铰支和两端固定两种单跨梁的形常数和载常数,就可只将 B 节点的转角位移作为节点独立位移,如图5-10(b)所示。如果我们只知道两端固定单跨梁的形常数和载常数,就必须将 B、C 两个节点的转角位移作为节点独立位移,如图5-1(c)所示。

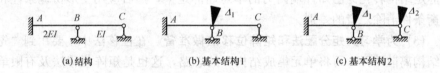

(a)结构 　　(b)基本结构1 　　(c)基本结构2

图5-1 位移法基本结构的选取

作为一种手算方法,我们建议读者在位移法学习中,应该熟练记住三种单跨梁(一端固定一端铰支、两端固定、一端固定一端平行链杆)的形常数和载常数,以减少独立节点位移的数量。

2. 深刻理解位移法方程的物理意义

位移法方程的物理意义是**基本结构在节点独立位移和各种因素(荷载、温度变化、支座位移和制造误差等)的共同作用下,附加约束上的反力等于零。**
位移法方程的一般形式为

$$k_{11}\Delta_1 + k_{12}\Delta_2 + \cdots + k_{1n}\Delta_n + F_{1P} + F_{1c} + F_{1t} = 0$$
$$k_{21}\Delta_1 + k_{22}\Delta_2 + \cdots + k_{2n}\Delta_n + F_{2P} + F_{2c} + F_{2t} = 0$$
$$\cdots$$
$$k_{n1}\Delta_1 + k_{n2}\Delta_2 + \cdots + k_{nn}\Delta_n + F_{nP} + F_{nc} + F_{nt} = 0$$

其中,k_{ij} 为基本结构发生单位节点位移时附加约束的反力;F_{iP}、F_{ic} 和 F_{it} 分别为基本结构在荷载、支座位移和温度变化等因素作用下附加约束的反力。

3. 位移法解超静定结构的一般步骤

(1)选择基本结构和基本体系。

（2）建立位移法方程。

（3）求方程中的系数和自由项，解方程。

（4）由 $M=\overline{M}_1\Delta_1+\overline{M}_2\Delta_2+\cdots+\overline{M}_n\Delta_n+M_P+M_C+M_t$ 得到结构的弯矩图。与力法不同，位移法的基本结构是超静定结构，荷载、支座位移、温度变化等因素都有可能引起内力。

4. 各种题型的总结（以两个节点独立位移为例）

（1）无侧移结构

无侧移结构一般取有独立位移的节点作为隔离体，利用弯矩平衡条件求系数和自由项。

① 荷载作用的情况

需要注意的是有附加刚臂节点上作用的集中力偶对荷载弯矩图（M_P 图）没有影响，但是，对附加刚臂的反力（F_{iP}）有影响，求自由项 F_{iP} 时不要忘记将集中力偶加上。

荷载作用时，系数 k_{ij} 的分子包含刚度项，自由项 F_{iP} 中不包含刚度项。由此可以判断，荷载作用下的结构位移与刚度的绝对值有关。而结构的弯矩只与刚度的相对值有关。

② 支座位移作用的情况

支座位移作用时，系数 k_{ij} 和自由项 F_{ic} 都包含刚度项。所以得到的节点位移只与刚度的相对值有关。由此可以判断，支座位移作用下的结构位移与刚度的相对值有关。结构的弯矩与刚度的绝对值有关。

③ 温度变化作用的情况

温度变化作用时的 M_t 图包括两部分：一部分是由平均温度升高引起的轴向变形的影响，杆件的轴向变形将引起与之相连的其他杆件的侧移。另一部分是由温差引起的弯曲变形的影响，因为节点的转角位移被刚臂锁住，所以弯曲变形会使杆件产生弯矩。计算 F_{it} 时要将两部分的影响加在一起。

与支座位移作用时的情况相同，温度变化作用时，系数 k_{ij} 和自由项 F_{it} 都包含刚度项。所以，结构位移与刚度的相对值有关，弯矩与刚度的绝对值有关。

（2）有侧移结构

有侧移结构一般将有侧移的柱端切断，取部分结构作为隔离体，利用侧移方向力的平衡条件求系数和自由项。

① 有侧移结构需要由弯矩图求剪力；若附加约束位置上作用有集中力，则集中力对荷载弯矩图（M_P 图）和杆端剪力没有影响，但是，对附加链杆的反力（F_{iP}）有影响，求自由项 F_{iP} 时不要忘记将集中力加上；若 Δ_i 是转角位移、Δ_j 是线位移，求副系数 k_{ij} 时，一般是由 $\overline{M}_j$ 图利用节点弯矩平衡条件求 $k_{ji}=k_{ij}$，这样可以避免一次由弯矩图求剪力的工作。

② 弹簧支座

若在线位移方向上有弹簧支座，在求基本结构发生单位位移时的附加约束反力时，不要忘记将弹簧反力加上。

③ 剪力分配法

从位移法这一章看，剪力分配法内容就是有一个侧移结构，很容易理解。但是，这个方法及剪力分配系数等概念在后续的"钢筋混凝土结构设计"及"建筑抗震设计原理"等课程中有重要作用，特别是在风荷载作用下的厂房计算中将得到具体应用。

④ 横梁刚度为无穷大的两层刚架

这种结构用位移法计算就是一个有两个侧移的结构，也很容易理解。但是，这种结构模型和计算方法同样也在后续的"钢筋混凝土结构设计"及"建筑抗震设计原理"等课程中有重要作用，特别是在地震作用下多层房屋的计算中将得到具体应用。

(3) 对称性的利用

半结构的取法与力法中一样。此处不再赘述。

需要注意的是，将荷载分组时，一般情况下，对称荷载下的半结构用位移法求解比较简单，而反对称荷载下的半结构用力法求解比较简单。

因为读者已经学习了力法和位移法，因此，遇到这种情况时，就应该分别用两种方法求解了。

5. 内力图的校核

与力法一样，超静定结构的内力图需要同时满足变形协调条件和力的平衡条件。因此，校核同样分两个步骤：

(1) 平衡条件——验证节点位移是否正确

求解节点位移用的是位移法方程，这是力的平衡方程。因此，任取结构的一部分为隔离体，验算是否满足平衡条件，可以校核节点位移是否正确。

(2) 变形协调条件

在求解过程中，已经保证了各杆端位移的协调。所以，变形协调条件自然得到满足。

6. 位移法与力法基本未知量的对比

图 5-2（a）所示结构只有一个节点独立位移。但是，此题如果用力法求解，则多余约束力的个数为 4。

图 5-2（b）所示结构有 3 个节点独立位移（C、D 两点的转角和 CD 杆的水平位移）。但是，此题如果用力法求解，则多余约束力的个数只有一个。

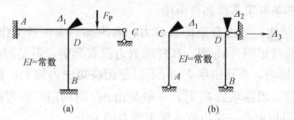

图 5-2 位移法与力法基本未知量的对比

因此，对于一个超静定结构，如果没有指定解题方法，读者应该能够判断用哪种方法比较合适。

另外，在力法中，读者已经掌握了超静定结构位移的计算方法，但是，如果题目要求的是求解节点位移，则应考虑用位移法，因为位移法的基本未知量就是节点位移。

5.3 附加例题

【附加例题 5-1】 判断图 5-3 所示的结构用位移法计算时基本未知量的数目。

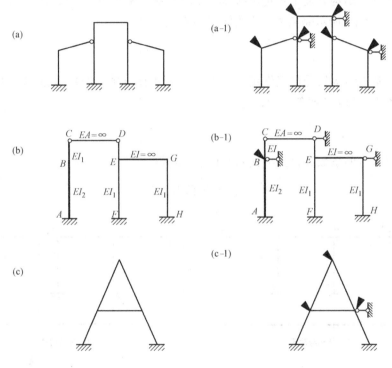

图 5-3 附加例题 5-1 图

【解】 （1）如图 5-3（a-1）所示，横梁有一个水平线位移，两根斜梁的两端水平线位移相同，各有一个水平线位移，4 个刚节点各有一个角位移，两个刚铰节点处各有一个角位移，因此共有 6 个角位移，有 3 个线位移，基本未知量数目 $n=6+3=9$。

（2）如图 5-3（b-1）所示，节点 C、D 有相同水平线位移，节点 E、G 有相同水平线位移、无角位移，节点 B 有 1 个角位移和有 1 个线位移，因此共有 1 个角位移、3 个线位移，$n=1+3=4$。

（3）如图 5-3（c-1）所示，横梁两端刚节点处有相关联的线位移，该二刚节点有 1 个线位移，3 个刚节点各有 1 个角位移，因此共有 3 个角位移、1 个线位移，$n=1+3=4$。

【附加例题 5-2】 用位移法计算图 5-4（a）所示结构，并画出 M 图。各杆的线刚度为 $i=EI/l$。

【解】 (1) 结构简化。CD 杆为静定悬臂杆，C 端剪力、弯矩可视为 $ACEF$ 部分受到的等效荷载，如图 5-4 (b) 所示。

(2) 选择基本体系。只有一个角位移 Δ_1，基本体系如图 5-4 (c) 所示。

(3) 建立位移法方程。方程的物理意义是在转角位移 Δ_1 和集中力偶作用下，B 节点附加约束刚臂上的总约束力偶等于零，即

$$k_{11}\Delta_1 + F_{1P} = 0$$

(4) 求系数和自由项，解方程。

作基本结构只发生转角位移 $\Delta_1 = 1$ 时的单位弯矩图——$\overline{M}_1$ 图 (图 5-4d)。取图 5-4 (d) 所示隔离体，列力矩平衡方程，得

$$k_{11} = 3i + 4i + 4i = 11i$$

作基本结构只受荷载作用的弯矩图——M_P 图 (图 5-4e)。取图 5-4 (e) 所示隔离体，列力矩平衡方程，得

$$F_{1P} = F_P l/2$$

将求得的系数和自由项代入方程中，解得

$$\Delta_1 = -F_P l/22i$$

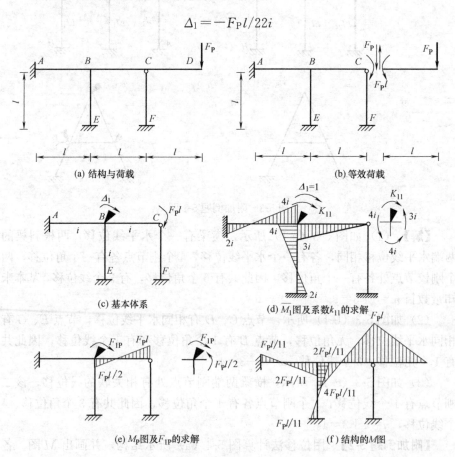

(a) 结构与荷载　　　　(b) 等效荷载

(c) 基本体系　　　　(d) $\overline{M}_1$图及系数k_{11}的求解

(e) M_P图及F_{1P}的求解　　　　(f) 结构的M图

图 5-4　附加例题 5-2 图

（5）由叠加公式 $M=\overline{M}_1\Delta_1+M_P$ 作出 $ACEF$ 部分弯矩图，补上 CD 杆弯矩图，结构的弯矩图如图 5-4（f）所示。

【校核】 取刚节点 B，显然满足 $\sum M=0$，也即满足平衡条件，说明结果是正确的。

【附加例题 5-3】 用直接平衡法计算图 5-5（a）所示结构，绘制 M 图。

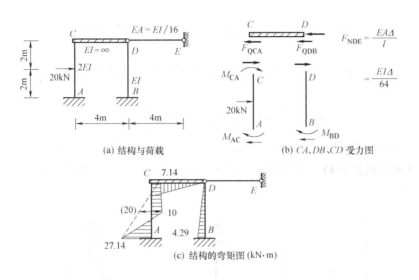

(a) 结构与荷载   (b) CA、DB、CD 受力图

(c) 结构的弯矩图（kN·m）

图 5-5　附加例题 5-3 图

【解】

（1）确定基本未知量。横梁 CD 的 $EI_1=\infty$，节点 C 无转角，位移法基本未知量为横梁 CD 向右侧移 Δ。

（2）写出杆端弯矩表达式。

$$M_{CA}=-6\times\frac{2EI}{4}\times\frac{\Delta}{4}+\frac{20\times4}{8}=-\frac{3}{4}EI\Delta+10$$

$$M_{AC}=-6\times\frac{2EI}{4}\times\frac{\Delta}{4}-\frac{20\times4}{8}=-\frac{3}{4}EI\Delta-10$$

$$M_{BD}=-3\times\frac{EI}{4}\times\frac{\Delta}{4}=-\frac{3}{16}EI\Delta$$

（3）建立位移法方程，求节点位移。

取 CD 杆为隔离体（图 5-5b），根据 $\sum M_A=0$

$$F_{QCA}\times4+M_{CA}+M_{AC}+20\times2=0$$

得

$$F_{QCA}=\frac{3}{8}EI\Delta-10$$

由 DB 杆为隔离体（图 5-5b），根据 $\sum M_D=0$

$$F_{QDB}\times4+M_{BD}=0$$

得

$$F_{QDB}=\frac{-M_{BD}}{4}=\frac{3}{64}EI\Delta$$

取横梁 CD 作为隔离体（图 5-5b），根据 $\sum F_x=0$

$$-F_{NDE}-F_{QCA}-F_{QDB}=0, \quad 即 -\frac{EI\Delta}{64}-\left(\frac{3}{8}EI\Delta-10\right)-\frac{3}{64}EI\Delta=0$$

得

$$\Delta=\frac{160}{7EI}$$

（4）最终得到杆端弯矩和绘制结构弯矩图。

$$M_{CA}=-\frac{3}{4}EI\times\frac{160}{7EI}+10=-\frac{50}{7}=-7.14\text{kN}\cdot\text{m}$$

$$M_{AC}=-\frac{3}{4}EI\times\frac{160}{7EI}-10=-\frac{190}{7}=-27.14\text{kN}\cdot\text{m}$$

$$M_{BD}=-\frac{3}{16}EI\times\frac{160}{7EI}=-\frac{30}{7}=-4.29\text{kN}\cdot\text{m}$$

结构的 M 图如图 5-5（c）所示。

【附加例题 5-4】 用位移法解图 5-6（a）所示结构，绘制 M 图，求 C、E 点的位移。

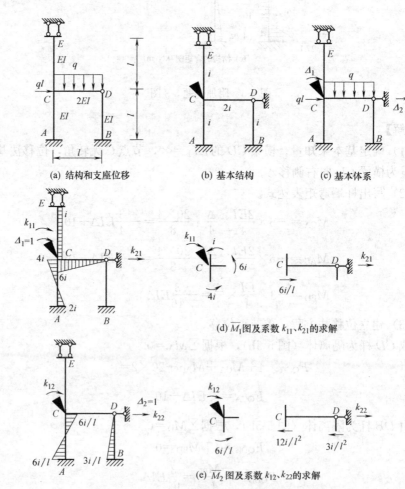

图 5-6 附加例题 5-4 图（一）

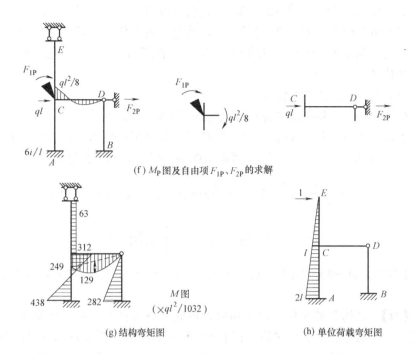

(f) M_P 图及自由项 F_{1P}、F_{2P} 的求解

M 图
$(\times ql^2/1032)$

(g) 结构弯矩图

(h) 单位荷载弯矩图

图 5-6 附加例题 5-4 图（二）

【解】 首先作结构的 M 图。

（1）确定基本未知量及基本结构。C 为刚节点，有一个角位移；D 节点的水平位移为独立线位移。基本结构和基本体系如图 5-6（b）、图 5-6（c）所示，设 $i=EI/l$。

（2）建立位移法方程。

$$k_{11}\Delta_1 + k_{12}\Delta_2 + F_{1P} = 0$$
$$k_{21}\Delta_1 + k_{22}\Delta_2 + F_{2P} = 0$$

（3）求系数和自由项，解方程。

作基本结构只发生角位移 $\Delta_1=1$ 时的单位弯矩图——$\overline{M}_1$ 图（图 5-6d），取图 5-6（d）所示隔离体，列力矩平衡方程和水平投影方程，求得系数

$$k_{11}=11i, \quad k_{21}=-6i/l$$

作基本结构只发生线位移 $\Delta_2=1$ 时的单位弯矩图——$\overline{M}_2$ 图（图 5-6e），取图 5-6（e）所示隔离体，求得系数

$$k_{12}=-6i/l, \quad k_{22}=15i/l^2$$

作基本结构荷载弯矩图——M_P 图（图 5-6f）。取图 5-6（f）所示隔离体，求得自由项

$$F_{1P}=-ql^2/8, \quad F_{2P}=-ql$$

将求得的系数和自由项代入方程中，解得

$$\Delta_1=\frac{63ql^2}{1032i}, \quad \Delta_2=\frac{94ql^3}{1032i}$$

(4) 由 $M=\overline{M}_1\Delta_1+\overline{M}_2\Delta_2+M_P$，叠加可得图 5-6（g）所示弯矩图。

(5) 取出刚节点 C，显然 $\sum M=0$，满足平衡条件。从最终弯矩图求柱子杆端剪力，与求 k_{22} 或 F_{2P} 一样取隔离体，可验证 $\sum F_x=0$。因此，本例题结果是正确的。

(6) 计算 C、E 点的位移

C 点的转角位移和水平位移分别为 Δ_1 和 Δ_2，无需再求。

取图 5-6（h）所示基本结构，在 E 点施加水平单位力，作出相应的水平弯矩图。将其与图 5-6（g）所示弯矩图图乘，得 E 点水平位移为

$$\Delta_{Ex}=\frac{ql^2}{1032EI}\left[-63\times l\times\frac{1}{2}l-\frac{1}{2}\times312\times l\times\left(\frac{1}{3}l+l\right)+\right.$$

$$\left.\frac{1}{2}\times438l\times\left(\frac{2}{3}l+l\right)\right]=\frac{251ql^4}{2064EI}(\rightarrow)$$

【附加例题 5-5】 图 5-7（a）所示结构各杆长 l，$EI=$ 常数，求点 A 的位移。

【解】 结构双轴对称，荷载和反力构成左右对称外力系，故将该外力系分解成上下对称和上下反对称。在上下对称外力系下（图 5-7b），各杆弯矩为零，只需计算上下反对称外力系情况（图 5-7c）。由图 5-7（c）结构双轴对称，外力系左右对称，上下反对称，又可取 1/4 结构（图 5-7d）计算。

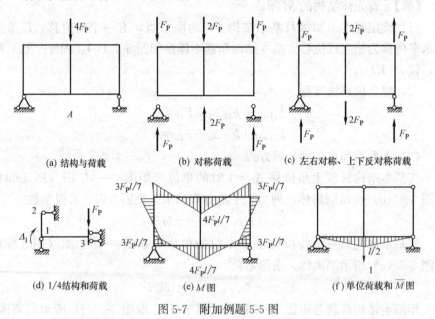

(a) 结构与荷载　　　　(b) 对称荷载　　　　(c) 左右对称、上下反对称荷载

(d) 1/4 结构和荷载　　　　(e) M 图　　　　(f) 单位荷载和 $\overline{M}$ 图

图 5-7 附加例题 5-5 图

1. 求解超静定结构（图 5-7d）

(1) 基本未知量 Δ_1。

(2) 杆端弯矩。设原结构各杆线刚度为 i，则杆 12 的线刚度为 $2i$。

$$M_{12}=3i_{12}\Delta_1=6i\Delta_1, \quad M_{13}=i_{13}\Delta_1-F_Pl/2=i\Delta_1-F_Pl/2$$

$$M_{31}=-i_{13}\Delta_1-F_Pl/2=-i\Delta_1-F_Pl/2$$

（3）建立位移法方程。
$$7i\Delta_1 - F_P l/2 = 0$$

（4）求位移 Δ_1。
$$\Delta_1 = F_P l/14i$$

（5）求最终杆端弯矩。
$$M_{12} = 6i\Delta_1 = 3F_P l/7$$
$$M_{13} = i\Delta_1 - F_P l/2 = F_P l/14 - F_P l/2 = -3F_P l/7$$
$$M_{31} = -i\Delta_1 - F_P l/2 = -F_P l/14 - F_P l/2 = -4F_P l/7$$

画出 1/4 结构的 M 图，再按左右对称、上下反对称弯矩图特点，作出结构 M 图，如图 5-7（e）所示。

2. 求 A 点的竖向位移

取静定的基本结构，画单位力的弯矩图（图 5-7f），将图 5-7（f）与图 5-7（e）图乘，得

$$\Delta_{Ay} = \frac{2}{EI}\left(-\frac{1}{2} \cdot l \cdot \frac{3F_P l}{7} \cdot \frac{l}{2} \cdot \frac{1}{3} + \frac{1}{2} \cdot l \cdot \frac{4F_P l}{7} \cdot \frac{l}{2} \cdot \frac{2}{3}\right) = \frac{5F_P l^3}{42EI}(\downarrow)$$

【说明】 取 1/4 结构，也可用单节点的弯矩分配法，用力法求解也只有一个未知量。若直接计算原结构，则用位移法求解有 8 个未知量，用力法求解有 6 个未知量，不能直接用弯矩分配法。

【附加例题 5-6】 用基本方程法解图 5-8（a）所示结构的弯矩图，横梁为刚性，立柱线刚度如图所示。

【解】 （1）横梁刚性，节点无转角，基本未知量为两横梁水平位移 Δ_1、Δ_2。

（2）写出位移法方程。
$$k_{11}\Delta_1 + k_{12}\Delta_2 + F_{1P} = 0$$
$$k_{21}\Delta_1 + k_{22}\Delta_2 + F_{2P} = 0$$

（3）求系数、自由项和解方程，设立柱长度 $l=3\text{m}$。

作基本结构只发生线位移 $\Delta_1 = 1$ 时的单位弯矩图——$\overline{M}_1$ 图（图 5-8c），分别取横梁为隔离体，由水平投影方程，求得系数
$$k_{11} = 36i/l^2, \quad k_{21} = -12i/l^2$$

作基本结构只发生线位移 $\Delta_2 = 1$ 时的单位弯矩图——$\overline{M}_2$ 图（图 5-8d），分别取横梁为隔离体，由水平投影方程，求得系数
$$k_{12} = -12i/l^2, \quad k_{22} = 18i/l^2$$

作基本结构荷载弯矩图——M_P 图（图 5-8e）。注意只有节点荷载下，$M_P = 0$。求得自由项
$$F_{1P} = 0, \quad F_{2P} = -F_P$$

将求得的系数和自由项代入方程中，解得
$$\Delta_1 = \frac{F_P l^2}{42i}, \quad \Delta_2 = \frac{F_P l^2}{14i}$$

（4）由 $M = \overline{M}_1\Delta_1 + \overline{M}_2\Delta_2 + M_P$，叠加可得图 5-8（f）所示弯矩图。

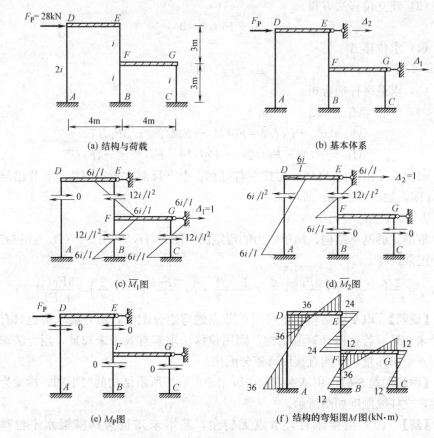

图 5-8　附加例题 5-6 图

注意刚性横梁无变形，但是有内力，其弯矩由节点力矩平衡确定。因横梁弯矩不影响刚度系数和自由项的值，故求解过程中没有画出横梁上的弯矩。

【附加例题 5-7】　用位移法作图 5-9（a）所示刚架的弯矩图，各杆 EI 相同。

【解】（1）结构、位移正对称，取半结构如图 5-9（b），其基本体系如图 5-9（c），基本未知量为 D 节点角位移 Δ_1。

（2）写出位移法方程。

$$k_{11}\Delta_1 + F_{1\Delta} = 0$$

（3）求系数、自由项和解方程，设立柱线刚度 $i = EI/l$。

作基本结构只发生角位移 $\Delta_1 = 1$ 时的单位弯矩图——$\overline{M}_1$ 图（图 5-9d），取 D 节点为隔离体，由力矩方程，求得系数

$$k_{11} = 8i$$

作基本结构只发生支座位移时的弯矩图——M_Δ 图（图 5-9e），取 D 节点为隔离体，由力矩方程，求得自由项

$$F_{1\Delta} = 2i\theta$$

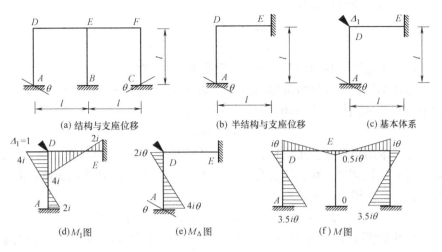

(a) 结构与支座位移　(b) 半结构与支座位移　(c) 基本体系

(d) $\overline{M}_1$图　(e) M_Δ图　(f) M图

图 5-9　附加例题 5-7 图

将求得的系数和自由项代入方程中，解得

$$\Delta_1 = -\frac{\theta}{4}$$

（4）由 $M = \overline{M}_1 \Delta_1 + M_\Delta$，叠加可得图 5-9（f）所示弯矩图。

【附加例题 5-8】　用位移法作图 5-10（a）所示梁的弯矩图，已知各杆 EI 相同，弹簧支座的刚度 $k = \dfrac{3i}{2l^2}$，$F_P = 32\text{kN}$，$l = 4\text{m}$。

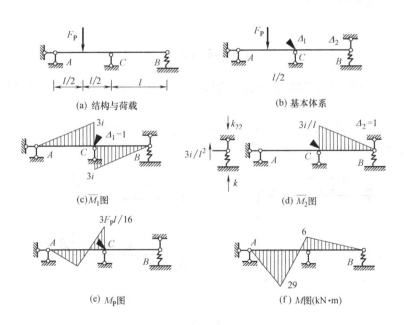

(a) 结构与荷载　(b) 基本体系

(c) $\overline{M}_1$图　(d) $\overline{M}_2$图

(e) M_P图　(f) M图(kN·m)

图 5-10　附加例题 5-8 图

【解】　（1）B 为弹簧支座，故基本未知量为 C 节点角位移 Δ_1 和 B 竖直线位移 Δ_2，基本体系如图 5-10（b）所示。

（2）写出位移法方程。

$$k_{11}\Delta_1 + k_{12}\Delta_2 + F_{1P} = 0$$
$$k_{21}\Delta_1 + k_{22}\Delta_2 + F_{2P} = 0$$

（3）求系数、自由项和解方程，设线刚度 $i = EI/l$。

作基本结构只发生角位移 $\Delta_1 = 1$ 时的单位弯矩图——$\overline{M}_1$ 图（图 5-10c），取节点 C 为隔离体，由力矩方程，求得系数

$$k_{11} = 6i$$

作基本结构只发生线位移 $\Delta_2 = 1$ 时的单位弯矩图——$\overline{M}_2$ 图（图 5-10d），取节点 C 为隔离体，由力矩方程，求得系数 k_{12}，取节点 B 为隔离体，由竖向投影方程，求得系数 k_{22}

$$k_{12} = -3i/l = k_{21}, k_{22} = 3i/l^2 + k = 4.5i/l^2$$

作基本结构荷载弯矩图——M_P 图（图 5-10e）。取节点 C 为隔离体，由力矩方程，求得自由项 F_{1P}；取节点 B 为隔离体，由竖向投影方程，求得自由项 F_{2P}。

$$F_{1P} = \frac{3F_P l}{16}, F_{2P} = 0$$

将求得的系数和自由项代入方程中，解得

$$\Delta_1 = -\frac{3F_P l}{64i}, \Delta_2 = -\frac{F_P l^2}{32i}$$

（4）由 $M = \overline{M}_1\Delta_1 + \overline{M}_2\Delta_2 + M_P$，叠加可得图 5-10（f）所示弯矩图。

5.4 自测题及答案

自测题（A）

一、是非题（将判断结果填入括号：以○表示正确，以×表示错误，每小题 4 分）

1. 图 5-11 所示结构，Δ_1 和 Δ_2 为位移法基本未知量，有 $M_{AB} = 6i\Delta_2/l - ql^2/8$。（ ）

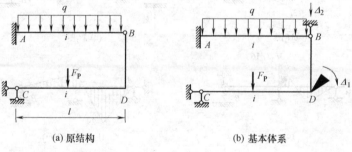

(a) 原结构　　　　　　　　(b) 基本体系

图 5-11

2. 图 5-12 所示超静定梁，EI＝常数，固定端 A 发生顺时针方向角位移 θ，由此引起铰支端 B 处转角是 $-\theta/2$（以顺时针方向为正）。（ ）

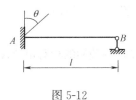

图 5-12

二、选择题（将选中答案的字母填入括号内，每小题 5 分）

1. 位移法求解刚架时，常引入"受弯直杆变形前后两端距离保持不变"的条件。此条件是由下述假定得出的（   ）。

A. 变形后杆件截面仍与弯曲后的轴线垂直

B. 忽略受弯直杆的轴向变形

C. 变形后节点转角与弦转角都很微小

D. 假定 B、C 同时成立

2. AB 杆变形如图 5-13 中虚线所示，则 A 端的杆端弯矩为（   ）。

A. $M_{AB}=4i\varphi_A-2i\varphi_B-6i\Delta_{AB}/l$

B. $M_{AB}=4i\varphi_A+2i\varphi_B+6i\Delta_{AB}/l$

C. $M_{AB}=-4i\varphi_A+2i\varphi_B-6i\Delta_{AB}/l$

D. $M_{AB}=-4i\varphi_A-2i\varphi_B+6i\Delta_{AB}/l$

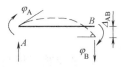

图 5-13

3. 用位移法求解图 5-14 所示结构时，独立的节点角位移和线位移未知数数目分别为（   ）。

A. 3，3

B. 4，3

C. 4，2

D. 3，2

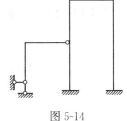

图 5-14

三、填充题（将答案写在空格内，每小题 6 分）

1. 等截面直杆的转角位移方程是表示单跨超静定梁的 _____ 与 _____ 之间的关系。

2. 图 5-15 所示刚架，已求得 B 点转角 $\varphi_B=0.717/i$（顺时针），C 点水平位移 $\Delta_C=7.579/i(\rightarrow)$，则 $M_{AB}=$ _____，$M_{DC}=$ _____。

四、用位移法作图 5-16 所示结构 M 图，$EI=$ 常数。（20 分）

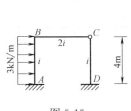

图 5-15

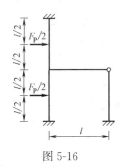

图 5-16

147

五、图 5-17 所示结构，设 $F_{P1}=40kN$ ，$F_{P2}=90kN$ ，各杆 EI 相等，用位移法作弯矩图。(20 分)

六、求图 5-18 所示结构 BC 两截面的相对角位移，各杆 EI 为常数。(25 分)

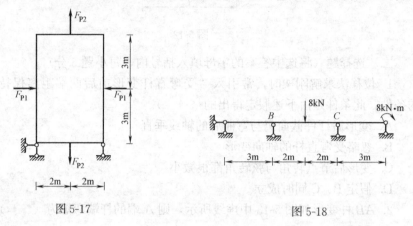

图 5-17　　　　　　　　　　　　　　　　　　　图 5-18

自测题 （B）

一、是非题（将判断结果填入括号：以○表示正确，以×表示错误，每小题 4 分）

1. 位移法的基本结构可以是静定的，也可以是超静定的。（　　）

2. 图 5-19 所示连续梁，用位移法计算时的基本未知量数目可以为 3。（　　）

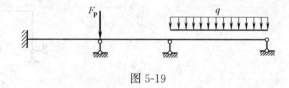

图 5-19

二、选择题（将选中答案的字母填入括号内，每小题 5 分）

1. 在位移法中，将铰接端的角位移、滑动支座端的线位移作为基本未知量：（　　）。

A. 绝对可以　　　　　　　　　B. 必须

C. 可以，但不必　　　　　　　D. 一定条件下可以

2. 图 5-20 所示结构，已知 $i_1=2$，$i_2=1.5$。用位移法方程：$k_{11}\Delta_1+F_{1P}=0$ 算得的 Δ_1 是：（　　）。

A. $-10/12$

B. $4/6$

C. $5/6$

D. $9/10$

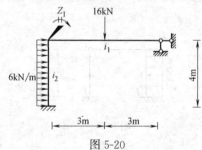

图 5-20

3. 图 5-21 中结构，当 EI、EA 为有限值时，用位移法求解此结构时所取的最少基本未知量数目为（　　）。

A. 3
B. 4
C. 5
D. 6

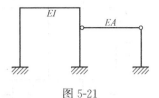

图 5-21

三、填充题（将答案写在空格内，各小题分别为 4 分、6 分、5 分）

1. 图 5-22 所示刚架，各杆线刚度 i 相同，不计轴向变形，$M_{AD}=$ _____，$M_{BA}=$ _____。

2. 图 5-23 所示排架，$F_{QBA}=$ _____，$F_{QDC}=$ _____，$F_{QFE}=$ _____。

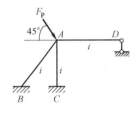

图 5-22

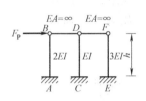

图 5-23

3. 已知图 5-24 所示两端固定梁，设 AB 线刚度为 i，当 A、B 两端截面同时发生图示单位转角时，则杆件 A 端的杆端弯矩为 _____，B 端的杆端弯矩为 _____。

四、用位移法求作图 5-25 所示结构的 M 图。（20 分）

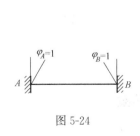

图 5-24

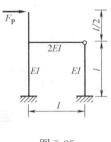

图 5-25

五、用位移法计算图 5-26 所示结构，并作 M 图，各杆 $EI=$ 常数。（24 分）

六、已知图 5-27 所示结构各杆 EI 为常数，试用位移法作 M 图。（18 分）

149

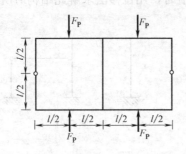

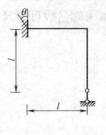

图 5-26   图 5-27

自测题（A）参考答案

一、1. ×　2. ○　　　　　　　二、1. D　2. C　3. C

三、1. 杆端位移，杆端力　　　2. −13.9，−5.68

四、如图 5-28 所示。

五、如图 5-29 所示。

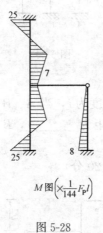

M 图 $\left(\times\dfrac{1}{144}F_{\mathrm{P}}l\right)$

图 5-28

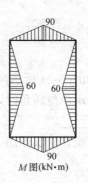

M 图(kN·m)

图 5-29

六、$\varphi_{BC}=\dfrac{8}{EI}$（↷）

自测题（B）参考答案

一、1. ×　2. ○　　　　　　　二、1. C　2. C　3. D

三、1. 0，0　2. $F_{\mathrm{P}}/3$，$F_{\mathrm{P}}/6$，$F_{\mathrm{P}}/2$　3. $2i$，$-2i$

四、如图 5-30 所示。

五、如图 5-31 所示。

六、如图 5-32 所示。

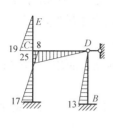

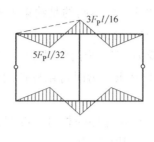

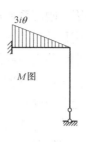

M图

图 5-30　　　　　　　　　　图 5-31　　　　　　　　　图 5-32

5.5　主教材思考题答案

5-1　位移法基本未知量个数是否唯一？为什么？

答：对位移法来说，即使仅以三类基本杆件形、载常数为出发点，角位移未知量恒等于刚节点个数，是唯一的，但线位移个数就不一定唯一了。例如有静定或剪力、弯矩静定的杆件时，一种方法是静定部分先求解，然后以作用、反作用关系将静定部分内力化为超静定部分荷载，这时静定部分杆端位移不作为基本未知量。另一种方法是静定的杆端位移也作为基本未知量，以能折成三类基本杆件集合体作为目标确定未知量个数。显然两种方法位移未知量个数是不相等的。此外，从位移法基本思想出发，如果已知杆端有弹性约束等单跨梁的形、载常数表，则基本杆件类型就将扩充，这样原本需要作为独立未知量处理的位移，可以不再作为独立未知量。因此，位移法基本未知量个数不唯一。

5-2　如何理解两端固定梁的形常数和载常数是最基本的，一端固定一端铰支和一端固定一端定向这两类梁的形、载常数可认为是导出的？

答：因为两端固定单跨（等直杆）梁在对称或反对称外因下，将产生对称或反对称的内力和变形。当取半结构考虑时，其对称轴处的支座条件为：反对称时为可动铰支座；对称时为定向支座。因此，另二类杆件的形常数和载常数可由两端固定并承受对称、反对称外因而导出。

5-3　典型方程位移法求解时，如何体现超静定结构必须综合考虑"平衡、变形和本构关系"三方面的原则？

答：作单位弯矩图时各杆端（交汇节点）产生同样的节点位移，这体现了变形协调的自动满足。建立位移法典型方程特点是消除附加约束上的总反力，从而使节点或部分隔离体处于平衡，这体现了平衡条件的自动满足。形、载常数是由力法求解得来的，在力法求解中包含了本构关系。

5-4　支座位移、温度改变等作用下的位移法求解是如何处理的？

答：已知支座位移、温度改变等在位移求解中都是作为一些"特殊"荷载来处理的，基本结构与所受外因是无关的。因此不管是荷载作用还是其他外因，刚度系数都是一样的，所不同的是约束上外因的反力：荷载时为 F_{iP}，支座移动时为 F_{ic}，温度改变时为 $F_{it}=F_{it_0}+F_{i\Delta t}$（$F_{it_0}$ 是由于轴线温度改变所产生位移而引起的约束反力，$F_{i\Delta t}$ 为两侧温差引起的约束反力）。

5-5　荷载作用下为什么求内力时可用杆件的相对刚度，而求位移时必须用绝对刚度？

答：力法求解时内力只和杆件的相对刚度有关。这里只从位移法求解角度加以解释。因为位移法典型方程为：

$$\sum k_{ij}\Delta_j+F_{iP}=0 \quad (i=1,2,\cdots,n)$$

在求刚度系数 k_{ij} 时与各杆的线刚度有关。若以某杆线刚度 i 为基准，k_{ij} 可化为 $a_{ij}\times i$，a_{ij} 是由相对刚度和杆件尺寸 l 确定的常数。单位弯矩图 $\overline{M}_i$ 中各杆端弯矩（从而由其导出的杆端剪力）均可用基准杆线刚度 i 来表示。又因荷载下的 F_{iP} 是与刚度无关的量，因此由位移法矩阵方程求解：

$$\Delta=-\frac{1}{i}\alpha^{-1}F$$

再考虑内力由叠加 $M=\sum_{i=1}^{n}\overline{M}_i\Delta_i+M_P$ 所得，因此最终内力中不包含 i 而只与各杆相对刚度有关。

但是从上述位移解答的矩阵形式可见，位移不仅与相对刚度有关的 α^{-1} 有关，而且还和基准杆的绝对线刚度 i 有关。所以要求得真实位移必须用各杆的绝对刚度值。

5-6　位移法能否解静定结构？

答：位移法可求解一切形式的结构（刚架、梁、拱、桁架、组合结构），可解静定结构也可解超静定结构，但是仍和上述一样，手算时用位移法求解静定结构将大大增加计算工作量。

5.6　主教材习题详细解答

5-1　试确定图 5-33 所示结构位移法的基本未知量。

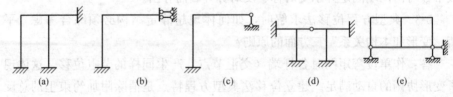

图 5-33　习题 5-1 图

【解】　(a) 2 个转角位移；(b) 1 个转角位移；(c) 1 个转角位移，1 个侧向位移；(d) 2 个转角位移，1 个竖向位移；(e) 4 个转角位移，1 个水平位移，1 个竖向位移。

5-2　试用位移法计算图 5-34～图 5-41 所示结构的弯矩图。

（a）

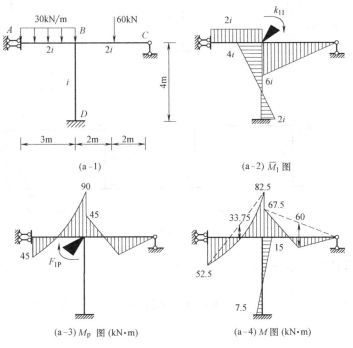

(a-1)　　　　　　　　　　(a-2) $\overline{M}_1$ 图

(a-3) M_P 图 (kN·m)　　　　　(a-4) M 图 (kN·m)

图 5-34　习题 5-2（a）图

【解】　$12i\Delta_1+45=0$，$\Delta_1=-\dfrac{45}{12i}$

$$M_\mathrm{BA}=-2i\times\dfrac{45}{12i}+90=82.5\mathrm{kN\cdot m},\quad M_\mathrm{BC}=-6i\times\dfrac{45}{12i}-45=-67.5\mathrm{kN\cdot m}$$

$$M_\mathrm{BD}=-4i\times\dfrac{45}{12i}=-15\mathrm{kN\cdot m}$$

（b）

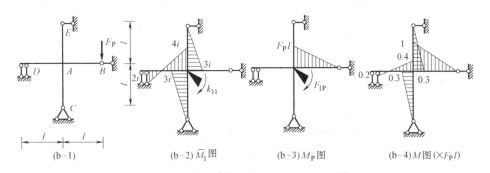

(b-1)　　　(b-2) $\overline{M}_1$ 图　　　(b-3) M_P 图　　　(b-4) M 图 $(\times F_\mathrm{P}l)$

图 5-35　习题 5-2（b）图

【解】　$10i\Delta_1-F_\mathrm{P}l=0$，$\Delta_1=\dfrac{F_\mathrm{P}l}{10i}$

$$M_\mathrm{AD}=4i\times\dfrac{F_\mathrm{P}l}{10i}=0.4F_\mathrm{P}l,\quad M_\mathrm{AE}=3i\times\dfrac{F_\mathrm{P}l}{10i}=0.3F_\mathrm{P}l$$

(c)

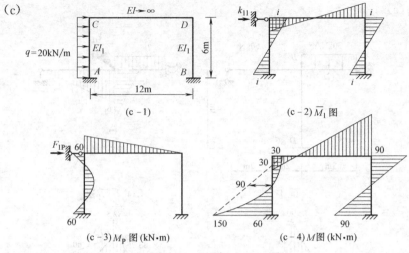

(c-1)　　　　　　　(c-2) $\overline{M}_1$ 图

(c-3) M_P 图 (kN·m)　　　　　　　(c-4) M 图 (kN·m)

图 5-36　习题 5-2 (c) 图

【解】　$\dfrac{2i}{3}\Delta_1-60=0$，$\Delta_1=\dfrac{90}{i}$

$$M_{CA}=-i\times\dfrac{90}{i}+60=-30\text{kN}\cdot\text{m},\quad M_{DB}=i\times\dfrac{90}{i}=90\text{kN}\cdot\text{m}$$

(d)

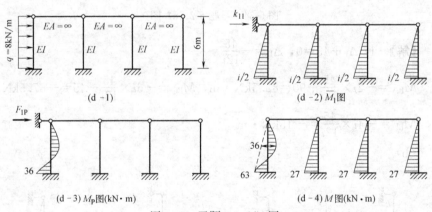

(d-1)　　　　　　　(d-2) $\overline{M}_1$ 图

(d-3) M_P图 (kN·m)　　　　　　　(d-4) M 图 (kN·m)

图 5-37　习题 5-2 (d) 图

【解】　$\dfrac{i}{3}\Delta_1-18=0$，$\Delta_1=\dfrac{54}{i}$，$M_A=\dfrac{i}{2}\cdot\dfrac{54}{i}+36=63\text{kN}\cdot\text{m}$

(e)

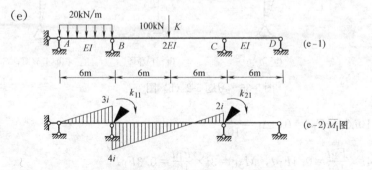

(e-1)

(e-2) $\overline{M}_1$图

图 5-38　习题 5-2 (e) 图 (一)

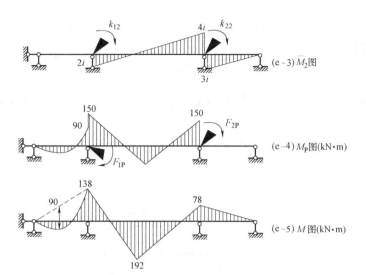

图 5-38 习题 5-2 （e）图 （二）

【解】 $i=EI/6$，
$$\begin{cases} 7i\Delta_1 + 2i\Delta_2 - 60 = 0 \\ 2i\Delta_1 + 7i\Delta_2 + 150 = 0 \end{cases} \quad \begin{cases} \Delta_1 = \dfrac{16}{i} \\ \Delta_2 = -\dfrac{26}{i} \end{cases}$$

(f)

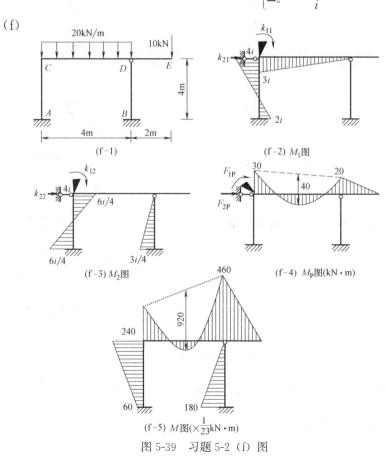

图 5-39 习题 5-2 （f）图

【解】 设 $i=\dfrac{EI}{4}$, $\begin{cases} 7i\Delta_1-\dfrac{3}{2}i\Delta_2-30=0 \\[2mm] -\dfrac{3}{2}i\Delta_1+\dfrac{15}{16}i\Delta_2=0 \end{cases}$ $\begin{cases} \Delta_1=\dfrac{150}{23i} \\[2mm] \Delta_2=\dfrac{240}{23i} \end{cases}$

$M_{CA}=4i\Delta_1-\dfrac{3}{2}i\Delta_2=\dfrac{240}{23}\text{kN}\cdot\text{m}$, $M_{CD}=3i\Delta_1-30=-\dfrac{240}{23}\text{kN}\cdot\text{m}$

$M_{BD}=-\dfrac{3}{4}i\Delta_2=-\dfrac{180}{23}\text{kN}\cdot\text{m}$

(g)

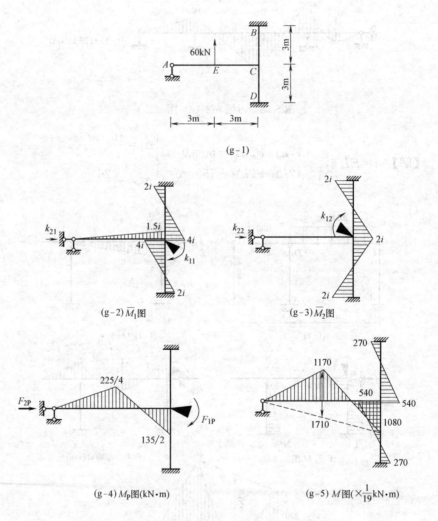

(g-1)

(g-2) $\overline{M}_1$图   (g-3) $\overline{M}_2$图

(g-4) M_P图(kN·m)   (g-5) M图($\times\dfrac{1}{19}$kN·m)

图 5-40 习题 5-2（g）图

【解】 设 $i=EI/3$, $k_{11}=9.5i$, $k_{12}=k_{21}=0$, $k_{22}=\dfrac{8i}{3}$, $F_{1P}=-\dfrac{135}{2}$, $F_{2P}=0$

$\Delta_1=\dfrac{135}{2\times9.5i}=\dfrac{135}{19i}$, $\Delta_2=0$

(h)

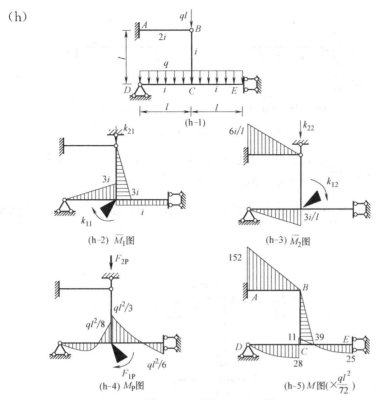

(h-1)

(h-2) $\overline{M}_1$图

(h-3) $\overline{M}_2$图

(h-4) M_P图

(h-5) M图($\times \dfrac{ql^2}{72}$)

图 5-41 习题 5-2 (h) 图

【解】$\begin{cases} 7i\Delta_1 - \dfrac{3i}{l}\Delta_2 - \dfrac{5ql^2}{24} = 0 \\[3mm] -\dfrac{3i}{l}\Delta_1 + \dfrac{9i}{l^2}\Delta_2 - \dfrac{21ql}{8} = 0 \end{cases} \qquad \begin{cases} \Delta_1 = \dfrac{13ql^2}{72i} \\[3mm] \Delta_2 = \dfrac{76ql^3}{72\times 3i} \end{cases}$

$$M_{CD} = 3i \times \frac{13ql^2}{72i} - \frac{3i}{l} \times \frac{76ql^3}{72\times 3i} + \frac{ql^2}{8} = -\frac{28}{72}ql^2, \quad M_{EC} = i \times \frac{13ql^2}{72i} + \frac{ql^2}{6} = \frac{25}{72}ql^2$$

5-3 试用位移法计算图 5-42~图 5-44 所示结构的内力图。

(a)

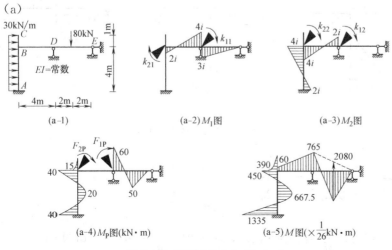

(a-1)

(a-2) M_1图

(a-3) M_2图

(a-4) M_P图(kN·m)

(a-5) M图($\times\dfrac{1}{26}$kN·m)

图 5-42 习题 5-3 (a) 图 (一)

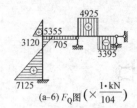

(a-6) F_Q图 $\left(\times \dfrac{1 \cdot kN}{104} \right)$

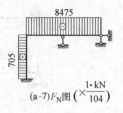

(a-7) F_N图 $\left(\times \dfrac{1 \cdot kN}{104} \right)$

图 5-42 习题 5-3 (a) 图 (二)

【解】 设 $i = \dfrac{EI}{4}$, $\begin{cases} 7i\Delta_1 + 2i\Delta_2 - 60 = 0 \\ 2i\Delta_1 + 8i\Delta_2 + 25 = 0 \end{cases}$ $\Delta_1 = \dfrac{265}{26i}$, $\Delta_2 = -\dfrac{295}{52i}$

$$M_{DB} = 4i \times \dfrac{265}{26i} - 2i \times \dfrac{295}{52i} = \dfrac{765}{26} kN \cdot m, \quad M_{BA} = -4i \times \dfrac{295}{52i} + 40 = \dfrac{225}{13} kN \cdot m$$

(b)

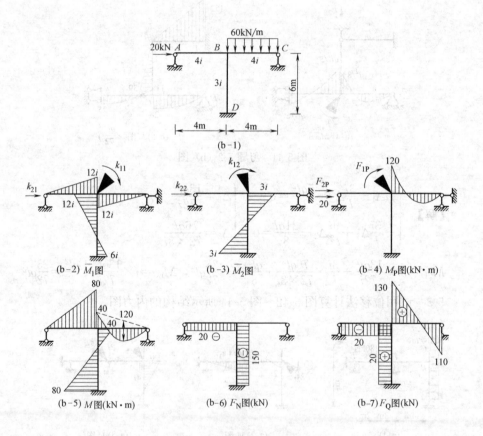

(b-1)

(b-2) $\overline{M}_1$图

(b-3) $\overline{M}_2$图

(b-4) M_P图(kN·m)

(b-5) M图(kN·m)

(b-6) F_N图(kN)

(b-7) F_Q图(kN)

图 5-43 习题 5-3 (b) 图

【解】 $\begin{cases} 36i\Delta_1 - 3i\Delta_2 - 120 = 0 \\ -3i\Delta_1 + i\Delta_2 - 20 = 0 \end{cases}$ $\begin{cases} \Delta_1 = \dfrac{20}{3i} \\ \Delta_2 = \dfrac{40}{i} \end{cases}$

$$M_{BA} = 12i \times \dfrac{20}{3i} = 80 kN \cdot m, \quad M_{BC} = 12i \times \dfrac{20}{3i} - 120 = -40 kN \cdot m$$

(c)

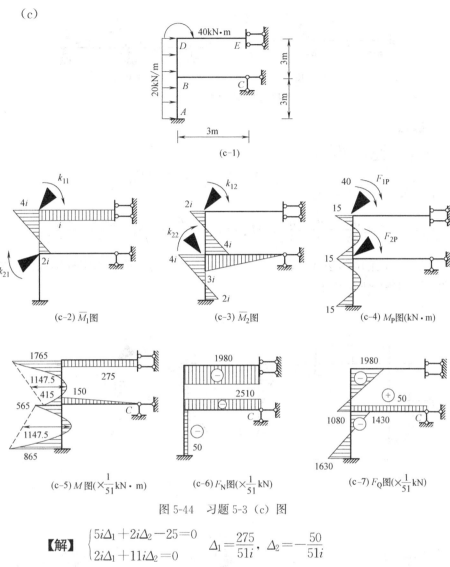

图 5-44 习题 5-3（c）图

【解】
$$\begin{cases} 5i\Delta_1 + 2i\Delta_2 - 25 = 0 \\ 2i\Delta_1 + 11i\Delta_2 = 0 \end{cases} \qquad \Delta_1 = \frac{275}{51i}, \quad \Delta_2 = -\frac{50}{51i}$$

$$M_{DB} = 4i \times \frac{275}{51i} - 2i \times \frac{50}{51i} + 15 = \frac{1765}{51} \text{kN} \cdot \text{m}, \quad M_{BC} = 3i\left(-\frac{50}{51i}\right) = -\frac{150}{51} \text{kN} \cdot \text{m}$$

5-4 试用位移法作图 5-45 所示有弹性支座的梁的弯矩图，$k = 3EI/l^3$。

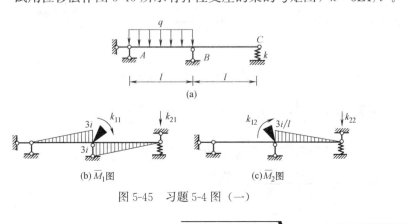

图 5-45 习题 5-4 图（一）

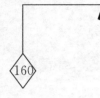

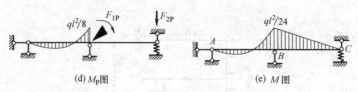

(d) M_P图　　　　　　(e) M图

图 5-45　习题 5-4 图（二）

【解】

$$\begin{cases} 6i\Delta_1 - \dfrac{3i}{l}\Delta_2 + \dfrac{ql^2}{8} = 0 \\[3mm] -\dfrac{3i}{l}\Delta_1 + \left(\dfrac{3i}{l^2} + k\right)\Delta_2 = 0 \end{cases} \qquad \Delta_1 = -\dfrac{ql^2}{36i}, \quad \Delta_2 = -\dfrac{ql^3}{72i}$$

$$M_{BA} = -3i \times \dfrac{ql^2}{36i} + \dfrac{ql^2}{8} = \dfrac{ql^2}{24}, \quad M_{BC} = 3i\left(-\dfrac{ql^2}{36i}\right) - \dfrac{3i}{l}\left(-\dfrac{ql^3}{72i}\right) = -\dfrac{ql^2}{24}$$

5-5　试用位移法计算图 5-46～图 5-47 所示具有剪力静定杆结构的弯矩图。已知各杆 EI 相同。

（a）

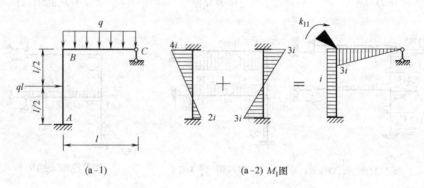

(a-1)　　　　　　　　　(a-2) M_1图

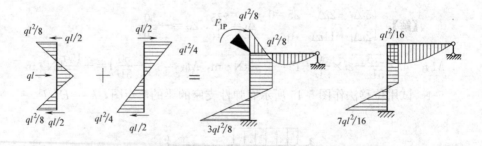

(a-3) M_P图　　　　　　　　　(a-4) M图

图 5-46　习题 5-5（a）图

【解】 设 $i = \dfrac{EI}{l}$, 　$4i\Delta_1 - \dfrac{ql^2}{4} = 0$, 　$\Delta_1 = \dfrac{ql^2}{16i}$

$$M_{BA} = i \times \dfrac{ql^2}{16i} - \dfrac{ql^2}{8} = -\dfrac{ql^2}{16}, \quad M_{BC} = 3i \times \dfrac{ql^2}{16i} - \dfrac{ql^2}{8} = \dfrac{ql^2}{16},$$

$$M_{AB} = -i \times \dfrac{ql^2}{16i} - \dfrac{3ql^2}{8} = -\dfrac{7ql^2}{16}$$

(b)

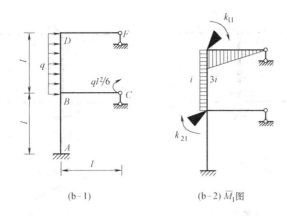

(b-1)　　　　　　　　　(b-2) $\overline{M}_1$图

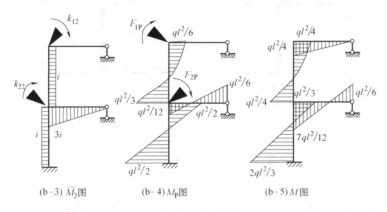

(b-3) $\overline{M}_2$图　　　(b-4) M_p图　　　(b-5) M图

图 5-47　习题 5-5 (b) 图

【解】　设 $i = \dfrac{EI}{l}$，$\begin{cases} 4i\Delta_1 - i\Delta_2 - \dfrac{ql^2}{6} = 0 \\[2mm] -i\Delta_1 + 5i\Delta_2 - \dfrac{3ql^2}{4} = 0 \end{cases}$　$\begin{cases} \Delta_1 = \dfrac{ql^2}{12i} \\[2mm] \Delta_2 = \dfrac{ql^2}{6i} \end{cases}$

$M_\text{DB} = i \times \dfrac{ql^2}{12i} - i \times \dfrac{ql^2}{6i} - \dfrac{ql^2}{6} = -\dfrac{ql^2}{4}$，$M_\text{BD} = -i \times \dfrac{ql^2}{12i} + i \times \dfrac{ql^2}{6i} - \dfrac{ql^2}{3} = -\dfrac{ql^2}{4}$

$M_\text{BA} = i \times \dfrac{ql^2}{6i} - \dfrac{ql^2}{2} = -\dfrac{ql^2}{3}$，$M_\text{BC} = 3i \times \dfrac{ql^2}{6i} + \dfrac{ql^2}{12} = \dfrac{7ql^2}{12}$

5-6　试用位移法作图 5-48～图 5-50 所示结构的弯矩图。

(a)

图 5-48　习题 5-6 (a) 图 (一)

(a-1)　　　　　　　　　(a-2)

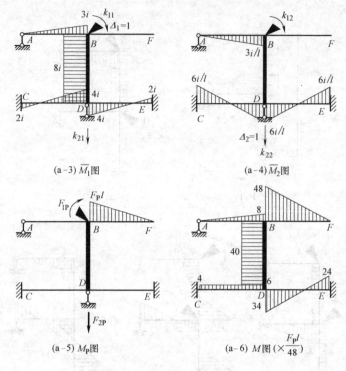

图 5-48 习题 5-6 (a) 图 (二)

【解】 设 $i = \dfrac{EI}{l}$，$\begin{cases} 11i\Delta_1 - \dfrac{3i}{l}\Delta_2 - F_\mathrm{P}l = 0 \\[2mm] -\dfrac{3i}{l}\Delta_1 + \dfrac{27i}{l^2}\Delta_2 - F_\mathrm{P} = 0 \end{cases}$ $\begin{cases} \Delta_1 = \dfrac{5F_\mathrm{P}l}{48i} \\[2mm] \Delta_2 = \dfrac{7F_\mathrm{P}l^2}{144i} \end{cases}$

$$M_{BA} = 3i\Delta_1 - \frac{3i}{l}\Delta_2 = \frac{8F_\mathrm{P}l}{48}, \quad M_{DC} = 4i\Delta_1 - \frac{6i}{l}\Delta_2 = \frac{6F_\mathrm{P}l}{48}$$

$$M_{CD} = 2i\Delta_1 - \frac{6i}{l}\Delta_2 = -\frac{4F_\mathrm{P}l}{48}, \quad M_{ED} = 2i\Delta_1 + \frac{6i}{l}\Delta_2 = \frac{24F_\mathrm{P}l}{48}$$

$$M_{DE} = 4i\Delta_1 + \frac{6i}{l}\Delta_2 = \frac{34F_\mathrm{P}l}{48}, \quad M_{DB} = -M_{DC} - M_{DE} = -\frac{40F_\mathrm{P}l}{48},$$

$$M_{BD} = -M_{BA} - M_{BF} = \frac{40F_\mathrm{P}l}{48}$$

从计算结果可以看出：BD 杆件上的弯矩为常数，这与该杆的剪力为零是吻合的。

(b)

图 5-49 习题 5-6 (b) 图 (一)

(b-2) 基本结构

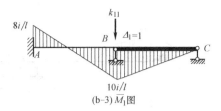

(b-3) $\overline{M}_1$图

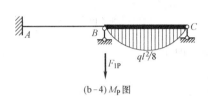

(b-4) M_P图

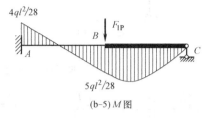

(b-5) M图

图 5-49 习题 5-6（b）图（二）

【解】 $\dfrac{28i}{l^2}\Delta_1 - \dfrac{ql}{2} = 0$，$\Delta_1 = \dfrac{ql^3}{56i}$

$M_{AB} = \dfrac{8i}{l}\Delta_1 = \dfrac{4ql^2}{28}$，$M_{BA} = \dfrac{10i}{l}\Delta_1 = -\dfrac{5ql^2}{28}$

(c)

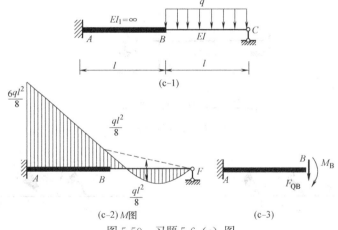

(c-1)

(c-2) M图   (c-3)

图 5-50 习题 5-6（c）图

【解】 $F_{QBC} = \dfrac{5ql}{8}$

5-7 试用位移法作图 5-51～图 5-53 所示结构的弯矩图。

(a)

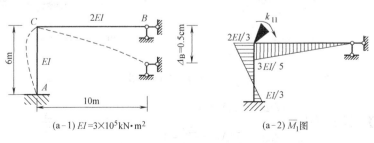

(a-1) $EI = 3 \times 10^5 \, \text{kN·m}^2$ (a-2) $\overline{M}_1$图

图 5-51 习题 5-7（a）图（一）

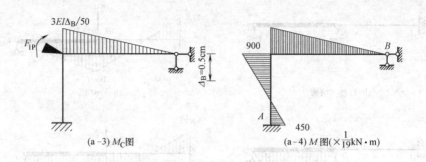

(a-3) M_C图　　　　　　　　　　(a-4) M 图($\times\frac{1}{19}$kN·m)

图 5-51 习题 5-7（a）图（二）

【解】 $\dfrac{19}{15}EI\Delta_1-\dfrac{3EI\Delta_B}{50}=0$, $\Delta_1=\dfrac{45\Delta_B}{50\times19}$

$$M_{CA}=\dfrac{2EI}{3}\cdot\dfrac{45\Delta_B}{50\times19}=\dfrac{900}{19}\text{kN·m}$$

$$M_{CB}=\dfrac{3EI\Delta_1}{5}-\dfrac{3EI\Delta_B}{50}=\dfrac{810}{19}-\dfrac{90\times19}{19}=-\dfrac{900}{19}\text{kN·m}$$

(b)

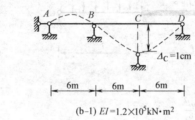

(b-1) $EI=1.2\times10^5$kN·m^2

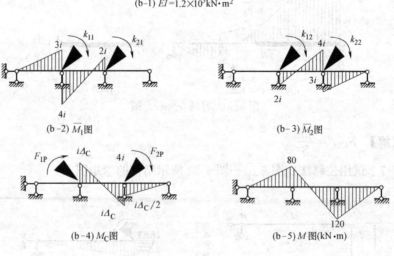

(b-2) $\overline{M}_1$图　　　　　　　　　　(b-3) $\overline{M}_2$图

(b-4) M_C图　　　　　　　　　　(b-5) M 图(kN·m)

图 5-52 习题 5-7（b）图

【解】 设 $i=\dfrac{EI}{6}$, $\begin{cases}7i\Delta_1+2i\Delta_2-i\Delta_C=0\\[2mm]2i\Delta_1+7i\Delta_2-\dfrac{i\Delta_C}{2}=0\end{cases}$ $\Delta_1=\dfrac{2\Delta_C}{15}$, $\Delta_2=\dfrac{\Delta_C}{30}$

$$M_{BA} = 3i \cdot \frac{2\Delta_C}{15} = 0.4i\Delta_C = 80\text{kN} \cdot \text{m}$$

$$M_{BC} = 4i \cdot \frac{2\Delta_C}{15} + 2i \cdot \frac{\Delta_C}{30} - i\Delta_C = -0.4i\Delta_C = -80\text{kN} \cdot \text{m}$$

$$M_{CB} = 2i \cdot \frac{2\Delta_C}{15} + 4i \cdot \frac{\Delta_C}{30} - i\Delta_C = -0.6i\Delta_C = -120\text{kN} \cdot \text{m}$$

$$M_{CD} = 3i \cdot \frac{\Delta_C}{30} + \frac{i\Delta_C}{2} = 0.6i\Delta_C = 120\text{kN} \cdot \text{m}$$

(c)

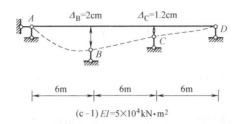

(c-1) $EI = 5 \times 10^4 \text{kN} \cdot \text{m}^2$

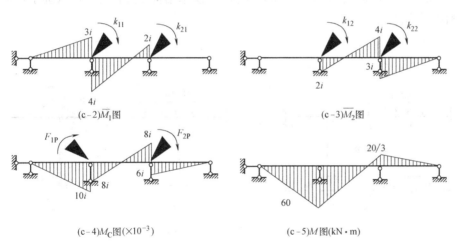

(c-2)$\overline{M}_1$图　　　　　　　　　(c-3)$\overline{M}_2$图

(c-4)M_C图($\times 10^{-3}$)　　　　　(c-5)M图(kN·m)

图 5-53　习题 5-7（c）图

【解】　设 $i = \dfrac{EI}{6}$，$\begin{cases} 7i\Delta_1 + 2i\Delta_2 - 2i \times 10^{-3} = 0 \\ 2i\Delta_1 + 7i\Delta_2 + 14i \times 10^{-3} = 0 \end{cases}$　$\begin{cases} \Delta_1 = \dfrac{14}{15} \times 10^{-3} \\ \Delta_2 = -\dfrac{34}{15} \times 10^{-3} \end{cases}$

$$M_{BA} = 3i \cdot \frac{14}{15} \times 10^{-3} - 10i \times 10^{-3} = -\frac{36}{5}i \times 10^{-3}$$

$$M_{BC} = 4i \cdot \frac{14}{15} \times 10^{-3} - 2i \cdot \frac{34}{15} \times 10^{-3} + 8i \times 10^{-3} = \frac{36}{5}i \times 10^{-3}$$

$$M_{CB} = 2i \cdot \frac{14}{15} \times 10^{-3} - 4i \cdot \frac{34}{15} \times 10^{-3} + 8i \times 10^{-3} = \frac{4}{5}i \times 10^{-3}$$

$$M_{CD} = -3i \cdot \frac{34}{15} \times 10^{-3} + 6i \times 10^{-3} = -\frac{4}{5}i \times 10^{-3}$$

5-8 图 5-54 所示等截面正方形刚架，内部温度升高$+t℃$，杆截面高度h，温度膨胀系数为α，求作M图。

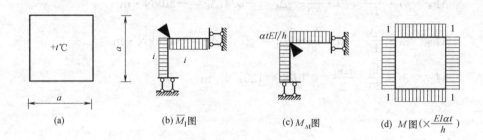

(a)　　　　(b) $\overline{M}_1$图　　　　(c) $M_{\Delta t}$图　　　　(d) M图$(\times \dfrac{EI\alpha t}{h})$

图 5-54 习题 5-8 图

【解】

设 $i=EI/0.5a$，$M_{t0}=0$

$2i\Delta_1+0=0$，$\Delta_1=0$

5-9 试用位移法计算图 5-55～图 5-57 所示结构，并作弯矩图（提示：可利用对称性）。

(a)

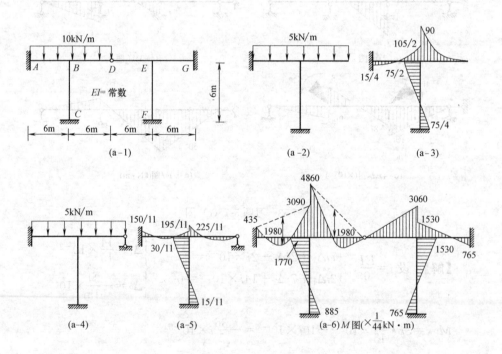

(a-1)　　　　(a-2)　　　　(a-3)

(a-4)　　　　(a-5)　　　　(a-6) M图$(\times \dfrac{1}{44}$kN·m$)$

图 5-55 习题 5-9（a）图

【解】

正对称：$8i\Delta_1-75=0$，$\Delta_1=\dfrac{75}{8i}$；　反对称：$11i\Delta_1-7.5=0$，$\Delta_1=\dfrac{15}{22i}$

(b)

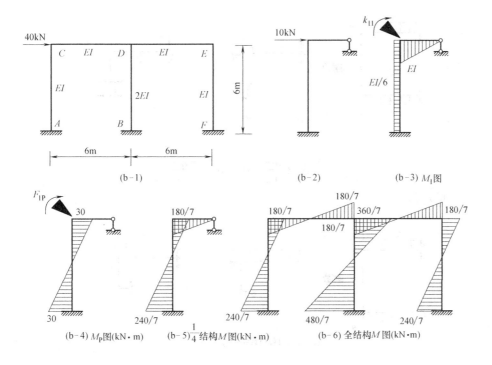

(b-1)　　　　　　　(b-2)　　　　(b-3) M_1图

(b-4) M_p图(kN·m)　(b-5)$\frac{1}{4}$结构M图(kN·m)　(b-6) 全结构M图(kN·m)

图 5-56　习题 5-9（b）图

【解】　$\dfrac{7EI}{6}\Delta_1 - 30 = 0$，$\Delta_1 = \dfrac{180}{7EI}$

(c)

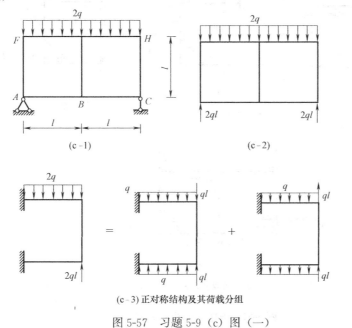

(c-1)　　　　　　　　(c-2)

(c-3) 正对称结构及其荷载分组

图 5-57　习题 5-9（c）图（一）

正对称：

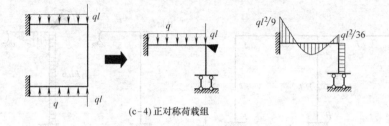

(c-4) 正对称荷载组

$$6i\Delta_1 + \frac{ql^2}{12} = 0, \quad \Delta_1 = \frac{-ql^2}{72i}$$

反对称：

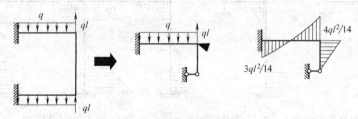

(c-5) 反对称荷载组

$$7i\Delta_1 + \frac{ql^2}{3} = 0, \quad \Delta_1 = \frac{-ql^2}{21i}$$

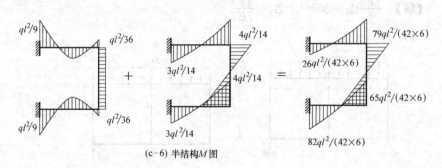

(c-6) 半结构 M 图

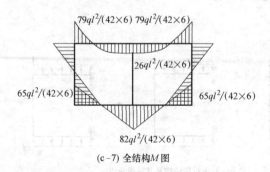

(c-7) 全结构 M 图

图 5-57 习题 5-9 图 (c) 图 (二)

5-10 作图 5-58～图 5-59 所示刚架的内力图。

（a）

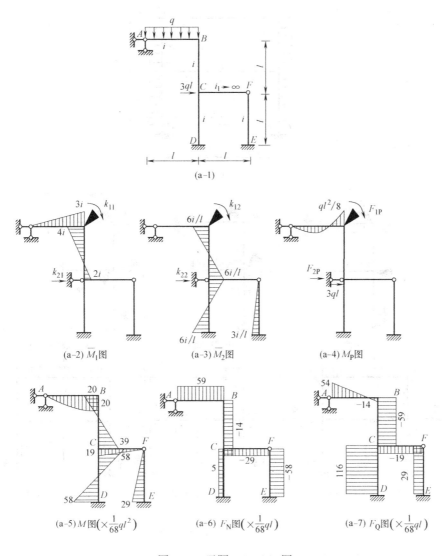

图 5-58 习题 5-10（a）图

【解】
$$\begin{cases} 7i\Delta_1 + \dfrac{6i}{l}\Delta_2 + \dfrac{ql^2}{8} = 0 \\ \dfrac{6i}{l}\Delta_1 + \dfrac{27i}{l^2}\Delta_2 - 3ql = 0 \end{cases} \quad \begin{cases} \Delta_1 = \dfrac{-19ql^2}{8\times17i} \\ \Delta_2 = \dfrac{29ql^3}{12\times17i} \end{cases}$$

$$M_{BA} = -3i \cdot \frac{19ql^2}{8\times17i} + \frac{ql^2}{8} = \frac{-20}{68}ql^2, \quad M_{BC} = -4i \cdot \frac{19ql^2}{8\times17i} + 6i \cdot \frac{29ql^3}{12\times17i} = \frac{20}{68}ql^2$$

$$M_{CB} = -2i \cdot \frac{19ql^2}{8\times17i} + 6i \cdot \frac{29ql^3}{12\times17i} = \frac{39}{68}ql^2, \quad M_{CD} = -6i \cdot \frac{29ql^3}{12\times17i} = -\frac{58}{68}ql^2$$

(b)

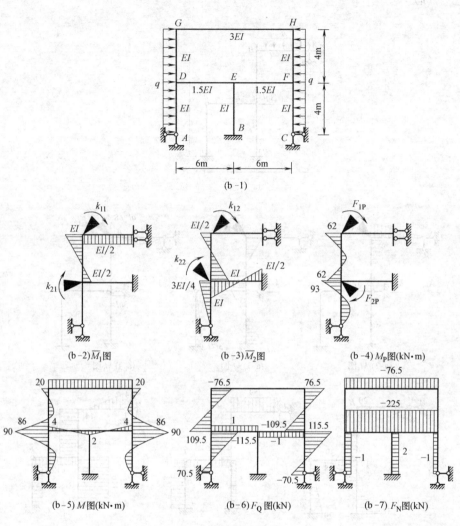

图 5-59 习题 5-10 (b) 图

【解】
$$\begin{cases} \dfrac{3EI}{2}\Delta_1 + \dfrac{EI}{2}\Delta_2 + 62 = 0 \\ \dfrac{EI}{2}\Delta_1 + \dfrac{11}{4}EI\Delta_2 + 31 = 0 \end{cases} \qquad \begin{cases} \Delta_1 = -\dfrac{40}{EI} \\ \Delta_2 = -\dfrac{4}{EI} \end{cases}$$

$$M_{GH} = -\frac{EI}{2} \cdot \frac{40}{EI} = -20\text{kN} \cdot \text{m}, \quad M_{GD} = -EI \cdot \frac{40}{EI} - \frac{EI}{2} \cdot \frac{4}{EI} + 62 = 20\text{kN} \cdot \text{m}$$

$$M_{DG} = -\frac{EI}{2} \cdot \frac{40}{EI} - EI \cdot \frac{4}{EI} - 62 = -86\text{kN} \cdot \text{m}, \quad M_{DA} = -\frac{3EI}{4} \cdot \frac{4}{EI} + 93 = 90\text{kN} \cdot \text{m}$$

第6章
弯矩分配法

6.1 学习目的

学习本章的目的有 2 个：

（1）熟练掌握转动刚度、分配系数、传递系数和固端弯矩等概念，并熟练准确地计算分配系数和固端弯矩。

（2）熟练掌握多节点弯矩分配法的计算过程及每一次分配的物理意义，理解分配时逐次逼近精确解的过程。

6.2 基本内容总结和学习建议

6.2.1 主要概念

（1）转动刚度：与远端约束有关，特别注意远端约束的不同表现形式。

（2）分配系数：围绕一个节点所有杆分配系数之和等于 1。

6.2.2 学习建议

（1）在多节点的题目中，最后一次分配的力矩可以向支座传递，这使得支座的弯矩更接近于精确解。但是，建议读者不要将分配的力矩向其他节点传递。因为，这样会在接受弯矩的节点上产生新的不平衡力矩（给人一种节点不平衡的感觉），在形式上不好看。

（2）图 6-1 所示的例题是一道综合性很强的例题，包括了节点集中力偶、静定的悬臂端等知识点，建议读者将这道例题认真地做几遍，一定会有很大的收获。

6.3 附加例题

【附加例题 6-1】 图 6-2 所示各结构中，除特殊注明者外，各杆件 $EI =$ 常数。判断能否直接用弯矩分配法计算。

【解】 （a）如图 6-2（a）所示，横梁左端固定端约束限制其水平线位移，2 个刚节点各只有 1 个角位移，无线位移，可以用弯矩分配法求解。

（b）如图 6-2（b）所示，左侧斜杆限制横梁水平线位移，2 个刚节点各只有 1 个角位移，无线位移，可以用弯矩分配法求解。

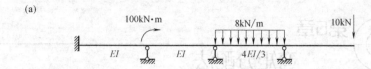

(a)

分配系数		0.5	0.5		0.5	0.5			
固端弯矩		(−100)			−100		−100		
					50	100			
分传与传递		50	50		25				
			6.3		12.5		12.5		
		−3.1	−3.1		−1.6				
					0.8		0.8		
最终弯矩		23.4	46.9		53.2	36.7	−36.7	100	−100

(b)

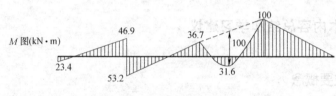

M 图(kN·m)

图 6-1 弯矩分配法举例

(c) 如图 6-2（c）所示，左侧约束为竖向支杆，不限制横梁水平线位移，2 个刚节点各有 1 个角位移和相同的 1 个线位移，不可以用弯矩分配法求解。

(d) 如图 6-2（d）所示，左侧立柱为刚性杆，其下端又为固定端，故该立柱既无弯曲变形，也没有位移，限制了横梁水平线位移，2 个刚节点各只有 1 个角位移，无线位移，可以用弯矩分配法求解。

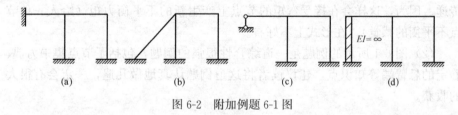

图 6-2 附加例题 6-1 图

【附加例题 6-2】 图 6-3（a）所示结构中，除特殊注明外，各杆件 $EI=$ 常数。用弯矩分配法计算并作出弯矩图。

【解】 BC 段刚性杆，无变形，B、C 处又有支杆限制其位移，故 B、C 处相当于固定端。取 CE 段梁用弯矩分配法计算（图 6-3b）。AB 段梁弯矩图可直接由载常数确定，而 BC 段的杆端弯矩可由节点力矩平衡条件求出。最终可得全结构 M 图如图 6-3（c）所示。

【附加例题 6-3】 图 6-4（a）所示结构中，支座 B 下沉 Δ_B。用弯矩分配法计算并作出其弯矩图。

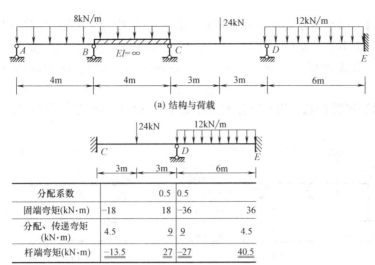

(a) 结构与荷载

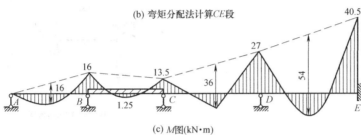

分配系数		0.5	0.5	
固端弯矩(kN·m)	−18	18	−36	36
分配、传递弯矩 (kN·m)	4.5	9	9	4.5
杆端弯矩(kN·m)	−13.5	27	−27	40.5

(b) 弯矩分配法计算CE段

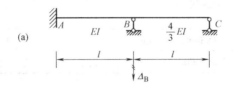

(c) M图(kN·m)

图 6-3　附加例题 6-2 图

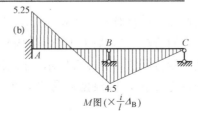

(a)

分配系数		0.5	0.5	
固端弯矩(kN·m)	$-\dfrac{6i}{l}\Delta_B$	$-\dfrac{6i}{l}\Delta_B$	$\dfrac{3i}{l}\Delta_B$	0
分配、传递弯矩 (kN·m)	$\dfrac{3i}{4l}\Delta_B$	$\dfrac{3i}{2l}\Delta_B$	$\dfrac{3i}{2l}\Delta_B$	0
杆端弯矩(kN·m)	$-\dfrac{21i}{4l}\Delta_B$	$-\dfrac{9i}{2l}\Delta_B$	$\dfrac{9i}{2l}\Delta_B$	0

(b)

M图$(\times \dfrac{i}{l}\Delta_B)$

图 6-4　附加例题 6-3 图

【解】 用弯矩分配法计算支座位移问题，与荷载作用下的问题相比，只是固端弯矩不是由荷载引起的，而是由于支座位移引起的，其数值可由形常数求出。具体计算过程见图 6-4（a）。最终可得全结构 M 图如图 6-4（b）所示。

【附加例题 6-4】 用弯矩分配法作图 6-5（a）所示刚架的弯矩图。

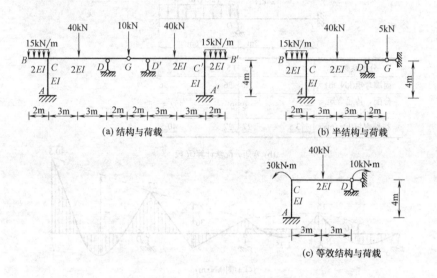

(a) 结构与荷载

(b) 半结构与荷载

(c) 等效结构与荷载

分配系数			0.5	0.5	
固端弯矩(kN·m)				30	
				−45	
				5	10
分配弯矩与传递弯矩(kN·m)	2.5		5	5	0
杆端弯矩(kN·m)		2.5	5	−35	10

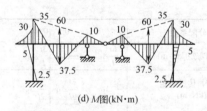

(d) M图(kN·m)

图 6-5 附加例题 6-4 图

【解】 结构对称且荷载对称（图 6-5a），故取半结构（图 6-5b）计算，进一步简化静定杆件的荷载、半结构的等效结构与荷载如图 6-5（c）。对图 6-5（c）的节点 C 用弯矩分配法计算如表所示，由表中杆端弯矩画出等效结构 M 图，补充静定杆件弯矩图，再根据对称性，可得全结构 M 图如图 6-5（d）所示。

【附加例题 6-5】 用弯矩分配法作图 6-6（a）所示连续梁的弯矩图。

(a)

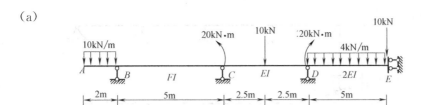

【解】

分配系数		0.429	0.571	0.667	0.333	
固端弯矩			20.00		−20.00	
		−20.00 −10.00	−6.25	6.25	−25.00 −25.00 −33.33 −16.67	
分配与传递 D 节点第一次			24.03	48.05	24.03 −24.03	
C 节点第一次		−11.91	−15.87	−7.94		
D 节点第二次			2.65	5.29	2.65 −2.65	
C 节点第二次		−1.14	−1.55	−0.76		
D 节点第三次			0.25	0.51	0.25 −0.25	
C 节点第三次		−0.11	−0.14	−0.07		
D 节点第四次			0.02	0.05	0.02 −0.02	
C 节点第四次		−0.01	−0.01			
最终弯矩		−20.00 −23.17	3.17	51.38	−31.38 −68.63	

注：表中弯矩的单位为 kN·m。

(b)

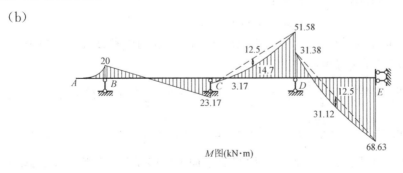

图 6-6 附加例题 6.5 图

【附加例题 6-6】 图 6-7（a）所示刚架，$EI=3×10^4$ kN·m²，热膨胀系数 $α=0.00001$，支座 A 下沉 $a=0.004$m，顺时针旋转 $θ=0.002$rad，横梁 DF 段上侧温度升高 50℃，横梁横截面高 $h=0.5$m。用弯矩分配法作刚架的弯矩图（两轮循环）。

(a)

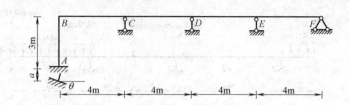

节　点	A	B		C		D		E	
杆　端	AB	BA	BC	CB	CD	DC	DE	ED	EF
分配系数		0.571	0.429	0.500	0.500	0.500	0.500	0.571	0.429
固端弯矩	120.0	80.0	45.0	45.0	0	0	30.0	−30.0	45.0
分配传递 第一循环	−35.7	−71.4	−53.6	−26.8	−7.5	−15.0	−15.0	−7.5	
		−2.7	−5.3	−5.4	−2.7	−1.9		−3.8	−3.7
第二循环	0.8	1.5	1.2	0.6	1.2	2.3	2.3	1.2	
				−0.9	−0.9			−0.7	−0.5
最终弯矩	85.1	10.1	−10.1	12.6	−12.6	−15.4	15.4	−40.8	40.8

注：表中弯矩的单位为 kN·m。

(b)

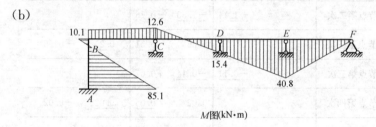

M 图(kN·m)

图 6-7　附加例题 6-6 图

【解】 横梁 DF 段上侧温度升高 $50℃$，则轴线温度升高 $25℃$，引起 B 点向左位移和 AB 段相对侧移：

$$\Delta_{BA}=0.00001\times25\times8=0.002\text{m}$$

支座 A 顺时针旋转 $\theta=0.002\text{rad}$ 和 AB 段相对侧移 $\Delta_{BA}=0.002\text{m}$，引起 AB 段广义固端弯矩：

$$M_{AB}^{F}=\frac{4EI}{l}\theta+\frac{6EI}{l^2}\Delta_{AB}=\frac{3\times10^4}{3}\left(4\times0.002+\frac{6}{3}\times0.002\right)=120\text{kN}\cdot\text{m}$$

$$M_{BA}^{F}=\frac{2EI}{l}\theta+\frac{6EI}{l^2}\Delta_{AB}=\frac{3\times10^4}{3}\left(2\times0.002+\frac{6}{3}\times0.002\right)=80\text{kN}\cdot\text{m}$$

支座 A 下沉 $a=0.004\text{m}$，引起 B 点向下位移和 BC 段相对侧移 $\Delta_{BC}=a=0.004\text{m}$，引起 BC 段广义固端弯矩：

$$M_{BC}^{F}=M_{CB}^{F}=\frac{6EI}{l^2}\Delta_{AC}=\frac{3\times10^4}{4}\times\frac{6}{4}\times0.004=45\text{kN}\cdot\text{m}$$

横梁 DF 段上侧温度升高 $50℃$，引起 DE、EF 段广义固端弯矩：

$$M_{DE}^{F}=-M_{ED}^{F}=\frac{EI\alpha}{h}\Delta t=\frac{3\times10^4}{0.5}\times0.00001\times50=30\text{kN}\cdot\text{m}$$

$$M_{EF}^F = \frac{1.5EI\alpha}{h}\Delta t = 1.5 \times \frac{3 \times 10^4}{0.5} \times 0.00001 \times 50 = 45 \text{kN} \cdot \text{m}$$

将分配系数和广义固端弯矩填入图 6-7 表中，并作分配与传递，4 个内部节点可分为奇偶两批，B、D 为一批，C、E 为另一批，依次放松分配传递。因 B 点不平衡弯矩最大，B、D 批先放松分配传递（无论内部节点多少，都只需分为奇偶两批，哪批先放松分配传递对结果影响不大）。按题目要求作两轮循环，不再向相邻内部节点传递。叠加固端弯矩、分配弯矩、传递弯矩得到最终杆端弯矩（因循环轮数较少，结果会有误差，但节点平衡）。画出最终弯矩图如图 6-7（b）所示。

6.4 自测题及答案

自测题 （A）

一、是非题（将判断结果填入括号：以○表示正确，以×表示错误，每小题 4 分）

1. 图 6-8 所示结构中，A 端的转动刚度 $4i > S_{AB} > 3i$。（　　　）

图 6-8

2. 等直杆 AB 的传递系数 C_{AB} 与 B 端的支承条件及杆件刚度有关。（　　　）

二、选择题（将选中答案的字母填入括号内，每小题 5 分）

1. 弯矩分配法计算中，当放松某个节点时，其余节点所处的状态为（　　　）。

　A. 全部放松　　　　　C. 与其相邻的节点放松

　B. 必须全部锁紧　　　D. 与其相邻的节点锁紧

2. 图 6-9 所示结构用弯矩分配法计算时，分配系数 μ_{A4} 为（　　　）。

　A. 1/4

　B. 4/7

　C. 1/2

　D. 6/11

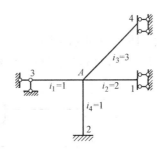

图 6-9

3. 图 6-10 所示各结构中，哪一种情况不能直接用弯矩分配法计算（　　）。

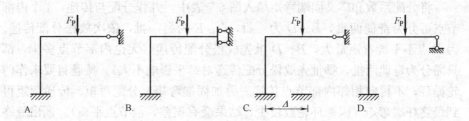

图 6-10

三、填充题（将答案写在空格内，每小题 6 分）

1. 转动刚度 S_{AB} 的物理意义是＿＿＿＿＿＿＿时所需施加的力矩，它与＿＿＿＿＿＿＿和＿＿＿＿＿＿＿有关。

2. 图 6-11 所示刚架，节点 A 的不平衡力矩 $M_A =$ ＿＿＿＿＿。

图 6-11　　　　　　　　　　　　　　　图 6-12

四、用弯矩分配法作图 6-12 所示结构 M 图，$EI =$ 常数。（20 分）

五、用弯矩分配法作图 6-13 所示对称结构 M 图，$EI =$ 常数。（25 分）

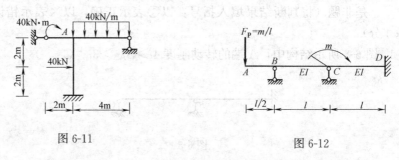

图 6-13

六、图 6-14 所示结构，$l = 4$m，$EI =$ 常数，试用弯矩分配法计算，作 M 图（循环二次，小数点后取二位数）。（20 分）

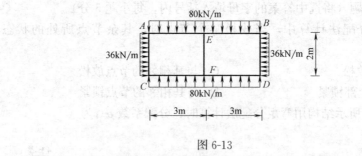

图 6-14

自测题 （B）

一、是非题（将判断结果填入括号内：以〇表示正确，以×表示错误，每小题 4 分）

1. 单节点结构的弯矩分配法计算结果是精确的。（　　）

2. 用弯矩分配法计算图 6-15 所示结构时，杆端 AC 的分配系数 $\mu_{AC}=18/29$。（　　）

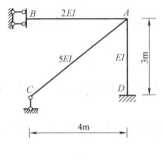

图 6-15　　　　　　　　　　图 6-16

二、选择题（将选中答案的字母填入括号内，每小题 5 分）

1. 在弯矩分配法中，分配系数 μ_{AB} 表示（　　）。

A. 节点 A 有单位转角时，在 AB 杆 A 端产生的力矩

B. 节点 A 转动时，在 AB 杆 A 端产生的力矩

C. 节点 A 上作用单位外力偶时，在 AB 杆 A 端产生的力矩

D. 节点 A 上作用外力偶时，在 AB 杆 A 端产生的力矩

2. 图 6-16 所示结构，节点 A 连接的三个杆端具有相同的弯矩分配系数，则三杆的 $I_1 : I_2 : I_3$ 为（　　）。

A. $6:3:2$　　B. $1:1:1$　　C. $12:3:4$　　D. $1:2:3$

3. 用弯矩分配法计算图 6-17 所示刚架时，节点 A 的不平衡力矩为（　　）。

A. 160kN・m　　B. −160kN・m　　C. 240kN・m　　D. −240kN・m

三、填充题（将答案写在空格内，各小题分别为 4 分、6 分、5 分）

1. 结构及荷载如图 6-18 所示，其荷载 $M=ql^2/4$ 时，$q_1=-q$，则固定端处弯矩大小为＿＿＿＿。

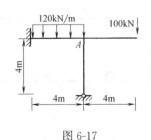　　　　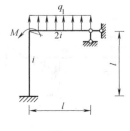

图 6-17　　　　　　　　　　图 6-18

2. 传递系数 C 表示当杆件近端有转角时＿＿＿＿与＿＿＿＿的比值，它与远端的＿＿＿＿有关。

3. 已知图 6-19 所示结构弯矩分配系数，则杆端弯矩 M_{A1} 为＿＿＿＿＿＿。

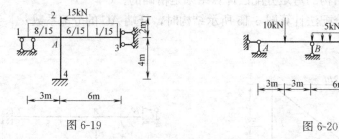

图 6-19

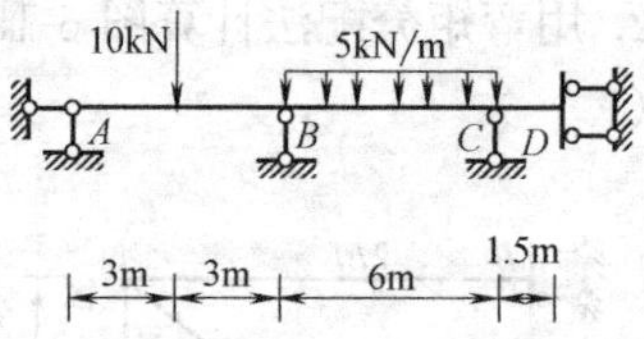

图 6-20

四、求作图 6-20 所示结构的 M 图。已知分配系数 $\mu_{BA}=0.429$，$\mu_{BC}=0.571$，$\mu_{CB}=\mu_{CD}=0.50$（计算二轮）。（20 分）

五、用弯矩分配法计算图 6-21 所示结构，并作 M 图，$EI=$ 常数。（22 分）

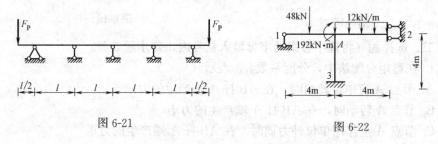

图 6-21

图 6-22

六、已知图 6-22 所示结构的弯矩分配系数为 $\mu_{A1}=1/2$，$\mu_{A2}=1/6$，$\mu_{A3}=1/3$，试作 M 图。（20 分）

自测题 （A） 参考答案

一、1. ○ 2. ×   二、1. D 2. B 3. D

三、1. A 端产生单位转角，杆件线刚度，远端约束

2. $-100\text{kN} \cdot \text{m}$

四、如图 6-23 所示。

五、如图 6-24 所示。

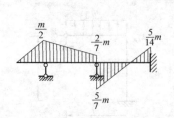

图 6-23　M 图

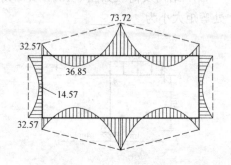

图 6-24　M 图（kN·m）

六、如图 6-25 所示。

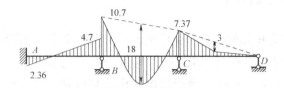

图 6-25　M（kN·m）

自测题（B）参考答案

一、1. ○　2. ○　　　　二、1. C　2. A　3. D

三、1. $ql^2/40$　2. 远端弯矩，近端弯矩，约束　3. -16kN·m

四、如图 6-26 所示。

杆　端	AB	BC	BC	CD	CD	DC
分配系数		0.429	0.571	0.5	0.5	
固端弯矩		11.25	-15	15		
分配与传递 第一轮			-3.75	-7.5	-7.5	7.5
		3.218	4.282	2.141		
第二轮			-0.536	-1.071	-1.071	1.071
		0.23	0.277			
最终弯矩	0	14.7	-14.7	8.571	-8.571	8.571

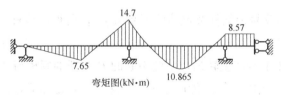

图 6-26

五、如图 6-27 所示。

六、如图 6-28 所示。

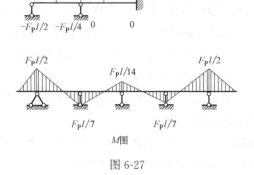

图 6-27

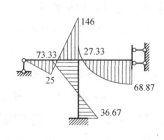

图 6-28　M图（kN·m）

6.5　主教材思考题答案

6-1　不平衡力矩如何计算？为什么不平衡力矩要反号分配？

答：未分配时的不平衡力矩可按位移法全部锁定节点，由载常数确定固定端弯矩，求交汇节点各杆端固端弯矩的代数和得到。多节点分配的传递过程中，因为每次分配只放松一个节点，其他均是锁定的，因此一轮分配后的不平衡力矩是节点传递弯矩的代数和。在第一轮分配过程中，则是以固端弯矩、传递弯矩的代数和来计算。

因为弯矩分配法是位移法的一种特例，单节点弯矩分配是由位移法导出的。位移法中 $F_{1P}=\sum M_{ij}^{F}$，$k_{11}\Delta_1+F_{1P}=0$，分配时因为 F_{1P} 移项出现"—"号，不平衡力矩要反号分配。

6-2　何谓转动刚度、分配系数、分配弯矩、传递系数、传递力矩？它们如何确定或计算？

答：当 AB 杆仅发生 A 端单位转角时 A 端所需施加的力矩称为 AB 杆 A 端的转动刚度，记为 S_{AB}。

以汇交于节点 i 的各杆转动刚度之和为分母、某杆位于 i 端的转动刚度为分子的分数即为分配系数，记为

$$\mu_{ij}=\frac{S_{ij}}{\sum\limits_{j}S_{ij}}$$

不平衡力矩反号乘某杆节点的分配系数 μ_{ij}，所得的该杆端弯矩称为分配力矩（弯矩）M'_{ij}。

当 AB 杆仅 A 端产生转角，由此引起的 B 端杆端弯矩与 A 端杆端弯矩的比值，称为 AB 杆由 A 向 B 传递弯矩的传递系数，记作 C_{AB}。

分配弯矩 M'_{ij} 乘以传递系数 C_{ij} 得到传递到远端的杆端弯矩，称为传递力矩（弯矩）M'_{ji}。

6-3　为什么弯矩分配法随分配、传递的轮数增加会趋于收敛？

答：是否收敛看随轮数增加的新的不平衡力矩是否越来越小。由于分配系数恒小于 1，故分配弯矩小于不平衡力矩。又由于传递系数小于 1（定向支座时为 —1，但定向支座处不会反传回来传递弯矩），因此传递弯矩小于分配弯矩，又由于不平衡力矩（非第一轮）传递的是弯矩代数和，因此不平衡力矩随计算轮数增加迅速减小，由此可知弯矩分配法是收敛的。

6-4　弯矩分配法的求解前提是无节点线位移，为什么连梁支座有已知位移、节点有线位移时，仍然能用弯矩分配法求解？

答：与位移法一样，已知支座线位移是一种"荷载"，将其转为"固端弯矩"后，节点处没有未知线位移，因此仍能单独使用弯矩分配法。

6.6　主教材习题详细解答

6-1　试用弯矩分配法计算图 6-29（a）所示连续梁，并作 M 图。

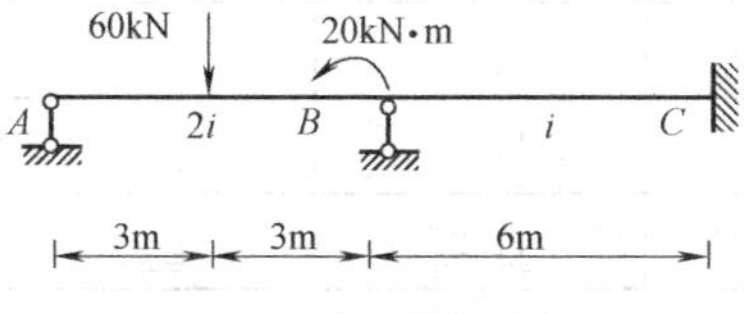

(a) 习题6-1图

【解】

分配系数		0.6	0.4	
固端弯矩 (kN·m)	0	67.5	[20] 0	0
分配 、传递	0	−52.5	−35	−17.5
最终弯矩 (kN·m)	0	15	−35	−17.5

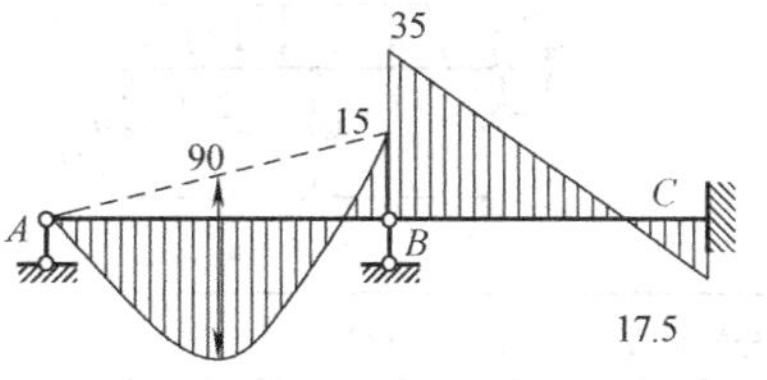

(b) M图(kN·m)

图 6-29　习题 6-1

6-2　试用弯矩分配法计算图 6-30（a）所示无侧移刚架，并作 M 图。

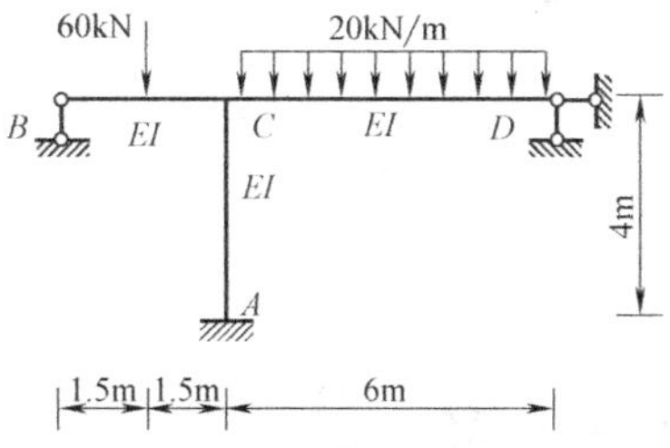

(a) 习题6-2图

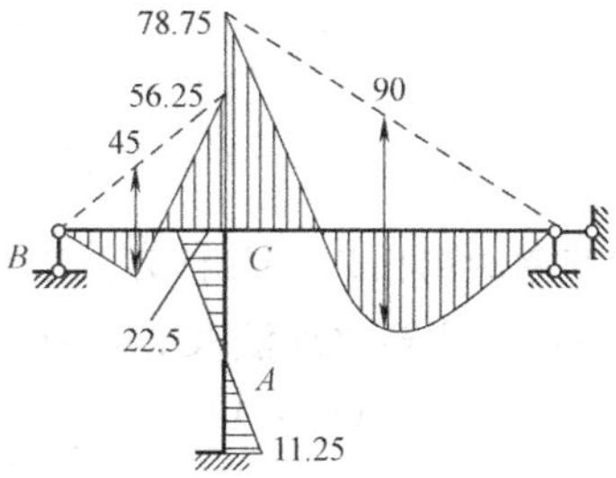

(b) M图(kN·m)

图 6-30

【解】

节 点	A		C	
杆 端	AC	CA	CB	CD
分配系数		0.4	0.4	0.2
固端弯矩(kN·m)			33.75	−90
分配、传递	11.25	<u>22.5</u>	<u>22.5</u>	<u>11.25</u>
最终弯矩(kN·m)	<u>11.25</u>	<u>22.5</u>	<u>56.25</u>	<u>−78.75</u>

6-3 用弯矩分配法计算图 6-31 所示结构，并作 M 图。

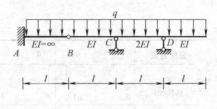

图 6-31 习题 6-3 图

【解】 如图 6-32，先简化结构，再对简化后的结构进行计算。

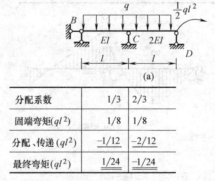

(a)

分配系数	1/3	2/3
固端弯矩(ql^2)	1/8	1/8
分配、传递(ql^2)	<u>−1/12</u>	−2/12
最终弯矩(ql^2)	<u>1/24</u>	<u>−1/24</u>

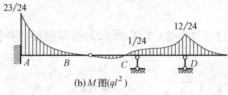

(b) M 图(ql^2)

图 6-32

A 端的弯矩可由以下两种方法求解：

方法 1：由弯矩叠加法及 $M_B=0$，得

$$\frac{M_A+M_C}{2}-\frac{1}{8}q(2l)^2=0, \quad M_A=\frac{23}{24}ql^2$$

方法 2：由 BC 的杆端弯矩和荷载求出 $F_{QBC}=11ql/24$，A 端弯矩由线荷载及 B 处集中力叠加可得。

6-4 已知图 6-33（a）所示结构的弯矩分配系数 $\mu_{A1}=8/13$，$\mu_{A2}=2/13$，

$\mu_{A3} = 3/13$，作 M 图。

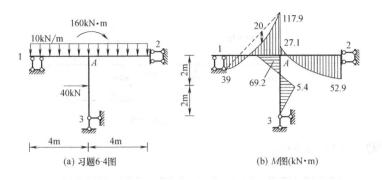

(a) 习题6-4图   (b) M图(kN·m)

图 6-33　习题 6-4

【解】

节点	1	A			2
杆端	1A	A1	A3	A2	2A
分配系数		8/13	3/13	2/13	
固端弯矩(kN·m)			−160		
	−13.3	13.3	30	−53.3	−26.7
分配与传递	52.3	<u>104.6</u>	<u>39.2</u>	<u>26.2</u>	−26.2
最终弯矩(kN·m)	<u>39</u>	<u>117.9</u>	<u>69.2</u>	<u>−27.1</u>	<u>−52.9</u>

6-5　求图 6-34 所示结构的弯矩分配系数和固端弯矩。已知 $q = 20\text{kN/m}$，各杆 EI 相同。

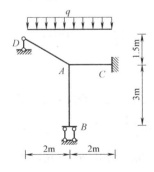

图 6-34　习题 6-5 图

节点	B	A			C
杆端	BA	AB	AD	AC	CA
分配系数		5/53	18/53	30/53	
固端弯矩(kN·m)			10	−20/3	20/3

186

6-6　用弯矩分配法计算图 6-35（a）所示连续梁的 M 图，并计算支座反力。

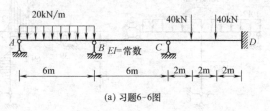

(a) 习题6-6图

【解】　（1）作 M 图

分配系数		3/7	4/7	1/2		1/2	
固端弯矩(kN·m)		90			−53.3		53.3
分配与传递		<u>−38.6</u>	<u>−51.4</u>	−25.7			
			19.8	<u>39.5</u>	<u>39.5</u>		19.8
		<u>−8.5</u>	<u>−11.3</u>	−5.6			
			1.4	<u>2.8</u>	<u>2.8</u>		<u>1.4</u>
		<u>−0.6</u>	<u>−0.8</u>	−0.4			
					0.2	<u>0.2</u>	
最终弯矩(kN·m)		<u>42.3</u>	<u>−42.3</u>	<u>10.8</u>	−10.8		<u>74.5</u>

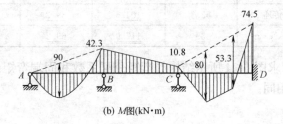

(b) M图(kN·m)

图 6-35　习题 6-6

（2）计算支座反力

取 AB 段为隔离体，由 $M_B=42.3$ kN·m，得

$$42.3=\frac{20\times6^2}{2}-F_{Ay}\times6,\ F_{Ay}=52.95\text{kN}$$

取 AC 段为隔离体，由 $M_C=10.8$ kN·m，得

$$10.8=20\times6\times9-F_{Ay}\times12-F_{By}\times6,\ F_{By}=72.3\text{kN}$$

取 AD 段为隔离体，由 $M_D=74.5$ kN·m，得

$$74.5=20\times6\times15-F_{Ay}\times18-F_{By}\times12-F_{Cy}\times6+40\times4+40\times2$$

$$F_{Cy}=24.13\text{kN}$$

取 CD 段为隔离体，由 $M_C=10.8$ kN·m，得

$$10.8=40\times2+40\times4+74.5-F_{Dy}\times6,\ F_{Dy}=50.62\text{kN}$$

6-7　用弯矩分配法计算图 6-36 所示连续梁的 M 图，并对 C、D 两点的变形协调条件进行校核。

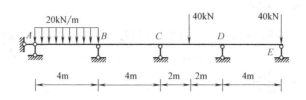

图 6-36 习题 6-7 图

【解】 (1) 作 M 图（图 6-37）

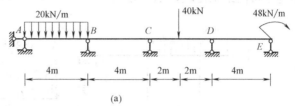

(a)

分配系数		3/7	4/7	1/2	1/2	4/7	3/7
固端弯矩(kN·m)		40			−20	20	24 48
分配与传递		−17.1	−22.9	−11.5	−12.6 −25.1	−18.9	
			11.1	22.1	22.1	11.1	
		−4.8	−6.3	−3.2	−3.2	−6.3	−4.8
			1.6	3.2	3.2	1.6	
		−0.7	−0.9			−0.9	−0.7
最终弯矩(kN·m)		17.4	−17.4	10.6	−10.5	0.4	−0.4 48

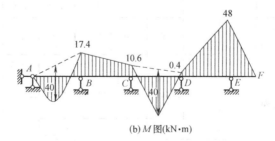

(b) M 图(kN·m)

图 6-37

(2) 校核 C、D 两点变形协调条件

校核 C 点角位移：

$$\Delta_C = \frac{(M_{CB} - M_{BC}/2) - (M_{CB}^F - M_{BC}^F/2)}{3i_{CB}} = \frac{(10.6 + 17.4/2) - 0}{3 \times EI/4} = \frac{77.2}{3EI}$$

$$\Delta_C = \frac{(M_{CD} - M_{DC}/2) - (M_{CD}^F - M_{DC}^F/2)}{3i_{CD}} = \frac{(-10.5 - 0.4/2) - (-20 - 20/2)}{3 \times EI/4} = \frac{77.2}{3EI}$$

校核 D 点角位移：

$$\Delta_D = \frac{(M_{DC} - M_{CD}/2) - (M_{DC}^F - M_{CD}^F/2)}{3i_{DC}} = \frac{(0.4 + 10.5/2) - (20 + 20/2)}{3 \times EI/4}$$

$$=\frac{-97.4}{3EI}$$

$$\Delta_D=\frac{(M_{DE}-M_{ED}/2)-(M_{DE}^F-M_{ED}^F/2)}{3i_{DE}}=\frac{(-0.4-48/2)-(24-48/2)}{3\times EI/4}$$

$$=\frac{-97.6}{3EI}$$

变形协调条件满足。

6-8　用弯矩分配法计算图 6-38（a）所示刚架的 M 图。并将 BC 杆端弯矩与位移法结果比较，EI＝常数。

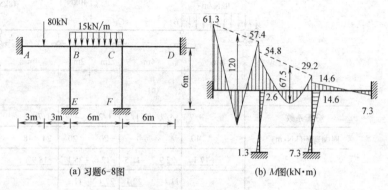

(a) 习题6-8图　　　　　　(b) M图(kN·m)

图 6-38　习题 6-8

【解】

节点	E	A	B			C			D	F
杆端	EB	AB	BA	BE	BC	CB	CF	CD	DC	FC
分配系数			1/3	1/3	1/3	1/3	1/3	1/3		
固端弯矩 (kN·m)		−60	60		−45	45				
分配与 传递						−7.5	−15	−15	−15	
		−1.3	−2.5	−2.5	−2.5	−1.3				
					0.3	0.5	0.4	0.4		
			−0.1	−0.1	−0.1					
最终弯矩 (kN·m)	−1.3	−61.3	57.4	−2.6	−54.8	29.2	−14.6	−14.6	−7.3	−7.3

位移法：

$$\begin{cases}12i\Delta_1+2i\Delta_2+15=0\\2i\Delta_1+12i\Delta_2+45=0\end{cases}\quad\begin{cases}\Delta_1=-9/14i\\\Delta_2=-51/14i\end{cases}$$

$$\begin{cases}M_{BC}=4i\Delta_1+2i\Delta_2-45=-54.8\text{kN}\cdot\text{m}\\M_{CB}=2i\Delta_1+4i\Delta_2+45=29.1\text{kN}\cdot\text{m}\end{cases}$$

两轮计算结果与精确解已经相差无几。

6-9　用弯矩分配法计算图 6-39 所示刚架的 M 图，并将 B、C 角位移与位移法结果比较。

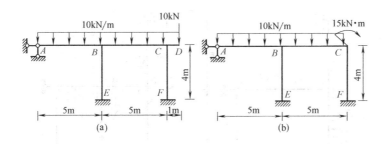

图 6-39　习题 6-9

【解】

节点	E	B				C	F
杆端	EB	BA	BE	BC	CB	CF	FC
分配系数		3/12	5/12	4/12	4/9	5/9	
固端弯矩 （kN·m）					−15		
		31.3		−20.8	20.8		
分配 与 传递		−2.6	−4.4	−3.5	−1.8		
			−0.9	−1.8	−2.2	−1.1	
		0.2	0.4	0.3			
最终弯矩(kN·m)	−2	28.9	−4	−24.9	17.2	−2.2	−1.1

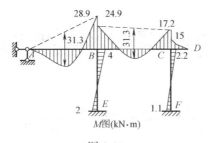

图 6-40

$$\Delta_B=\frac{M_{BE}^1+M_{BE}^2}{S_{BE}}=\frac{-4.4+0.4}{4\times EI/4}=\frac{-4}{EI},\ \Delta_C=\frac{M_{CF}^1}{S_{CF}}=\frac{-2.2}{4\times EI/4}=\frac{-2.2}{EI}$$

位移法：设 $i=EI/5$

$$\begin{cases}12i\Delta_B+2i\Delta_C+10.5=0\\2i\Delta_B+9i\Delta_C+5.8=0\end{cases}\begin{cases}\Delta_B=\dfrac{-0.8}{i}=\dfrac{-4}{EI}\\\Delta_C=\dfrac{-0.47}{i}=\dfrac{-2.3}{EI}\end{cases}$$

两轮计算结果与精确解已经相差无几。

6-10　用弯矩分配法计算图 6-41 所示刚架的 M 图，并校核 B 点变形协调

189

条件。

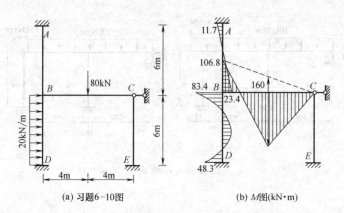

(a) 习题6-10图   (b) M图(kN·m)

图 6-41 习题 6-10

节点	A	D	B		
杆端	AB	DB	BD	BA	BC
分配系数			16/41	16/41	9/41
固端弯矩(kN·m)		-60	60		-120
分配与传递	11.7	11.7	23.4	23.4	13.2
最终弯矩(kN·m)	11.7	-48.3	83.4	23.4	-106.8

校核 B 点角位移：

$$\Delta_B = \frac{(M_{BC} - M_{CB}/2) - (M_{BC}^F - M_{CB}^F/2)}{3i_{BC}} = \frac{(-106.8 + 0) - (-120 - 0)}{3 \cdot EI/8}$$

$$= \frac{105.6}{3EI}$$

$$\Delta_B = \frac{(M_{BD} - M_{DB}/2) - (M_{BD}^F - M_{DB}^F/2)}{3i_{BD}} = \frac{(83.4 + 48.3/2) - (60 + 60/2)}{3 \cdot EI/6}$$

$$= \frac{105.3}{3EI}$$

$$\Delta_B = \frac{(M_{BA} - M_{AB}/2) - (M_{BA}^F - M_{AB}^F/2)}{3i_{BA}} = \frac{(23.4 - 11.7/2) - 0}{3 \cdot EI/6}$$

$$= \frac{105.3}{3EI}$$

满足变形协调条件。

第7章
矩阵位移法

7.1 学习要求和目的

学习本章的要求主要有三个：

(1) 掌握单位编码、结构位移编码。

(2) 熟练掌握整体刚度矩阵、等效节点荷载列阵的形成过程。

(3) 熟练掌握由节点位移到绘制单元内力图的过程。

矩阵位移法是以位移法作为理论基础，以矩阵作为表达形式，以计算机作为运算工具的现代结构分析方法之一。

学习这些内容的目的有如下几个方面：

(1) 了解工程设计软件中结构分析部分程序的编制原理和方法，为提高运用工程软件的能力和水平奠定基础。

(2) 为设计结构分析程序奠定基础。

(3) 为进一步学习有限单元法奠定基础。

7.2 基本内容总结和学习建议

本章主要内容包括矩阵位移法的基本概念、方法步骤和程序实现。

1. 结构的离散化与数据化

结构的离散化是指用假想的截面将结构分割成有限个等截面直杆的过程。离散后的杆件称为单元，单元的连接点称为节点。数据化是用数据描述离散化结果的过程，以便于后面的分析。过程包括：

(1) **建立整体坐标系**（也称为**结构坐标系**）。用以确定节点位置、荷载的正向、节点位移的正向等。

(2) **对结构进行整体编码**。包括对单元编码、节点编码、节点位移编码。

单元编码从①开始依次编码；节点编码从1开始依次编码；节点位移编码从节点1按 x 方向、y 方向、转角方向的顺序依次编码。针对不同类型的结构、不同的边界处理方法，位移编码不同，有下面几种情况：

① 先处理法和后处理法的节点位移编码不同。先处理法中，受支座约束的节点位移不编码，后处理法中按一般节点编码。

② 结构类型不同时，节点位移编码不同。平面桁架中，每个节点有2个位移（2个线位移），刚架中的刚节点有3个位移（2个线位移，1个转角），连续梁有1个位移（转角）。刚架中的组合节点，当采用一种单元形式分析

时，刚接部分有 3 个位移，铰接部分有 1 个转角位移。

③ 考虑与不考虑轴向变形时，节点位移编码不同。不考虑轴向变形时，不同节点的位移编码可能相同。

图 7-1 是节点位移编码可能会出现的几种情况：

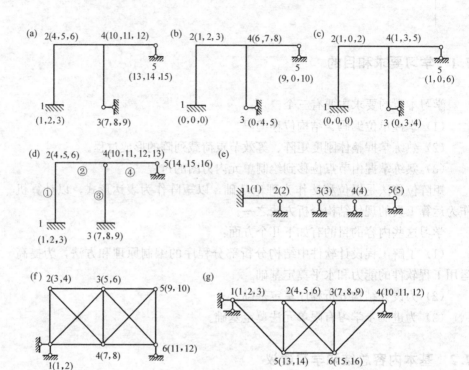

图 7-1　节点位移编码的几种情况

(a) 后处理；(b) 先处理；(c) 先处理（不考虑轴向变形）；(d) 后处理；(e) 后处理（连续梁）；
(f) 后处理（桁架结构）；(g) 后处理（组合结构）

图 7-1 (a) 为考虑轴向变形、采用后处理法时的节点位移编码；图 7-1 (b) 为考虑轴向变形、边界条件先处理时的节点位移编码；图 7-1 (c) 为不考虑轴向变形时的节点位移编码；图 7-1 (d) 所示结构，节点 4 为组合节点，单元③上侧铰接端转角单独编码；图 7-1 (e) 为连续梁、后处理法时的节点位移编码，每个节点 1 个位移；图 7-1 (f) 为桁架的节点位移编码；图 7-1 (g) 为组合结构的节点位移编码。

从上面的编码情况可以看出，节点位移编码实际上就是对结构位移基本未知量的编号，同时也规定了基本未知量的个数。

(3) **局部编码**。每个单元有两端（或称为单元节点），分别记作 1、2 端，将沿杆端 1 到杆端 2 的方向作为单元坐标系 x 轴的正向，y 轴正向由右手系确定，称为单元局部坐标系（单元坐标系）。每个单元均有属于自己的坐标系，用以规定单元杆端力、杆端位移的正向。

2. 单元分析

单元分析的目的是建立单元杆端力与单元杆端位移的关系，即单元刚度方程。

（1）杆端力、杆端位移的两种表达形式

按单元局部坐标系表达的单元杆端力如图 7-2（a）所示，按结构整体坐标系表达的单元杆端力如图 7-2（b）所示。杆端位移也是一样的。之所以采用两种表达方式是因为采用局部坐标表示杆端力方便推导杆端力与杆端位移的关系，另外它与杆件内力中的轴力、剪力、弯矩相对应；采用整体坐标的形式有利于进行整体分析，如整体坐标系下的杆端位移在满足变形协调条件下与节点位移相等。

两种坐标系下的杆端力之间和杆端位移之间应满足如下关系：

$$F^e = T^T \bar{F}^e \tag{7-1}$$

$$\Delta^e = T^T \bar{\Delta}^e \tag{7-2}$$

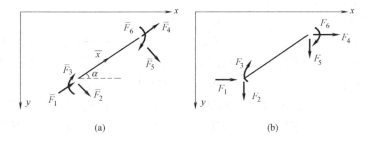

图 7-2　局部坐标和整体坐标系下的单元杆端力

$$T = \begin{bmatrix} \lambda & 0 \\ 0 & \lambda \end{bmatrix}, \lambda = \begin{pmatrix} \cos\alpha & \sin\alpha & 0 \\ -\sin\alpha & \cos\alpha & 0 \\ 0 & 0 & 1 \end{pmatrix}$$

$$\left. \begin{aligned} \bar{F}^e &= \begin{bmatrix} \bar{F}_1 & \bar{F}_2 & \bar{F}_3 & \bar{F}_4 & \bar{F}_5 & \bar{F}_6 \end{bmatrix}^T \\ F^e &= \begin{bmatrix} F_1 & F_2 & F_3 & F_4 & F_5 & F_6 \end{bmatrix}^T \\ \bar{\Delta}^e &= \begin{bmatrix} \bar{\Delta}_1 & \bar{\Delta}_2 & \bar{\Delta}_3 & \bar{\Delta}_4 & \bar{\Delta}_5 & \bar{\Delta}_6 \end{bmatrix}^T \\ \Delta^e &= \begin{bmatrix} \Delta_1 & \Delta_2 & \Delta_3 & \Delta_4 & \Delta_5 & \Delta_6 \end{bmatrix}^T \end{aligned} \right\} \tag{7-3}$$

对于桁架单元，在局部坐标中，$\bar{F}_2 = \bar{F}_3 = \bar{F}_5 = \bar{F}_6 = 0$；在整体坐标系中，$F_3 = F_6 = 0$，坐标转换矩阵为：

$$T = \begin{bmatrix} \cos\alpha & \sin\alpha & 0 & 0 \\ -\sin\alpha & \cos\alpha & 0 & 0 \\ 0 & 0 & \cos\alpha & \sin\alpha \\ 0 & 0 & -\sin\alpha & \cos\alpha \end{bmatrix}$$

（2）单元刚度矩阵

局部坐标系下，单元杆端力与单元杆端位移的关系，即单元刚度方程为：

$$\bar{F}^e = \bar{k}^e \bar{\Delta}^e \tag{7-4}$$

式中，矩阵 $\bar{k}^e$ 称为局部坐标下的单元刚度矩阵。局部坐标系下各种单元的单

193

元刚度矩阵为:

① 连续梁单元

$$\bar{k}^e = \begin{bmatrix} 4EI/l & 2EI/l \\ 2EI/l & 4EI/l \end{bmatrix} \tag{7-5}$$

② 桁架杆单元

$$\bar{k}^e = \begin{bmatrix} EA/l & -EA/l \\ -EA/l & EA/l \end{bmatrix} \tag{7-6}$$

③ 不计轴向变形的梁式单元

$$\bar{k}^e = \begin{bmatrix} 12EI/l^3 & 6EI/l^2 & -12EI/l^3 & 6EI/l^2 \\ 6EI/l^2 & 4EI/l & -6EI/l^2 & 2EI/l \\ -12EI/l^3 & -6EI/l^2 & 12EI/l^3 & -6EI/l^2 \\ 6EI/l^2 & 2EI/l & -6EI/l^2 & 4EI/l \end{bmatrix} \tag{7-7}$$

④ 一般弯曲杆(自由式)单元

$$\bar{k}^e = \begin{bmatrix} EA/l & 0 & 0 & -EA/l & 0 & 0 \\ 0 & 12EI/l^3 & 6EI/l^2 & 0 & -12EI/l^3 & 6EI/l^2 \\ 0 & 6EI/l^2 & 4EI/l & 0 & -6EI/l^2 & 2EI/l \\ -EA/l & 0 & 0 & EA/l & 0 & 0 \\ 0 & -12EI/l^3 & -6EI/l^2 & 0 & 12EI/l^3 & -6EI/l^2 \\ 0 & 6EI/l^2 & 2EI/l & 0 & -6EI/l^2 & 4EI/l \end{bmatrix}$$

$$\tag{7-8}$$

整体坐标系下的单元刚度矩阵通过坐标转换由局部坐标单元刚度矩阵得到

$$k^e = T^T \bar{k}^e T \tag{7-9}$$

（3）单元刚度矩阵的性质

单元刚度矩阵中的元素 k_{ij} 为单元发生 $\Delta_j = 1$ 的杆端位移时产生的杆端力 F_i。

单元刚度矩阵的性质:

① 单元刚度矩阵是对称矩阵;

② 自由式单元的单元刚度矩阵是奇异矩阵;

③ 单元刚度矩阵的主对角线元素均大于 0;

④ 单元刚度矩阵与外界因素无关。

3. 整体分析

整体分析是利用单元杆端位移与节点位移相等的变形协调条件和节点平衡条件建立节点荷载与节点位移的关系——整体刚度方程,即

$$F = K \cdot \Delta \tag{7-10}$$

由此可求出节点位移。

（1）整体刚度矩阵的形成方法

可由各单元的单元刚度矩阵按"对号入座"方式集成整体刚度矩阵。考虑轴向变形的无铰刚架,在后处理法时,可按杆端编号与节点编号的对应关系每次将单元刚度矩阵中的一个 3×3 阶子块送入整体刚度矩阵的相应位置,

如某刚架单元 e 的 1 端连接 i 节点，2 端连接 j 节点，e 单元的单元刚度矩阵子块在总刚矩阵中的位置如图 7-3 所示。

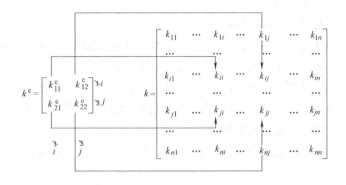

图 7-3　后处理法时，原始刚度矩阵的形成

其他情况则需将单元刚度矩阵中的各元素依次送入整体刚度矩阵，如图 7-4（a）所示不考虑轴向变形的刚架，单元①的单刚元素在总刚中的位置如图 7-4（b）所示。

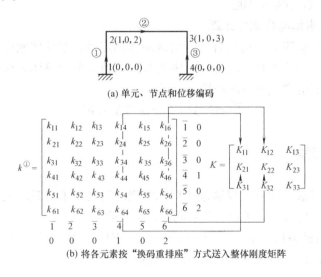

(a) 单元、节点和位移编码

(b) 将各元素按"换码重排座"方式送入整体刚度矩阵

图 7-4　结构整体刚度矩阵的形成

将与单元杆端位移编码对应的节点位移编码 0、0、0、1、0、2 组成的矩阵 $[0\ 0\ 0\ 1\ 0\ 2]$ 称为单元定位向量。它表示单元各杆端位移分量的局部编码与其在结构中节点位移分量整体编码的对应关系，决定了单元刚度矩阵中的元素在总刚中的位置，实现了变形连续性条件和先处理法的边界位移条件。

（2）**整体刚度矩阵性质**

元素 K_{ij} 为结构发生第 j 个节点位移为 1、其他节点位移为 0 时，第 i 个节点位移方向需要施加的节点力。利用此含义，不用上述"对号入座"的方法也可求出总刚中任何一个元素的值。显然，当两个节点没有单元相连时（也称为非相关节点），相应元素为 0。

整体刚度矩阵的性质：

① 整体刚度矩阵是对称矩阵；

② 整体刚度矩阵是稀疏带形矩阵，有大量的零元素，当节点编码适当时，非零元素集中分布于主对角线两侧，形成带状分布；

③ 整体刚度矩阵的主对角线元素均大于 0；

④ 未引入边界条件时，整体刚度矩阵即原始刚度矩阵是奇异矩阵。

（3）**结构综合节点荷载的形成**

结构综合节点荷载是由直接节点荷载（F_D）与等效节点荷载（F_E）组合而成，即

$$F = F_D + F_E \tag{7-11}$$

等效节点荷载是一组作用在节点上的、引起的节点位移与非节点荷载相同的节点力，由单元等效节点荷载集装而成。单元等效节点荷载由下式确定：

$$F_E^e = -T^T \overline{F}_P^e \tag{7-12}$$

式中，$\overline{F}_P^e$ 为单元固端力矩阵。

4. 方程求解与杆端力计算

结构刚度矩阵和结构综合节点荷载矩阵确定后，解整体刚度方程，可求得节点位移。由节点和杆端的变形协调条件，确定单元整体坐标系下的杆端位移。由单元的刚度方程求杆端力，即

$$\overline{F}^e = \overline{k}^e \overline{\Delta}^e + \overline{F}_P^e = \overline{k}^e T \Delta^e + \overline{F}_P^e \tag{7-13}$$

7.3 附加例题

矩阵位移法的计算过程通过计算机实现，但是为了对矩阵位移法的概念和理论有深入的理解，手算一些习题也是必要的。

【附加例题 7-1】 图 7-5（a）所示刚架，$EI =$ 常数。试对其进行离散化，并进行整体编码，写出各单元的单元定位向量。

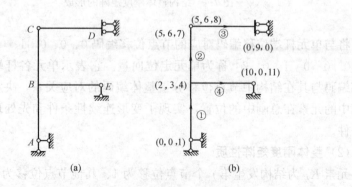

图 7-5 附加例题 7-1 图

【解】 （1）整体编码。节点 C 为铰节点，连接的两个杆端线位移相同，转角不同，应设为两个节点分别编码；两节点的线位移相同，位移编码应相同；转角不同，编不同的码。对单元、节点、节点位移的编码如图 7-5（b）所示。

（2）确定单元定位向量。先确定单元局部坐标系，单元局部坐标系的方向任意选定。选择的局部坐标系如图 7-5（b）所示。单元定位向量为：

单元①：$[0 \ 0 \ 1 \ 2 \ 3 \ 4]^T$，单元②：$[2 \ 3 \ 4 \ 5 \ 6 \ 7]^T$

单元③：$[5 \ 6 \ 8 \ 0 \ 9 \ 0]^T$，单元④：$[2 \ 3 \ 4 \ 10 \ 0 \ 11]^T$

注意：本题关键点是 C 节点处有两个不同转角，编码不同，其他按正常步骤进行。

讨论：节点 A 和节点 C 处的杆端转角也可不作为未知量，这时需要增加一端固定、一端铰支的单元。

【附加例题 7-2】 图 7-6（a）所示刚架，$EI=$ 常数，不计轴向变形。试对其进行离散化，并进行整体编码。写出各单元的单元定位向量。

【解】 （1）整体编码。不计轴向变形时，A、B 和 C 节点的竖向位移相同，B 和 E 节点的水平位移相同，位移编码相同。A 和 C 节点无水平位移，相应位移编码为 0。对单元、节点、节点位移的编码如图 7-6（b）所示。

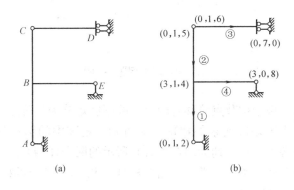

图 7-6 附加例题 7-2 图

（2）单元定位向量。

单元①：$[3 \ 1 \ 4 \ 0 \ 1 \ 2]^T$，单元②：$[0 \ 1 \ 5 \ 3 \ 1 \ 4]^T$

单元③：$[0 \ 1 \ 6 \ 0 \ 7 \ 0]^T$，单元④：$[3 \ 1 \ 4 \ 3 \ 0 \ 8]^T$

注意：本题关键点是 A、B 和 C 节点的竖向位移相同，编码应相同。另外，①和②单元的局部坐标系与上例反向，这使得单元的杆端编号发生变化。上例中竖杆的 1 端在下侧，而本例相反。单元定位向量中的前 3 个元素为 1 端所连节点的位移编码，后 3 个元素为 2 端所连节点的位移编码。

【附加例题 7-3】 如图 7-7（a）所示梁，$EI=$ 常数。试对其进行离散化，并进行整体编码。

【解】 单元、节点、节点位移的编码如图 7-7（b）所示。注意，节点 3 有竖向位移。

图 7-7 附加例题 7-3 图

【附加例题 7-4】 试推导图 7-8（a）所示结构的刚度矩阵。图 7-8（a）中数字为杆端位移编码。

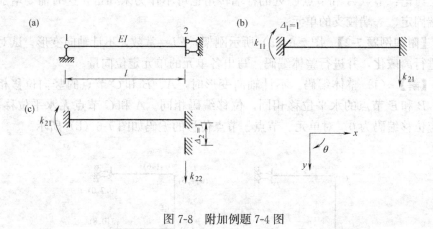

图 7-8 附加例题 7-4 图

【解】 （1）该结构节点位移有两个，故刚度矩阵为二阶方阵。

（2）根据刚度矩阵元素的物理意义可知，矩阵中的第一列为图 7-8（b）所示的两个杆端力；第二列为图 7-8（c）所示的两个杆端力。

（3）根据等截面梁的形常数，图 7-8（b）和（c）所示的杆端力分别为

$$K_{11}=4EI/l, \quad K_{12}=K_{21}=-6EI/l^2, \quad K_{22}=12EI/l^3$$

故，结构刚度矩阵为

$$K=\begin{bmatrix} 4EI/l & -6EI/l^2 \\ -6EI/l^2 & 12EI/l^3 \end{bmatrix}$$

本题关键是要理解刚度矩阵中元素的物理意义。

【附加例题 7-5】 图 7-9（a）所示刚架，不考虑轴向变形，各杆长为 l。试求整体刚度矩阵中的元素 K_{22}、K_{23}。

【解】 （1）根据结构刚度矩阵中元素的物理意义，K_{22} 为 $\Delta_2=1$、其他节点位移为 0 时作用于节点 2 的节点力。现将所有节点加约束固定，并令 $\Delta_2=1$，作出弯矩图如图 7-9（b）所示。取节点 3 为隔离体，如图 7-9（c）所示。由节点平衡条件可得 $K_{22}=36i/l^2$。

（2）由结构刚度矩阵的对称性，$K_{23}=K_{32}$。由节点平衡，得 $K_{32}=-6i/l$，见图 7-9（c）。

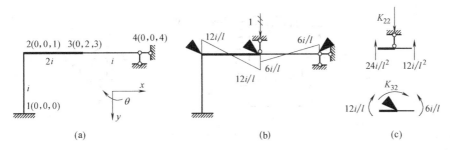

图 7-9　附加例题 7-5 图

注意：本题也可先求出各单元的单刚，按对号入座方法求出结构刚度矩阵，然后即可确定 K_{22}、K_{23}。但这样做显然不如利用物理意义求解方便简单。设计本题的原意是加深对结构刚度矩阵中元素的物理意义的理解。

【附加例题 7-6】　试求图 7-10（a）所示桁架的整体刚度矩阵元素 K_{12} 和 K_{22}。

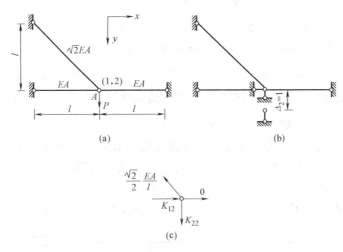

图 7-10　附加例题 7-6 图

【解】　利用结构刚度矩阵中元素的物理意义求解。

（1）在节点 A 上加水平和竖向链杆，并令发生 $\Delta_1=0$、$\Delta_2=1$ 的节点位移，如图 7-10（b）所示。可求得斜杆的伸长量为 $\dfrac{\sqrt{2}}{2}$，斜杆轴力为 $\dfrac{\sqrt{2}}{2}\cdot\dfrac{EA}{l}$。

（2）取图 7-10（c）所示节点为隔离体，由于节点处的水平链杆约束，使得这两个水平杆件无轴向变形，轴力为 0，由平衡条件可求得：

$$K_{12}=\frac{1}{2}\cdot\frac{EA}{l},\quad K_{22}=\frac{1}{2}\cdot\frac{EA}{l}$$

【附加例题 7-7】　试求图 7-11（a）所示结构的综合节点荷载矩阵。

【解】　（1）求结构等效节点荷载

加约束固定节点，作弯矩图（图 7-11b）。由节点平衡条件求出附加约束的反力（图 7-11c、d）：

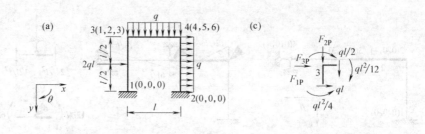

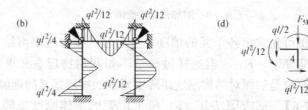

图 7-11　附加例题 7-7 图

$$F_P = \begin{bmatrix} -ql & -ql/2 & ql^2/4-ql^2/12 & -ql/2 & -ql/2 & ql^2/6 \end{bmatrix}^T$$

（2）改变符号即为结构等效节点荷载矩阵：

$$F_E = -\begin{bmatrix} -ql & -ql/2 & ql^2/4-ql^2/12 & -ql/2 & -ql/2 & ql^2/6 \end{bmatrix}^T$$

（3）无节点荷载，故结构的等效节点荷载即结构综合节点荷载：

$$F = \begin{bmatrix} ql & ql/2 & -ql^2/6 & ql/2 & ql/2 & -ql^2/6 \end{bmatrix}^T$$

注意：（1）这是利用等效节点荷载的概念求解的，当然也可按一般过程求解，即先求出单元等效节点荷载，对号入座求结构等效节点荷载。（2）图 7-11（b）中所有单元均无轴力，原因同上例。

【附加例题 7-8】　试求图 7-12（a）所示结构综合节点荷载，各跨长相等。

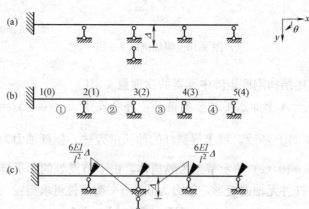

图 7-12　附加例题 7-8 图

【解】　（1）单元、节点、节点位移编码如图 7-12（b）所示。

（2）加约束，约束节点位移，如图 7-12（c）所示。

（3）计算支座移动引起的约束反力：

$$F_C = \left[-\dfrac{6EI}{l^2}\Delta \quad 0 \quad \dfrac{6EI}{l^2} \quad 0 \right]^T$$

（4）将约束力反向即得等效节点荷载，因为无直接节点荷载，结构综合节点荷载为：

$$F = \left[\dfrac{6EI}{l^2}\Delta \quad 0 \quad -\dfrac{6EI}{l^2} \quad 0 \right]^T$$

【附加例题 7-9】 用矩阵位移法计算图 7-13（a）所示连续梁，作弯矩图，各杆 EI＝常数。

【解】 （1）整体编码。单元、节点和节点位移编码如图 7-13（b）所示。

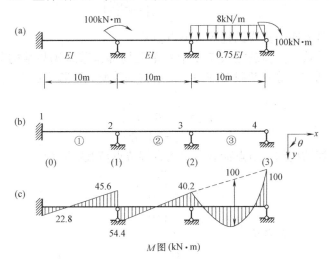

图 7-13　附加例题 7-9 图

（2）计算各单元的单元刚度矩阵，设 $i＝EI/10$：

$$k^① = k^② = \begin{bmatrix} 4i & 2i \\ 2i & 4i \end{bmatrix}, \quad k^③ = \begin{bmatrix} 3i & 1.5i \\ 1.5i & 3i \end{bmatrix}$$

（3）集成结构整体刚度矩阵。各单元杆端局部位移编码与结构节点位移编码的对应关系如表 7-1 所示。

单元杆端位移编码与节点位移编码的对应关系　　　表 7-1

单元杆端局部位移编码	结构节点位移编码		
	单元①	单元②	单元③
$\overline{1}$	0	1	2
$\overline{2}$	1	2	3

将单元刚度矩阵中元素累加到结构刚度矩阵中，如单元③的单刚元素 $k_{\overline{12}}$ 按上表关系应加在结构刚度矩阵中的 K_{23} 位置上。"对号入座"完成后，得结构刚度矩阵为：

$$K = \begin{bmatrix} 8i & 2i & 0 \\ 2i & 7i & 1.5i \\ 0 & 1.5i & 3i \end{bmatrix}$$

（4）计算结构等效节点荷载向量。

① 计算单元固端力：

$$F_P^{①}=F_P^{②}=\begin{bmatrix}0\\0\end{bmatrix},F_P^{③}=\begin{bmatrix}-\dfrac{200}{3}\\[2mm]\dfrac{200}{3}\end{bmatrix}$$

② 计算单元等效节点荷载：

$$F_E^{③}=-F_P^{③}=\begin{bmatrix}\dfrac{200}{3}\\[2mm]-\dfrac{200}{3}\end{bmatrix}$$

③ "对号入座"集成结构等效节点荷载

将单元等效节点荷载按表 7-1 中的单元局部位移编码与结构节点编码对应关系累加到结构等效荷载矩阵中，得结构等效荷载矩阵为：

$$F_E=\begin{bmatrix}0\\66.67\\-66.67\end{bmatrix}$$

（5）计算结构综合节点荷载。结构直接节点荷载矩阵为：

$$F_D=\begin{bmatrix}100\\0\\100\end{bmatrix}$$

结构综合节点荷载为：

$$F=F_D+F_E=\begin{bmatrix}0\\\dfrac{200}{3}\\-\dfrac{200}{3}\end{bmatrix}+\begin{bmatrix}100\\0\\100\end{bmatrix}=\begin{bmatrix}100\\\dfrac{200}{3}\\\dfrac{100}{3}\end{bmatrix}$$

（6）形成结构整体刚度方程，并求解：

$$\begin{bmatrix}8i & 2i & 0\\2i & 7i & 1.5i\\0 & 1.5i & 3i\end{bmatrix}\begin{Bmatrix}\Delta_1\\\Delta_2\\\Delta_3\end{Bmatrix}=\begin{Bmatrix}100\\\dfrac{200}{3}\\\dfrac{100}{3}\end{Bmatrix}$$

解方程，得节点位移为

$$\begin{Bmatrix}\Delta_1\\\Delta_2\\\Delta_3\end{Bmatrix}=\begin{Bmatrix}11.41\\4.35\\8.94\end{Bmatrix}\times\dfrac{1}{i}$$

（7）计算单元杆端力。

根据表 7-1 对应关系和结构节点位移可知各单元杆端位移为：

$$\Delta^{①}=\begin{Bmatrix}0\\\dfrac{11.41}{i}\end{Bmatrix},\Delta^{②}=\begin{Bmatrix}\dfrac{11.41}{i}\\\dfrac{4.35}{i}\end{Bmatrix},\Delta^{③}=\begin{Bmatrix}\dfrac{4.35}{i}\\\dfrac{8.94}{i}\end{Bmatrix}$$

由单元刚度方程计算各单元杆端力

$$F^{\textcircled{1}}=k^{\textcircled{1}}\Delta^{\textcircled{1}}+F_{\mathrm{P}}^{\textcircled{1}}=\begin{bmatrix}4i & 2i \\ 2i & 4i\end{bmatrix}\left\{\begin{matrix}0 \\ \dfrac{11.41}{i}\end{matrix}\right\}=\left\{\begin{matrix}22.8 \\ 45.6\end{matrix}\right\}\mathrm{kN\cdot m}$$

$$F^{\textcircled{2}}=k^{\textcircled{2}}\Delta^{\textcircled{2}}+F_{\mathrm{P}}^{\textcircled{2}}=\begin{bmatrix}4i & 2i \\ 2i & 4i\end{bmatrix}\left\{\begin{matrix}\dfrac{11.41}{i} \\ \dfrac{4.35}{i}\end{matrix}\right\}=\left\{\begin{matrix}54.4 \\ 40.2\end{matrix}\right\}\mathrm{kN\cdot m}$$

$$F^{\textcircled{3}}=k^{\textcircled{3}}\Delta^{\textcircled{3}}+F_{\mathrm{P}}^{\textcircled{3}}=\begin{bmatrix}3i & 1.5i \\ 1.5i & 3i\end{bmatrix}\left\{\begin{matrix}\dfrac{4.35}{i} \\ \dfrac{8.94}{i}\end{matrix}\right\}+\left\{\begin{matrix}-\dfrac{200}{3} \\ \dfrac{200}{3}\end{matrix}\right\}=\left\{\begin{matrix}-40.2 \\ 100\end{matrix}\right\}\mathrm{kN\cdot m}$$

（8）作弯矩图。

作弯矩图时需注意内力符号的规定，本章规定杆端弯矩绕杆端顺时针转
动为正，弯矩图要画在杆件受拉侧。作出的弯矩图如图 7-13（c）所示。

【附加例题 7-10】 用矩阵位移法计算图 7-14（a）所示刚架，作内力图。
已知：$E=3\times10^7\,\mathrm{kN/m^2}$，$I=0.042\mathrm{m^4}$，$A=0.5\mathrm{m^2}$。

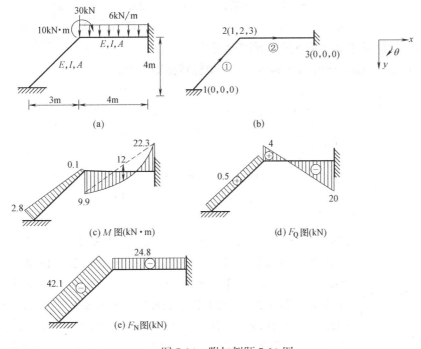

图 7-14　附加例题 7-10 图

【解】（1）整体编码。单元、节点、节点位移及单元局部坐标系如图
7-14（b）所示。

（2）计算局部坐标系下的单元刚度矩阵。

计算中，力的单位取 kN，力矩单位为 kN·m，长度单位为 m。

单元①：$\dfrac{EA}{5}=300\times10^4$，$\dfrac{EI}{5}=25.2\times10^4$

$$\frac{6EI}{5^2}=30.2\times10^4 , \quad \frac{12EI}{5^3}=12.1\times10^4$$

$$\bar{k}^{①}=10^4\times\begin{bmatrix} 300 & 0 & 0 & -300 & 0 & 0 \\ 0 & 12.1 & 30.2 & 0 & -12.1 & 30.2 \\ 0 & 30.2 & 100.8 & 0 & -30.2 & 50.4 \\ -300 & 0 & 0 & 300 & 0 & 0 \\ 0 & -12.1 & -30.2 & 0 & 12.1 & -30.2 \\ 0 & 30.2 & 50.4 & 0 & -30.2 & 100.8 \end{bmatrix}$$

单元②：$\dfrac{EA}{4}=375\times10^4$，$\dfrac{EI}{4}=31.5\times10^4$

$$\frac{6EI}{4^2}=47.3\times10^4 , \quad \frac{12EI}{4^3}=23.6\times10^4$$

$$\bar{k}^{②}=10^4\times\begin{bmatrix} 375 & 0 & 0 & -375 & 0 & 0 \\ 0 & 23.6 & 47.3 & 0 & -23.6 & 47.3 \\ 0 & 47.3 & 126 & 0 & -47.3 & 63 \\ -375 & 0 & 0 & 375 & 0 & 0 \\ 0 & -23.6 & -47.3 & 0 & 23.6 & -47.3 \\ 0 & 47.3 & 63 & 0 & -47.3 & 126 \end{bmatrix}$$

（3）计算整体坐标系下的单元刚度矩阵。

单元①：$\sin\alpha=-0.8$，$\cos\alpha=0.6$，坐标转换矩阵为：

$$T=\begin{bmatrix} 0.6 & -0.8 & 0 & 0 & 0 & 0 \\ 0.8 & 0.6 & 0 & 0 & 0 & 0 \\ 0 & 0 & 1 & 0 & 0 & 0 \\ 0 & 0 & 0 & 0.6 & -0.8 & 0 \\ 0 & 0 & 0 & 0.8 & 0.6 & 0 \\ 0 & 0 & 0 & 0 & 0 & 1 \end{bmatrix}$$

$$k^{①}=T^{\mathrm{T}}\bar{k}^{①}T$$

$$=10^4\times\begin{bmatrix} 115.9 & -138.2 & 24.2 & -115.9 & 138.2 & 24.2 \\ -138.2 & 196.2 & 18.2 & 138.2 & -196.2 & 18.2 \\ 24.2 & 18.2 & 100.8 & -24.2 & -18.2 & 50.4 \\ -115.9 & 138.2 & -24.2 & 115.9 & -138.2 & -24.2 \\ 138.2 & -196.2 & -18.2 & -138.2 & 196.4 & -18.2 \\ 24.2 & 18.2 & 50.4 & -24.2 & -18.2 & 100.8 \end{bmatrix}$$

单元②：$\sin\alpha=0$，$\cos\alpha=1$，坐标转换矩阵为单位矩阵，故

$$k^{②}=\bar{k}^{②}$$

（4）计算结构刚度矩阵。单元定位向量为：

单元①：$[0\ 0\ 0\ 1\ 2\ 3]^{\mathrm{T}}$，单元②：$[1\ 2\ 3\ 0\ 0\ 0]^{\mathrm{T}}$

按单元定位向量确定单元整体坐标系下单元刚度矩阵中的元素在结构刚度矩阵中的位置并累加，得结构整体刚度矩阵：

$$K = 10^4 \times \begin{bmatrix} 490.9 & -138.2 & -24.2 \\ -138.2 & 219.9 & 29.1 \\ -24.2 & 29.1 & 226.8 \end{bmatrix}$$

（5）计算结构综合节点荷载。

① 计算单元固端力

$$\overline{F}_P^① = \begin{bmatrix} 0 & 0 & 0 & 0 & 0 & 0 \end{bmatrix}^T, \quad \overline{F}_P^② = \begin{bmatrix} 0 & -12 & -8 & 0 & -12 & 8 \end{bmatrix}^T$$

② 计算单元等效节点荷载

$$F_E^① = -\overline{F}_P^① = \begin{bmatrix} 0 & 0 & 0 & 0 & 0 & 0 \end{bmatrix}^T$$

$$F_E^② = -T^T \overline{F}_P^② = \begin{bmatrix} 0 & 12 & 8 & 0 & 12 & -8 \end{bmatrix}^T$$

③ 计算结构等效节点荷载

利用单元定位向量，确定各单元等效节点荷载中的元素在结构等效荷载中的位置并累加，得结构等效节点荷载

$$F_E = \begin{bmatrix} 0 & 12 & 8 \end{bmatrix}^T$$

④ 计算结构综合节点荷载

结构的直接节点荷载为：

$$F_D = \begin{bmatrix} 0 & 30 & 10 \end{bmatrix}^T$$

结构综合节点荷载：

$$F = F_D + F_E = \begin{bmatrix} 0 & 42 & 18 \end{bmatrix}^T$$

⑤ 解方程。结构刚度方程为：

$$10^4 \times \begin{bmatrix} 490.9 & -138.2 & -24.2 \\ -138.2 & 219.9 & 29.1 \\ -24.2 & 29.1 & 226.8 \end{bmatrix} \begin{Bmatrix} \Delta_1 \\ \Delta_2 \\ \Delta_3 \end{Bmatrix} = \begin{Bmatrix} 0 \\ 42 \\ 18 \end{Bmatrix}$$

解方程，得

$$\Delta = 10^4 \times \begin{Bmatrix} 0.066 & 0.225 & 0.058 \end{Bmatrix}^T$$

⑥ 计算各单元杆端力

单元①：整体坐标系下的杆端位移为

$$\Delta^① = 10^4 \times \begin{Bmatrix} 0 & 0 & 0 & 0.066 & 0.225 & 0.058 \end{Bmatrix}^T$$

局部坐标系下的杆端力为

$$\overline{F}^① = \overline{k}^① T^① \Delta^① = \begin{Bmatrix} 42.1 & -0.5 & -2.8 & -42.1 & 0.5 & 0.1 \end{Bmatrix}^T$$

单元②：整体坐标系下的杆端位移为

$$\Delta^② = 10^4 \times \begin{Bmatrix} 0.066 & 0.225 & 0.058 & 0 & 0 & 0 \end{Bmatrix}^T$$

局部坐标系下的杆端力为

$$\overline{F}^② = \overline{k}^② T^② \Delta^② = \begin{Bmatrix} 24.8 & -4.0 & 9.9 & -24.8 & -20.0 & 22.3 \end{Bmatrix}^T$$

⑦ 作内力图

由求得的各单元杆端力可绘出图 7-14（c）、（d）和（e）所示的内力图。

【附加例题 7-11】 用矩阵位移法计算图 7-15（a）所示桁架，求各杆轴

力，$EA=$ 常数（为了方便，设 $EA=1$）。

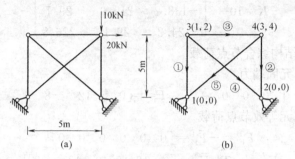

图 7-15　附加例题 7-11 图

【解】　（1）整体编码。单元、节点、节点位移及单元局部坐标系如图 7-15（b）所示。

（2）计算单元刚度矩阵。

① 局部坐标系下的单元刚度矩阵

$$\bar{k}^{①}=\bar{k}^{②}=\bar{k}^{③}=\begin{bmatrix} 0.2 & -0.2 \\ -0.2 & 0.2 \end{bmatrix}$$

$$\bar{k}^{④}=\bar{k}^{⑤}=\begin{bmatrix} 0.1414 & -0.1414 \\ -0.1414 & 0.1414 \end{bmatrix}$$

② 整体坐标系下的单元刚度矩阵

单元①、②：$\alpha=90°$，$\sin\alpha=1$，$\cos\alpha=0$

$$k^{①}=k^{②}=\begin{bmatrix} 0 & 0 & 0 & 0 \\ 0 & 0.2 & 0 & -0.2 \\ 0 & 0 & 0 & 0 \\ 0 & -0.2 & 0 & 0.2 \end{bmatrix}$$

单元③：$\alpha=0°$，$\sin\alpha=0$，$\cos\alpha=1$

$$k^{③}=\begin{bmatrix} 0.2 & 0 & -0.2 & 0 \\ 0 & 0 & 0 & 0 \\ -0.2 & 0 & 0.2 & 0 \\ 0 & 0 & 0 & 0 \end{bmatrix}$$

单元④：$\alpha=45°$，$\sin\alpha=0.707$，$\cos\alpha=0.707$

$$k^{④}=\begin{bmatrix} 0.071 & 0.071 & -0.071 & -0.071 \\ 0.071 & 0.071 & -0.071 & -0.701 \\ -0.071 & -0.071 & 0.071 & 0.071 \\ -0.071 & -0.071 & 0.071 & 0.071 \end{bmatrix}$$

单元⑤：$\alpha=135°$，$\sin\alpha=0.707$，$\cos\alpha=-0.707$

$$k^{⑤}=\begin{bmatrix} 0.071 & -0.071 & -0.071 & 0.071 \\ -0.071 & 0.071 & 0.071 & -0.701 \\ -0.071 & 0.071 & 0.071 & -0.071 \\ 0.071 & -0.071 & -0.071 & 0.071 \end{bmatrix}$$

（3）集成结构刚度矩阵。

各单元定位向量为

单元①：$\begin{bmatrix}1 & 2 & 0 & 0\end{bmatrix}^T$，单元②：$\begin{bmatrix}3 & 4 & 0 & 0\end{bmatrix}^T$，

单元③：$\begin{bmatrix}1 & 2 & 3 & 4\end{bmatrix}^T$，单元④：$\begin{bmatrix}1 & 2 & 0 & 0\end{bmatrix}^T$，

单元⑤：$\begin{bmatrix}3 & 4 & 0 & 0\end{bmatrix}^T$

将各单元整体坐标系下的单元刚度矩阵中的元素按单元定位向量表示的行码和列码关系加入到结构整体刚度矩阵中，得

$$K=\begin{bmatrix} k_{11}^{①}+k_{11}^{③}+k_{11}^{④} & k_{12}^{①}+k_{12}^{③}+k_{12}^{④} & k_{13}^{③} & k_{14}^{③} \\ k_{21}^{①}+k_{21}^{③}+k_{21}^{④} & k_{22}^{①}+k_{22}^{③}+k_{22}^{④} & k_{23}^{③} & k_{24}^{③} \\ k_{31}^{③} & k_{32}^{③} & k_{11}^{②}+k_{33}^{③}+k_{11}^{⑤} & k_{12}^{②}+k_{34}^{③}+k_{12}^{⑤} \\ k_{41}^{③} & k_{42}^{③} & k_{21}^{②}+k_{43}^{③}+k_{21}^{⑤} & k_{22}^{②}+k_{44}^{③}+k_{22}^{⑤} \end{bmatrix}$$

$$=\begin{bmatrix} 0.271 & 0.071 & -0.2 & 0 \\ 0.071 & 0.271 & 0 & 0 \\ -0.2 & 0 & 0.271 & -0.071 \\ 0 & 0 & -0.071 & 0.271 \end{bmatrix}$$

（4）形成结构节点荷载向量。

$$F=(0 \quad 0 \quad 20 \quad 10)^T$$

（5）方程求解。

$$\begin{bmatrix} 0.271 & 0.071 & -0.2 & 0 \\ 0.071 & 0.271 & 0 & 0 \\ -0.2 & 0 & 0.271 & -0.071 \\ 0 & 0 & -0.071 & 0.271 \end{bmatrix}\begin{Bmatrix}\Delta_1\\\Delta_2\\\Delta_3\\\Delta_4\end{Bmatrix}=\begin{Bmatrix}0\\0\\20\\10\end{Bmatrix}$$

解方程，得：

$$\Delta=\{191.42 \quad -50.00 \quad 241.42 \quad 100.00\}^T$$

（6）计算单元轴力。

单元①：

$$\Delta^{①}=\{191.42 \quad -50 \quad 0 \quad 0\}^T$$

$$\overline{F}^{①}=\overline{k}^{①}\overline{T}^{①}\Delta^{①}=\begin{Bmatrix}-10\\10\end{Bmatrix}$$

单元②：

$$\Delta^{②}=\{241.42 \quad -100 \quad 0 \quad 0\}^T$$

$$\overline{F}^{②}=\overline{k}^{②}T^{②}\Delta^{②}=\begin{Bmatrix}20\\-20\end{Bmatrix}$$

单元③：

$$\Delta^{③}=\{191.42 \quad -50.00 \quad 241.42 \quad 100.00\}^T$$

$$\overline{F}^{③}=\overline{k}^{③}T^{③}\Delta^{③}=\begin{Bmatrix}-10\\10\end{Bmatrix}$$

单元④：

$$\Delta^{④}=\{191.42 \quad -50 \quad 0 \quad 0\}^{\mathrm{T}}$$

$$\overline{F}^{④}=\overline{k}^{④}\,T^{④}\Delta^{④}=\left\{\begin{array}{c}14.4\\-14.4\end{array}\right\}$$

单元⑤：

$$\Delta^{⑤}=\{241.42 \quad -100 \quad 0 \quad 0\}^{\mathrm{T}}$$

$$\overline{F}^{⑤}=\overline{k}^{⑤}\,T^{⑤}\Delta^{⑤}=\left\{\begin{array}{c}-14.4\\14.4\end{array}\right\}$$

各单元的轴力为：

$$F_{\mathrm{N}}^{①}=10\ \mathrm{kN},\ F_{\mathrm{N}}^{②}=-20\ \mathrm{kN},\ F_{\mathrm{N}}^{③}=10\ \mathrm{kN},$$

$$F_{\mathrm{N}}^{④}=-14.4\ \mathrm{kN},\ F_{\mathrm{N}}^{⑤}=14.4\ \mathrm{kN}$$

注意：单元杆端力是以方向与坐标系正向相同为正，而轴力是以拉力为正的。

7.4　自测题及答案

自测题（A）

一、是非题（将判断结果填入括号：以〇表示正确，以×表示错误，每小题 2 分）

1. 非节点荷载与它的等效节点荷载所引起的节点位移相等。　（　）

2. 结构刚度矩阵主对角线上的元素恒大于零。　（　）

3. 局部坐标系下的单元杆端力矩阵与整体坐标系下的单元杆端力矩阵之间的关系为 $\overline{F}^{\mathrm{e}}=T^{\mathrm{T}}\,F^{\mathrm{e}}$。　（　）

4. 单元刚度矩阵都是奇异矩阵。　（　）

二、选择题（将选中答案的字母填入括号内，每小题 4 分）

1. 图 7-16 所示结构的节点荷载列阵为（　　）。

A. $F=[-10 \quad 0 \quad 0 \quad 0 \quad -20 \quad 0]^{\mathrm{T}}$

B. $F=[0 \quad -20 \quad 0 \quad 10 \quad 0 \quad 0]^{\mathrm{T}}$

C. $F=[10 \quad 0 \quad 0 \quad 0 \quad 20 \quad 0]^{\mathrm{T}}$

D. $F=[0 \quad 10 \quad 0 \quad 0 \quad 20 \quad 0]^{\mathrm{T}}$

2. 图 7-17 所示结构在左端产生单位转角的变形情况下所产生的 6 个杆端力，构成了单元刚度矩阵中的第（　　）元素。

A. 3 行　　　　B. 3 列　　　　C. 1 行　　　　D. 1 列

3. 在先处理法中，定位向量的物理意义为（　　）。

A. 变形连续条件　　　　　　　B. 平衡条件

C. 位移边界条件　　　　　　　D. 变形连续条件和位移边界条件

4. 矩阵位移法求解图 7-18 所示结构时，单元⑨的单刚元素 k_{24} 在结构刚度矩阵中的位置为（　　）。

　　A. 9 行，11 列　　　　　　　　B. 11 行，13 列

　　C. 10 行，12 列　　　　　　　　D. 12 行，10 列

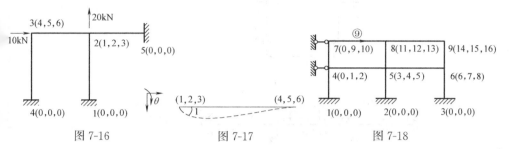

图 7-16　　　　　　　　图 7-17　　　　　　　　图 7-18

三、填充题（将答案写在空格内，每小题 4 分）

1. 图 7-19 所示结构③单元的单元定位向量为_____。

2. 结构刚度矩阵中，元素 K_{32} 的物理意义是当且仅当_____为单位 1 时，所引起的_____的数值。

3. 图 7-20 所示结构的节点荷载矩阵为 $P=$ _____。

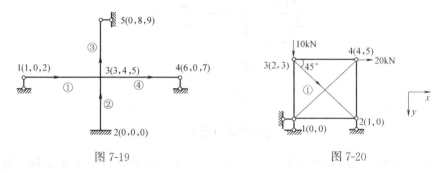

图 7-19　　　　　　　　　　图 7-20

4. 图 7-20 所示结构，单元①的坐标转换矩阵中，元素 $T_{12}=$ _____，元素 $T_{24}=$ _____。

四、计算分析题（写出计算过程，每小题 15 分）

1. 试求图 7-21 所示梁的综合节点荷载矩阵。图中括号内数字为节点位移编码。

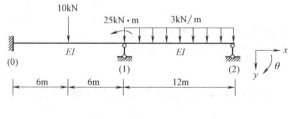

图 7-21

2. 求图 7-22 所示结构的综合节点荷载矩阵（不计轴向变形）。

3. 已知图 7-23 所示结构的节点位移为 $\Delta=\{0\quad 5.81\quad -6.476\quad 0\}^{\mathrm{T}}$，试求各单元的杆端力。

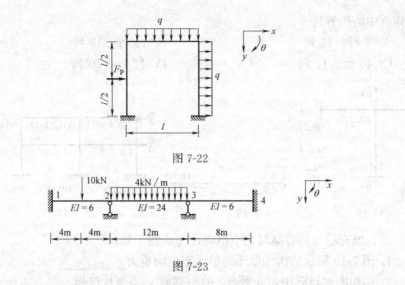

图 7-22

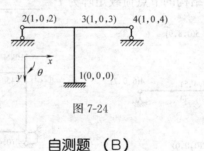

图 7-23

4. 试求图 7-24 所示结构（不计轴向变形）的结构刚度矩阵中的元素 K_{11} 和 K_{31}，已知各杆 $EI=$ 常数，杆长均为 l。

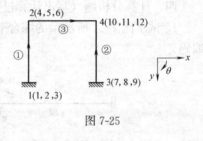

图 7-24

自测题 （B）

一、是非题（将判断结果填入括号：以○表示正确，以×表示错误，每小题 2 分）

1. 连续梁单元刚度矩阵是对称矩阵，也是非奇异矩阵。　　　　　（　　）

2. 图 7-25 所示结构中，单元②的整体单元刚度矩阵元素 k_{23} 在"对号入座"形成结构刚度矩阵时应放在总刚的第 8 行、第 11 列处。　　　　　　　　　　（　　）

3. 矩阵位移法中，某单元整体坐标系下一端的杆端力，依次就是该端的轴力、剪力和弯矩。　　　　　　　　　　（　　）

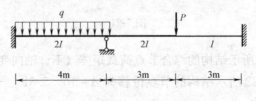

图 7-25

4. 图 7-26 所示梁用矩阵位移法求解时的未知量数目为 2 。　　　（　　）

图 7-26

二、选择题（将选中答案的字母填入括号内，每小题 4 分）

1. "结构等效节点荷载"中的"等效"是指非节点荷载与等效节点荷载（　　　）。

A. 静力等效 　　　　　　　　　B. 引起的结构节点位移相等

C. 引起的结构内力相同 　　　　D. 引起的结构变形一致

2. 矩阵位移法（先处理法）求解图 7-27 所示结构（不计轴向变形）时的节点位移编码为（　　　）。

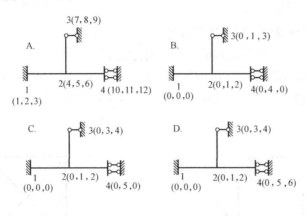

图 7-27

3. 图 7-28 所示单元 i-j 在两种坐标系中的刚度矩阵相比：（　　　）。

A. 完全相同 　　　　　　　　　B. 第 2、3、5、6 行（列）等值异号

C. 第 2、5 行（列）等值异号 　D. 第 3、6 行（列）等值异号

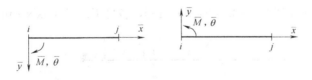

图 7-28

4. 已知某单元定位向量为 $[0\ 1\ 2\ 1\ 3\ 0]^T$，则单元刚度系数 k_{24} 应叠加到整体刚度矩阵中的（　　　）。

A. K_{24} 　　　　　　　　　　B. K_{12}

C. K_{11} 　　　　　　　　　　D. K_{42}

三、填充题（将答案写在空格内，每小题 4 分）

1. 坐标转换矩阵为＿＿＿＿＿＿＿＿矩阵。

2. 图 7-29 所示结构 $EA =$ 常数，结构刚度矩阵中的元素 $K_{44} =$ ＿＿＿＿＿＿。

3. 考虑各杆轴向变形，采用先处理法，图 7-30 所示结构的结构刚度矩阵的阶数为＿＿＿＿＿。

4. 根据＿＿＿＿＿＿＿＿＿定理可以证明结构刚度矩阵是对称矩阵。

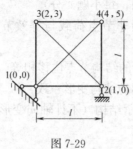

图 7-29   图 7-30

四、计算分析题（写出计算过程，每小题 15 分）

1. 试求图 7-31 所示结构的综合节点荷载矩阵。

2. 已知图 7-32 所示桁架各杆 EA 相同，$EA/l=10^3$ kN/m。已知可动节点位移为：$\{\Delta\}=[\,26.94 \quad -14.42 \quad 21.36 \quad 5.58\,]^T \times 10^{-3}$ m。试求杆件④、⑤的轴力。

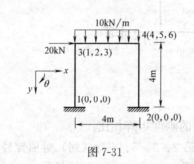

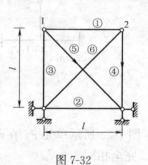

图 7-31   图 7-32

3. 试求各单元的杆端弯矩，作弯矩图。已知图 7-33 所示梁的节点位移矩阵为 $\Delta=\{0 \quad 0.0126 \quad -0.0054 \quad 0\}^T$ rad，各杆 $EI=1000$ kN·m²。

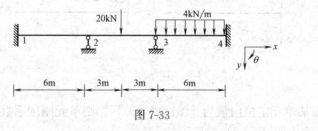

图 7-33

4. 试求图 7-34 所示梁各单元的单元等效节点荷载向量。

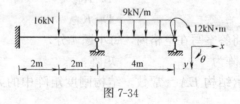

图 7-34

自测题（A）参考答案

一、1. ○   2. ○   3. ×   4. ×

二、1. B   2. B   3. D   4. A

三、1. [3   4   5   0   8   9]^T

2. 第 2 个节点位移，第 3 个节点力

3. [0   0   10   20   0]^T

4. 0.707, 0

四、1. [$-4kN \cdot m$ $-36kN \cdot m$]^T

2. $\left[\dfrac{F_P}{2}+\dfrac{ql}{2} \quad -\dfrac{F_P l}{8}+\dfrac{ql^2}{12} \quad -\dfrac{ql^2}{6}\right]^T$

3. $F^① = \left\{\begin{array}{c} -1.285 \\ 27.43 \end{array}\right\}$, $F^② = \left\{\begin{array}{c} -27.42 \\ 19.43 \end{array}\right\}$, $F^③ = \left\{\begin{array}{c} -19.43 \\ -9.714 \end{array}\right\}$

4. $K_{11}=\dfrac{12EI}{l^3}$，$K_{31}=\dfrac{-6EI}{l^2}$

自测题（B）参考答案

一、1. ○   2. ×   3. ×   4. ×

二、1. B   2. B   3. A   4. C

三、1. 正交

2. $\left(1+\dfrac{\sqrt{2}}{4}\right)\dfrac{EA}{l}$

3. 5×5

4. 反力互等

四、1. [20   20   40/3   0   20   −40/3]^T

2. $F_{N4}=5.58kN$（压力），$F_{N5}=6.26kN$（压力）

3. $F^① = \left\{\begin{array}{c} 4.2 \\ 8.4 \end{array}\right\}$, $F^② = \left\{\begin{array}{c} -8.4 \\ 15.6 \end{array}\right\}$, $F^③ = \left\{\begin{array}{c} -15.6 \\ 10.2 \end{array}\right\}$

弯矩图如图 7-35 所示。

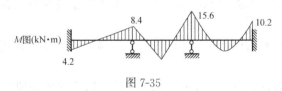

图 7-35

4. $F_E^① = \left\{\begin{array}{c} 8 \\ -8 \end{array}\right\}$, $F_E^② = \left\{\begin{array}{c} 12 \\ -12 \end{array}\right\}$

7.5 主教材思考题答案

7-1   矩阵位移法和典型方程位移法有何异同？

答：两者基本思路和原理是相同的，都是以节点位移为基本未知量，通过"一拆一合"进行求解。所谓"一拆"是指将结构设法拆成具有已知"载常数和形常数"的单元，便于各单元在发生一定位移和给定荷载时的受力分

析——单元分析。所谓"一合"是指将经单元分析的各单元重新组装成结构，在满足位移协调和节点平衡的条件下消除与原结构间的差别，获得求解未知量的方程——整体分析。求得位移以后，都利用已知的单元"载常数和形常数"解决结构受力等计算问题。

不同点在于，矩阵位移法中基于的单元形式少，这样虽然未知数多，但分析过程统一简洁、便于编制程序用计算机求解。典型方程位移法是一种手算方法，为了减少未知量个数，通常基于三类等截面直杆单元。未知量多了就会造成手算很困难。

7-2 何谓单元刚度矩阵 k^e，其元素 k_{ij} 的物理意义是什么？

答：单元产生单元杆端位移 Δ^e 时，将单元杆端位移 Δ^e 和所需施加的单元杆端力 F^e 联系起来的联系矩阵称为单元刚度矩阵 k^e。其元素 k_{ij} 的物理意义是，仅当产生单元 $\Delta_j = 1$ 的杆端位移时，在 i 处所需施加的单元杆端力 F_i。

7-3 何谓定位向量？试述如何将单元刚度元素和等效节点荷载按定位向量进行组装？

答：在整体坐标下，单元两端的局部位移编码对应的整体位移编码组成的向量，称为定位向量。

按定位向量进行组装的规则如下：整体坐标下的单元刚度矩阵元素 k_{ij}，假设单元局部位移码 i、j 所对应的定位向量元素分别为 r、s（设定位向量第 i 个元素为 r，第 j 个元素为 s），则将 k_{ij} 送整体刚度矩阵的 K_{rs} 元素位置进行累加。将整体坐标单元等效节点荷载元素 F_{Ei}，送综合等效节点荷载矩阵 P_r 位置进行累加。如果将被约束（无位移）的位移码编为零，当定位向量对应元素为零时，相应元素不参加集装，这就是先处理定位向量集装方法。

7-4 如何求单元等效节点荷载？等效的含义是什么？

答：与位移法一样，在单元杆端无位移的情况下根据所作用的荷载由载常数确定固端内力，然后将固端内力反向即可得到单元局部坐标下的等效节点荷载，再根据单元的方位将局部坐标下的量向整体坐标上投影，即可得到整体坐标下的单元等效节点荷载。

所谓等效是指在此荷载下引起的节点位移，与原荷载作用下的节点位移相同。

7-5 当结构具有弹性支撑或已知支座位移时应如何处理？

答：设节点整体位移编码 r 所对应的"方向"有弹性支座，其对应的（广义）刚度为 k_r，则只需将 k_r 送整体刚度矩阵 K_{rr} 位置进行累加即可。

设节点整体位移编码 r 所对应的"方向"有已知支座位移 Δ_r^0，当采用乘大数法进行边界条件处理时，将整体刚度矩阵元素 K_{rr} 乘以大数 N，将综合等效节点荷载矩阵元素 F_r 换成 $NK_{rr}\Delta_r^0$，这是工作量最小的一种处理方法。在先处理法中，可将支座位移作为广义荷载来处理。

7-6 如何快速确定结构整体刚度矩阵元素 K_{rs}？

答：可根据整体刚度矩阵元素的物理意义来确定，因为 K_{rs} 的物理意义是，当结构仅发生 $\Delta_s = 1$ 时，在 Δ_r 所对应处需施加的约束反力。因此，可只

取与 Δ_s 相关联的（与此节点有单元相连接）部分结构为研究对象，在仅仅发生 $\Delta_s=1$ 的条件下根据位移法形常数，像位移法一样来确定反力系数 K_{rs}。如果 Δ_r 和 Δ_s 无单元相关联，则 $K_{rs}=0$。

7-7 如何快速确定综合等效节点荷载元素？

答：首先看与整体位移编码 r 对应的节点上是否有节点荷载作用，如果有，先确定与整体位移编码 r 对应的节点荷载值（与坐标同向为正）F_{Dr}，否则 $F_{Dr}=0$。

然后取出与 Δ_r 相关联的（与此节点有单元相连接）部分结构为研究对象，在位移全部约束的条件下，利用载常数确定各单元整体坐标等效节点荷载，最后累加各单元与 Δ_r 相应的等效节点荷载元素值，得到 F_{Er}。如果所有单元上均无荷载作用，则 $F_{Er}=0$。

最后将两者相加——$F_{Dr}+F_{Er}$，即可得综合等效节点荷载元素 F_r。

7-8 矩阵位移法中如何处理温度改变问题？

答：与先处理法中的支座位移一样，矩阵位移法将温度改变问题当作广义荷载来处理。首先，将杆件两侧温度改变问题化成轴线温度改变和两侧温差，然后利用轴线温度改变和两侧温差的（广义）载常数进一步确定等效节点荷载。

7.6 主教材习题详细解答

7-1 试求图 7-36 所示刚架结构的整体刚度矩阵（不计杆件的轴向变形）。设 $E=21\times10^4\,\mathrm{MPa}$，$I=6.4\times10^{-5}\,\mathrm{m}^4$。

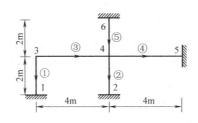

图 7-36 习题 7-1 图

【解】 单元及节点编号如图所示。设 $i=EI/4$，各单元刚度矩阵分别为

$$[k]^{①}=[k]^{②}=[k]^{⑤}=\begin{bmatrix}8i&4i\\4i&8i\end{bmatrix},\ [k]^{③}=[k]^{④}=\begin{bmatrix}4i&2i\\2i&4i\end{bmatrix}$$

整体刚度矩阵为：

$$[K]=\begin{bmatrix}12i&2i\\2i&24i\end{bmatrix}=\begin{bmatrix}40320&6720\\6720&80640\end{bmatrix}\mathrm{kN\cdot m}$$

7-2 试求图 7-37 所示刚架结构的刚度矩阵（考虑杆件的轴向变形），设各杆几何尺寸相同，$l=5\mathrm{m}$，$A=0.5\mathrm{m}^2$，$I=1/24\mathrm{m}^4$，$E=3\times10^7\,\mathrm{kN/m}^2$。

【解】 单元及节点编号如图所示。各单元局部坐标系下的刚度矩阵为

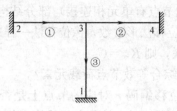

图 7-37 习题 7-2 图

$$[\overline{k}]^e = \begin{pmatrix} \dfrac{EA}{l} & 0 & 0 & -\dfrac{EA}{l} & 0 & 0 \\[2mm] 0 & \dfrac{12EI}{l^3} & \dfrac{6EI}{l^2} & 0 & -\dfrac{12EI}{l^3} & \dfrac{6EI}{l^2} \\[2mm] 0 & \dfrac{6EI}{l^2} & \dfrac{4EI}{l} & 0 & -\dfrac{6EI}{l^2} & \dfrac{2EI}{l} \\[2mm] -\dfrac{EA}{l} & 0 & 0 & \dfrac{EA}{l} & 0 & 0 \\[2mm] 0 & -\dfrac{12EI}{l^3} & -\dfrac{6EI}{l^2} & 0 & \dfrac{12EI}{l^3} & -\dfrac{6EI}{l^2} \\[2mm] 0 & \dfrac{6EI}{l^2} & \dfrac{2EI}{l} & 0 & -\dfrac{6EI}{l^2} & \dfrac{4EI}{l} \end{pmatrix}$$

$$[k]^① = [k]^② = [\overline{k}]^e = \begin{bmatrix} 300 & 0 & 0 & -300 & 0 & 0 \\ 0 & 12 & 30 & 0 & -12 & 30 \\ 0 & 30 & 100 & 0 & -30 & 50 \\ -300 & 0 & 0 & 300 & 0 & 0 \\ 0 & -12 & -30 & 0 & 12 & -30 \\ 0 & 30 & 50 & 0 & -30 & 100 \end{bmatrix} \times 10^4$$

$$[k]^③ = [T]^T[\overline{k}]^③[T] = \begin{bmatrix} 12 & 0 & -30 & -12 & 0 & -30 \\ 0 & 300 & 0 & 0 & -300 & 0 \\ -30 & 0 & 100 & 30 & 0 & 50 \\ -12 & 0 & 30 & 12 & 0 & 30 \\ 0 & -300 & 0 & 0 & 300 & 0 \\ -30 & 0 & 50 & 30 & 0 & 100 \end{bmatrix} \times 10^4 \, (\alpha = 90°)$$

整体刚度矩阵为

$$[K] = \begin{bmatrix} 612\text{kN/m} & 0 & -30\text{kN} \\ 0 & 324\text{kN/m} & 0 \\ -30\text{kN} & 0 & 300\text{kN} \cdot \text{m} \end{bmatrix} \times 10^4$$

7-3 试用先处理法建立图 7-38 所示结构的整体刚度矩阵。设 $E = 21 \times 10^4 \text{MPa}$，$I = 6.4 \times 10^{-5} \text{m}^4$，$A = 2 \times 10^{-3} \text{m}^2$。

【解】 单元及节点编号如图所示。各单元局部和整体坐标下的单元刚度矩阵分别为

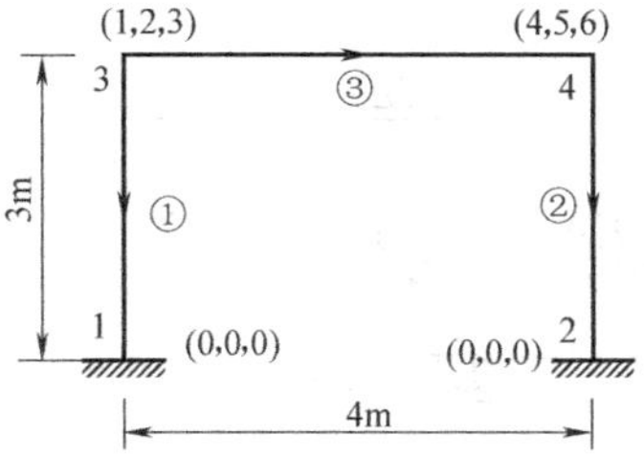

图 7-38　习题 7-3 图

$$\overline{k}^{①}=\overline{k}^{②}=\begin{pmatrix} \dfrac{EA}{3} & 0 & 0 & -\dfrac{EA}{3} & 0 & 0 \\[2mm] 0 & \dfrac{12EI}{3^3} & \dfrac{6EI}{3^2} & 0 & -\dfrac{12EI}{3^3} & \dfrac{6EI}{3^2} \\[2mm] 0 & \dfrac{6EI}{3^2} & \dfrac{4EI}{3} & 0 & -\dfrac{6EI}{3^2} & \dfrac{2EI}{3} \\[2mm] -\dfrac{EA}{3} & 0 & 0 & \dfrac{EA}{3} & 0 & 0 \\[2mm] 0 & -\dfrac{12EI}{3^3} & -\dfrac{6EI}{3^2} & 0 & \dfrac{12EI}{3^3} & -\dfrac{6EI}{3^2} \\[2mm] 0 & \dfrac{6EI}{3^2} & \dfrac{2EI}{3} & 0 & -\dfrac{6EI}{3^2} & \dfrac{4EI}{3} \end{pmatrix}$$

$$k^{①}=k^{②}=\left(\begin{array}{ccc:ccc} \dfrac{12EI}{3^3} & 0 & -\dfrac{6EI}{3^2} & -\dfrac{12EI}{3^3} & 0 & -\dfrac{6EI}{3^2} \\[2mm] 0 & \dfrac{EA}{3} & 0 & 0 & -\dfrac{EA}{3} & 0 \\[2mm] -\dfrac{6EI}{3^2} & 0 & \dfrac{4EI}{3} & \dfrac{6EI}{3^2} & 0 & \dfrac{2EI}{3} \\ \hdashline -\dfrac{12EI}{3^3} & 0 & \dfrac{6EI}{3^2} & \dfrac{12EI}{3^3} & 0 & \dfrac{6EI}{3^2} \\[2mm] 0 & -\dfrac{EA}{3} & 0 & 0 & \dfrac{EA}{3} & 0 \\[2mm] -\dfrac{6EI}{3^2} & 0 & \dfrac{2EI}{3} & \dfrac{6EI}{3^2} & 0 & \dfrac{4EI}{3} \end{array}\right)$$

$$k^{③}=\overline{k}^{③}=\begin{pmatrix} \dfrac{EA}{4} & 0 & 0 & -\dfrac{EA}{4} & 0 & 0 \\[2mm] 0 & \dfrac{12EI}{4^3} & \dfrac{6EI}{4^2} & 0 & -\dfrac{12EI}{4^3} & \dfrac{6EI}{4^2} \\[2mm] 0 & \dfrac{6EI}{4^2} & \dfrac{4EI}{4} & 0 & -\dfrac{6EI}{4^2} & \dfrac{2EI}{4} \\[2mm] -\dfrac{EA}{4} & 0 & 0 & \dfrac{EA}{4} & 0 & 0 \\[2mm] 0 & -\dfrac{12EI}{4^3} & -\dfrac{6EI}{4^2} & 0 & \dfrac{12EI}{4^3} & -\dfrac{6EI}{4^2} \\[2mm] 0 & \dfrac{6EI}{4^2} & \dfrac{2EI}{4} & 0 & -\dfrac{6EI}{4^2} & \dfrac{4EI}{4} \end{pmatrix}$$

整体刚度矩阵为

$$K=\begin{bmatrix} \dfrac{EA}{4}+\dfrac{12EI}{3^3} & 0 & -\dfrac{6EI}{3^2} & -\dfrac{EA}{4} & 0 & 0 \\[3mm] 0 & \dfrac{12EI}{4^3}+\dfrac{EA}{3} & \dfrac{6EI}{4^2} & 0 & -\dfrac{12EI}{4^3} & \dfrac{6EI}{4^2} \\[3mm] -\dfrac{6EI}{3^2} & \dfrac{6EI}{4^2} & \dfrac{4EI}{4}+\dfrac{4EI}{3} & 0 & -\dfrac{6EI}{4^2} & \dfrac{2EI}{4} \\[3mm] -\dfrac{EA}{4} & 0 & 0 & \dfrac{EA}{4}+\dfrac{12EI}{3^3} & 0 & -\dfrac{6EI}{3^2} \\[3mm] 0 & -\dfrac{12EI}{4^3} & -\dfrac{6EI}{4^2} & 0 & \dfrac{12EI}{4^3}+\dfrac{EA}{3} & -\dfrac{6EI}{4^2} \\[3mm] 0 & \dfrac{6EI}{4^2} & \dfrac{2EI}{4} & -\dfrac{6EI}{3^2} & -\dfrac{6EI}{4^2} & \dfrac{4EI}{4}+\dfrac{4EI}{3} \end{bmatrix}$$

$$=\begin{bmatrix} 110.973\text{N/m} & 0 & -8.96\text{N} & -105\text{N/m} & 0 & 0 \\ 0 & 142.52\text{N/m} & 5.04\text{N} & 0 & -2.52\text{N/m} & 5.04\text{N} \\ -8.96\text{N} & 5.04\text{N} & 31.36\text{N·m} & 0 & -5.04\text{N} & 6.72\text{N·m} \\ -105\text{N/m} & 0 & 0 & 110.973\text{N/m} & 0 & -8.96\text{N} \\ 0 & -2.52\text{N/m} & -5.04\text{N} & 0 & 142.52\text{N/m} & -5.04\text{N} \\ 0 & 5.04\text{N} & 6.72\text{N·m} & -8.96\text{N} & -5.04\text{N} & 31.36\text{N·m} \end{bmatrix}\times10^6$$

7-4　用矩阵位移法计算图 7-39 所示连续梁。$EI=$常数。

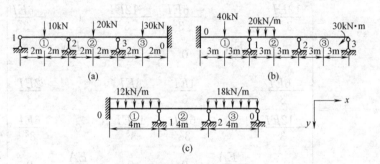

图 7-39　习题 7-4 图

（a）【解】　单元和节点编号如图 7-39 所示，采用先处理法。

设 $i=EI/4$，

各单元的单元刚度矩阵

$$[k]^①=[k]^②=[k]^③=\begin{bmatrix} 4i & 2i \\ 2i & 4i \end{bmatrix}$$

结构的刚度矩阵

$$[K]=\begin{bmatrix} 4i & 2i & 0 \\ 2i & 8i & 2i \\ 0 & 2i & 8i \end{bmatrix}$$

综合节点荷载列阵为 $\{F\}=\begin{bmatrix}5 & 5 & 5\end{bmatrix}^\mathrm{T}$，得结构刚度方程为

$$\begin{bmatrix} 4i & 2i & 0 \\ 2i & 8i & 2i \\ 0 & 2i & 8i \end{bmatrix} \begin{Bmatrix} \Delta_1 \\ \Delta_2 \\ \Delta_3 \end{Bmatrix} = \begin{Bmatrix} 5 \\ 5 \\ 5 \end{Bmatrix},$$

解得

$$\begin{Bmatrix} \Delta_1 \\ \Delta_2 \\ \Delta_3 \end{Bmatrix} = \begin{Bmatrix} 1.1538 \\ 0.1923 \\ 0.5769 \end{Bmatrix} \times \frac{1}{i} = \begin{Bmatrix} 4.6154 \\ 0.76923 \\ 2.3077 \end{Bmatrix} \times \frac{1}{EI}$$

各单元最终杆端弯矩分别为

$$[\overline{F}]^{①} = \begin{bmatrix} 4i & 2i \\ 2i & 4i \end{bmatrix} \begin{Bmatrix} 1.1538 \\ 0.1923 \end{Bmatrix} \times \frac{1}{i} + \begin{Bmatrix} -5 \\ 5 \end{Bmatrix} = \begin{Bmatrix} 0 \\ 8.0769 \end{Bmatrix} \text{kN} \cdot \text{m}$$

$$[\overline{F}]^{②} = \begin{bmatrix} 4i & 2i \\ 2i & 4i \end{bmatrix} \begin{Bmatrix} 0.1923 \\ 0.5769 \end{Bmatrix} \times \frac{1}{i} + \begin{Bmatrix} -10 \\ 10 \end{Bmatrix} = \begin{Bmatrix} -8.0769 \\ 12.6923 \end{Bmatrix} \text{kN} \cdot \text{m}$$

$$[\overline{F}]^{③} = \begin{bmatrix} 4i & 2i \\ 2i & 4i \end{bmatrix} \begin{Bmatrix} 0.5769 \\ 0 \end{Bmatrix} \times \frac{1}{i} + \begin{Bmatrix} -15 \\ 15 \end{Bmatrix} = \begin{Bmatrix} -12.6923 \\ 16.1538 \end{Bmatrix} \text{kN} \cdot \text{m}$$

(b)【解】设 $i = EI/6$,

各单元的单元刚度矩阵为

$$[k]^{①} = [k]^{②} = [k]^{③} = \begin{bmatrix} 4i & 2i \\ 2i & 4i \end{bmatrix}$$

结构刚度矩阵为

$$[K] = \begin{bmatrix} 8i & 2i & 0 \\ 2i & 8i & 2i \\ 0 & 2i & 4i \end{bmatrix}$$

综合节点荷载列阵为

$$\{F\} = \begin{bmatrix} 11.25 & -18.75 & 30 \end{bmatrix}^{\text{T}} \text{kN} \cdot \text{m}$$

得结构刚度方程为

$$\begin{bmatrix} 8i & 2i & 0 \\ 2i & 8i & 2i \\ 0 & 2i & 8i \end{bmatrix} \begin{Bmatrix} \Delta_1 \\ \Delta_2 \\ \Delta_3 \end{Bmatrix} = \begin{Bmatrix} 11.25 \\ -18.75 \\ 30 \end{Bmatrix}$$

解得

$$\begin{Bmatrix} \Delta_1 \\ \Delta_2 \\ \Delta_3 \end{Bmatrix} = \begin{Bmatrix} 2.444 \\ -4.152 \\ 4.788 \end{Bmatrix} \times \frac{1}{i}$$

各单元最终杆端弯矩分别为

$$[\overline{F}]^{①} = \begin{bmatrix} 4i & 2i \\ 2i & 4i \end{bmatrix} \begin{Bmatrix} 0 \\ 2.444 \end{Bmatrix} \times \frac{1}{i} + \begin{Bmatrix} -30 \\ 30 \end{Bmatrix} = \begin{Bmatrix} -25.11 \\ 39.78 \end{Bmatrix} \text{kN} \cdot \text{m}$$

$$[\overline{F}]^{②} = \begin{bmatrix} 4i & 2i \\ 2i & 4i \end{bmatrix} \begin{Bmatrix} 2.444 \\ -4.152 \end{Bmatrix} \times \frac{1}{i} + \begin{Bmatrix} -41.25 \\ 18.75 \end{Bmatrix} = \begin{Bmatrix} -39.78 \\ 7.03 \end{Bmatrix} \text{kN} \cdot \text{m}$$

$$[\overline{F}]^{③}=\begin{bmatrix}4i & 2i \\ 2i & 4i\end{bmatrix}\begin{Bmatrix}-4.152 \\ 4.788\end{Bmatrix}\times\frac{1}{i}=\begin{Bmatrix}-7.03 \\ 30\end{Bmatrix}\text{kN}\cdot\text{m}$$

（c）【解】设 $i=EI/4$，各单元的单元刚度矩阵和结构刚度矩阵分别为

$$[k]^{①}=[k]^{②}=[k]^{③}=\begin{bmatrix}4i & 2i \\ 2i & 4i\end{bmatrix},\ [K]=\begin{bmatrix}8i & 2i \\ 2i & 8i\end{bmatrix}$$

综合节点荷载列阵为

$$\{F\}=\begin{bmatrix}-16 & 24\end{bmatrix}^{\text{T}}\text{kN}\cdot\text{m}$$

得结构刚度方程为

$$\begin{bmatrix}8i & 2i \\ 2i & 8i\end{bmatrix}\begin{Bmatrix}\Delta_1 \\ \Delta_2\end{Bmatrix}=\begin{Bmatrix}-16 \\ 24\end{Bmatrix}$$

解得

$$\begin{Bmatrix}\Delta_1 \\ \Delta_2\end{Bmatrix}=\begin{Bmatrix}-\dfrac{44}{15i} \\ \dfrac{56}{15i}\end{Bmatrix}$$

各单元最终杆端弯矩分别为

$$[\overline{F}]^{①}=\begin{bmatrix}4i & 2i \\ 2i & 4i\end{bmatrix}\begin{Bmatrix}0 \\ -\dfrac{44}{15}\end{Bmatrix}\times\frac{1}{i}+\begin{Bmatrix}-16 \\ 16\end{Bmatrix}=\begin{Bmatrix}-21.867 \\ 4.267\end{Bmatrix}\text{kN}\cdot\text{m}$$

$$[\overline{F}]^{②}=\begin{bmatrix}4i & 2i \\ 2i & 4i\end{bmatrix}\begin{Bmatrix}\dfrac{-44}{15} \\ \dfrac{56}{15}\end{Bmatrix}\times\frac{1}{i}=\begin{Bmatrix}-4.267 \\ 9.067\end{Bmatrix}\text{kN}\cdot\text{m}$$

$$[\overline{F}]^{③}=\begin{bmatrix}4i & 2i \\ 2i & 4i\end{bmatrix}\begin{Bmatrix}\dfrac{56}{15} \\ 0\end{Bmatrix}\times\frac{1}{i}+\begin{Bmatrix}-24 \\ 24\end{Bmatrix}=\begin{Bmatrix}-9.067 \\ 31.467\end{Bmatrix}\text{kN}\cdot\text{m}$$

7-5　试建立图 7-40 所示连续梁的整体刚度矩阵和综合节点荷载。各杆 $E=21\times10^4\text{MPa}$，$I=6.4\times10^{-5}\text{m}^4$。

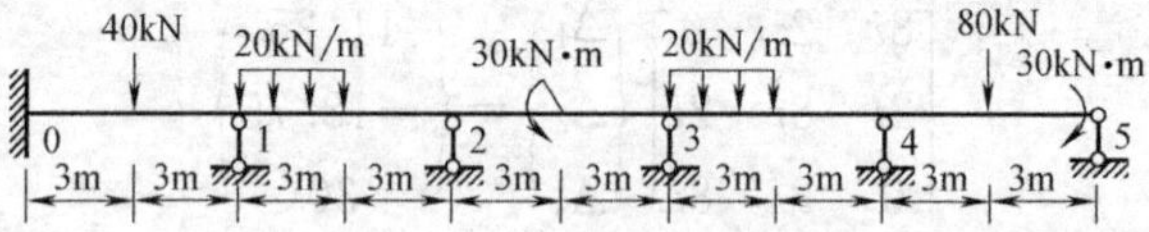

图 7-40　习题 7-5 图

【解】　设 $i=EI/6$，各单元刚度矩阵和整体刚度矩阵分别为

$$[k]^{\text{e}}=\begin{bmatrix}4i & 2i \\ 2i & 4i\end{bmatrix},\ [K]=\begin{bmatrix}8i & 2i & 0 & 0 & 0 \\ 2i & 8i & 2i & 0 & 0 \\ 0 & 2i & 8i & 2i & 0 \\ 0 & 0 & 2i & 8i & 2i \\ 0 & 0 & 0 & 2i & 4i\end{bmatrix}$$

综合节点荷载为

$$\{F\}=\begin{bmatrix}11.25 & -11.25 & 48.75 & 41.25 & -30\end{bmatrix}^{\text{T}}\text{kN}\cdot\text{m}$$

结构的刚度方程为

$$2240 \cdot \begin{bmatrix} 8 & 2 & 0 & 0 & 0 \\ 2 & 8 & 2 & 0 & 0 \\ 0 & 2 & 8 & 2 & 0 \\ 0 & 0 & 2 & 8 & 2 \\ 0 & 0 & 0 & 2 & 4 \end{bmatrix} \begin{Bmatrix} \Delta_1 \\ \Delta_2 \\ \Delta_3 \\ \Delta_4 \\ \Delta_5 \end{Bmatrix} = \begin{Bmatrix} 11.25 \\ -11.25 \\ 48.75 \\ 41.25 \\ -30 \end{Bmatrix} \text{ kN} \cdot \text{m}$$

7-6 用矩阵位移先处理法求图 7-41 所示桁架各杆内力。各杆 EA 相同。

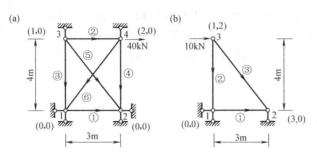

图 7-41 习题 7-6 图

（a）【解】 图 7-41（a）所示结构仅 3、4 点能发生水平位移，分别记为 u_1、u_2，仅单元②、⑤、⑥参与受力。

其整体坐标下的单元刚度方程分别为

$$[k]^{②} = \frac{EA}{3} \begin{bmatrix} 1 & 0 & -1 & 0 \\ 0 & 0 & 0 & 0 \\ -1 & 0 & 1 & 0 \\ 0 & 0 & 0 & 0 \end{bmatrix};$$

$$[k]^{⑤} = \frac{EA}{125} \begin{bmatrix} 9 & 12 & -9 & -12 \\ 12 & 16 & -12 & -16 \\ -9 & -12 & 9 & 12 \\ -12 & -16 & 12 & 16 \end{bmatrix}, \begin{pmatrix} \cos\alpha = 0.6 \\ \sin\alpha = 0.8 \end{pmatrix};$$

$$[k]^{⑥} = \frac{EA}{125} \begin{bmatrix} 9 & -12 & -9 & 12 \\ -12 & 16 & 12 & -16 \\ -9 & 12 & 9 & -12 \\ 12 & -16 & -12 & 16 \end{bmatrix}, \begin{pmatrix} \cos\alpha = -0.6 \\ \sin\alpha = 0.8 \end{pmatrix}$$

结构整体刚度矩阵为

$$[K] = \frac{EA}{1} \begin{bmatrix} \dfrac{152}{375} & -\dfrac{1}{3} \\ -\dfrac{1}{3} & \dfrac{152}{375} \end{bmatrix}$$

综合节点荷载矩阵为 $\{F\} = \begin{bmatrix} 0 & 40 \end{bmatrix}^{\mathrm{T}} \text{kN}$

解得

$$\begin{Bmatrix} u_1 \\ u_2 \end{Bmatrix} = \frac{1}{EA} \begin{Bmatrix} 250.70 \\ 304.85 \end{Bmatrix}$$

各单元杆端力分别为

$$\{\overline{F}\}^{\textcircled{2}} = \frac{EA}{3} \begin{bmatrix} 1 & -1 \\ -1 & 1 \end{bmatrix} \begin{Bmatrix} 250.70 \\ 304.85 \end{Bmatrix} \frac{1}{EA} = \begin{Bmatrix} -18.051 \\ 18.051 \end{Bmatrix} \text{kN}$$

$$\{\overline{F}\}^{\textcircled{5}} = \begin{bmatrix} 0.6 & 0.8 & 0 & 0 \\ -0.8 & 0.6 & 0 & 0 \\ 0 & 0 & 0.6 & 0.8 \\ 0 & 0 & -0.8 & 0.6 \end{bmatrix} \frac{EA}{125} \begin{bmatrix} 9 & 12 & -9 & -12 \\ 12 & 16 & -12 & -16 \\ -9 & -12 & 9 & 12 \\ -12 & -16 & 12 & 16 \end{bmatrix} \begin{Bmatrix} 250.70 \\ 0 \\ 0 \\ 0 \end{Bmatrix} \frac{1}{EA}$$

$$= \begin{Bmatrix} 30.084 \\ 0 \\ -30.084 \\ 0 \end{Bmatrix} \text{kN}$$

$$\{\overline{F}\}^{\textcircled{6}} = \begin{bmatrix} -0.6 & 0.8 & 0 & 0 \\ -0.8 & -0.6 & 0 & 0 \\ 0 & 0 & -0.6 & 0.8 \\ 0 & 0 & -0.8 & -0.6 \end{bmatrix} \frac{EA}{125} \begin{bmatrix} 9 & -12 & -9 & 12 \\ -12 & 16 & 12 & -16 \\ -9 & 12 & 9 & -12 \\ 12 & -16 & -12 & 16 \end{bmatrix} \begin{Bmatrix} 304.85 \\ 0 \\ 0 \\ 0 \end{Bmatrix} \frac{1}{EA}$$

$$= \begin{Bmatrix} -36.582 \\ 0 \\ 36.582 \\ 0 \end{Bmatrix} \text{kN}$$

故,各杆轴力分别为

$$F^{\textcircled{2}} = 18.051 \text{ kN}, \quad F^{\textcircled{5}} = -30.084 \text{ kN}$$
$$F^{\textcircled{6}} = 36.582 \text{ kN}, \quad F^{\textcircled{1}} = F^{\textcircled{3}} = F^{\textcircled{4}} = 0$$

(b)【解】 图 7-41 (b) 所示结构各单元①、②、③在整体坐标系下的单元刚度矩阵分别为

$$[k]^{\textcircled{1}} = \frac{EA}{3} \begin{bmatrix} 1 & 0 & -1 & 0 \\ 0 & 0 & 0 & 0 \\ -1 & 0 & 1 & 0 \\ 0 & 0 & 0 & 0 \end{bmatrix}$$

$$[k]^{\textcircled{2}} = \frac{EA}{4} \begin{bmatrix} 0 & 0 & 0 & 0 \\ 0 & 1 & 0 & -1 \\ 0 & 0 & 0 & 0 \\ 0 & -1 & 0 & 1 \end{bmatrix}, (\alpha = 90°);$$

$$[k]^{\textcircled{3}} = \frac{EA}{125} \begin{bmatrix} 9 & 12 & -9 & -12 \\ 12 & 16 & -12 & -16 \\ -9 & -12 & 9 & 12 \\ -12 & -16 & 12 & 16 \end{bmatrix}, \begin{pmatrix} \cos\alpha = 0.6 \\ \sin\alpha = 0.8 \end{pmatrix}$$

整体刚度矩阵为

$$[K] = \frac{EA}{125} \begin{bmatrix} 9 & 12 & -9 \\ 12 & \dfrac{189}{4} & -12 \\ -9 & -12 & \dfrac{152}{3} \end{bmatrix}$$

综合节点荷载列阵为

$$\{F\} = \begin{bmatrix} 10 & 0 & 0 \end{bmatrix}^{T}$$

结构刚度方程为

$$\frac{EA}{125} \begin{bmatrix} 9 & 12 & -9 \\ 12 & \dfrac{189}{4} & -12 \\ -9 & -12 & \dfrac{152}{3} \end{bmatrix} \begin{Bmatrix} \Delta_1 \\ \Delta_2 \\ \Delta_3 \end{Bmatrix} = \begin{Bmatrix} 10 \\ 0 \\ 0 \end{Bmatrix} kN$$

解得

$$\{\Delta\} = \frac{1}{EA} \begin{bmatrix} 240 & -53.333 & 30 \end{bmatrix}^{T}$$

各单元杆端力分别为

$$\{\overline{F}\}^{①} = \frac{EA}{3} \begin{bmatrix} 1 & 0 & -1 & 0 \\ 0 & 0 & 0 & 0 \\ -1 & 0 & 1 & 0 \\ 0 & 0 & 0 & 0 \end{bmatrix} \begin{Bmatrix} 0 \\ 0 \\ 30 \\ 0 \end{Bmatrix} \frac{1}{EA} = \begin{Bmatrix} -10 \\ 0 \\ 10 \\ 0 \end{Bmatrix} kN$$

$$\{\overline{F}\}^{②} = \frac{EA}{4} \begin{bmatrix} 1 & 0 & -1 & 0 \\ 0 & 0 & 0 & 0 \\ -1 & 0 & 1 & 0 \\ 0 & 0 & 0 & 0 \end{bmatrix} \begin{bmatrix} 0 & 1 & 0 & 0 \\ -1 & 0 & 0 & 0 \\ 0 & 0 & 0 & 1 \\ 0 & 0 & -1 & 0 \end{bmatrix} \begin{Bmatrix} 240 \\ -53.333 \\ 0 \\ 0 \end{Bmatrix} \frac{1}{EA} = \begin{Bmatrix} -13.333 \\ 0 \\ 13.333 \\ 0 \end{Bmatrix} kN$$

$$\{\overline{F}\}^{③} = \begin{bmatrix} 0.6 & 0.8 & 0 & 0 \\ -0.8 & 0.6 & 0 & 0 \\ 0 & 0 & 0.6 & 0.8 \\ 0 & 0 & -0.8 & 0.6 \end{bmatrix} \frac{EA}{125} \begin{bmatrix} 9 & 12 & -9 & -12 \\ 12 & 16 & -12 & -16 \\ -9 & -12 & 9 & 12 \\ -12 & -16 & 12 & 16 \end{bmatrix} \begin{Bmatrix} 240 \\ -53.333 \\ 30 \\ 0 \end{Bmatrix} \frac{1}{EA}$$

$$= \begin{Bmatrix} 16.667 \\ 0 \\ -16.667 \\ 0 \end{Bmatrix} kN$$

故，各杆轴力为

$$F^{①} = 10.000 kN, \quad F^{②} = 13.333 kN, \quad F^{③} = -16.667 kN$$

7-7 试用矩阵位移法求图 7-42 桁架各杆轴力。各杆 E 相同。

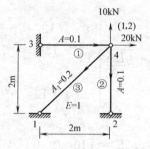

图 7-42　习题 7-7 图

【解】　每个单元的单元刚度矩阵：

$$[k]^① = \frac{EA}{l} \begin{bmatrix} 1 & 0 & -1 & 0 \\ 0 & 0 & 0 & 0 \\ -1 & 0 & 1 & 0 \\ 0 & 0 & 0 & 0 \end{bmatrix};$$

$$[k]^② = \frac{EA}{l} \begin{bmatrix} 0 & 0 & 0 & 0 \\ 0 & 1 & 0 & -1 \\ 0 & 0 & 0 & 0 \\ 0 & -1 & 0 & 1 \end{bmatrix}, (\alpha = 90°);$$

$$[k]^③ = \frac{E \cdot 2A}{2\sqrt{2}l} \begin{bmatrix} 1 & -1 & -1 & 1 \\ -1 & 1 & 1 & -1 \\ -1 & 1 & 1 & -1 \\ 1 & -1 & -1 & 1 \end{bmatrix}, (\alpha = 135°)$$

整体刚度矩阵为

$$[K] = \frac{EA}{l} \begin{bmatrix} \dfrac{\sqrt{2}}{2}+1 & -\dfrac{\sqrt{2}}{2} \\ -\dfrac{\sqrt{2}}{2} & \dfrac{\sqrt{2}}{2}+1 \end{bmatrix}$$

综合节点荷载列阵为

$$\{F\} = \begin{bmatrix} 20 & -10 \end{bmatrix}^T$$

结构刚度方程为

$$\frac{EA}{l} \begin{bmatrix} \dfrac{\sqrt{2}}{2}+1 & -\dfrac{\sqrt{2}}{2} \\ -\dfrac{\sqrt{2}}{2} & \dfrac{\sqrt{2}}{2}+1 \end{bmatrix} \begin{Bmatrix} \Delta_1 \\ \Delta_2 \end{Bmatrix} = \begin{Bmatrix} 20 \\ -10 \end{Bmatrix}$$

解得

$$\{\Delta\} = \frac{l}{EA} \begin{bmatrix} 11.214 & -1.213 \end{bmatrix}^T$$

各单元杆端力分别为

$$\{\overline{F}\}^{①}=\frac{EA}{l}\begin{bmatrix}1&0&-1&0\\0&0&0&0\\-1&0&1&0\\0&0&0&0\end{bmatrix}\begin{Bmatrix}0\\0\\11.214\\-1.213\end{Bmatrix}\frac{l}{EA}=\begin{Bmatrix}-11.214\\0\\11.214\\0\end{Bmatrix}kN$$

$$\{\overline{F}\}^{②}=\frac{EA}{l}\begin{bmatrix}1&0&-1&0\\0&0&0&0\\-1&0&1&0\\0&0&0&0\end{bmatrix}\begin{bmatrix}0&1&0&0\\-1&0&0&0\\0&0&0&1\\0&0&-1&0\end{bmatrix}\begin{Bmatrix}11.214\\-1.213\\0\\0\end{Bmatrix}\frac{l}{EA}=\begin{Bmatrix}-1.213\\0\\1.213\\0\end{Bmatrix}kN$$

$$\{\overline{F}\}^{③}=\frac{1}{\sqrt{2}}\begin{bmatrix}-1&1&0&0\\-1&-1&0&0\\0&0&-1&1\\0&0&-1&-1\end{bmatrix}\frac{EA}{\sqrt{2}l}\begin{bmatrix}1&-1&-1&1\\-1&1&1&-1\\-1&1&1&-1\\1&-1&-1&1\end{bmatrix}\begin{Bmatrix}11.214\\-1.213\\0\\0\end{Bmatrix}\frac{l}{EA}$$

$$=\begin{Bmatrix}-12.427\\0\\12.427\\0\end{Bmatrix}$$

各杆轴力分别为

$$F^{①}=11.214kN，\quad F^{②}=1.213kN，\quad F^{③}=12.427kN$$

第8章
结构动力计算

8.1 学习要求和目的

学习本章的要求有：

（1）熟练掌握结构自振频率和振型的求解；熟练掌握简谐荷载下单自由度有阻尼强迫振动计算及两个自由度体系无阻尼强迫振动计算。

（2）掌握振型分解法及结构第一频率的近似计算。

（3）了解杜哈米积分及几种特殊荷载下结构动力系数的特点。

学习这些内容的主要目的有如下几方面：

（1）**掌握结构动力计算的原理和方法**　动力计算与静力计算的主要区别在于动力计算中要考虑惯性力的影响；而动力体系在动荷载和惯性力作用下的内力和位移计算方法则与静力计算方法相同。学习时要注意体会动力计算与静力计算的区别和联系。

（2）**为学习"建筑结构抗震设计原理"课程做准备**　结构抗震设计中的地震作用计算方法都要用到本章的相关内容。

（3）**为今后开展有关的动力结构设计与研究奠定必要的基础**　建筑结构中常见的动力计算有动力基础的振动、多层厂房楼板的振动、抗震和抗风计算、隔振设计等，这些计算均以本章内容为基础。

8.2 基本内容总结和学习建议

本章的主要内容有动力自由度的确定；动力体系运动方程的建立；单自由度和多自由度体系的自由振动和受迫振动分析；频率和振型的实用计算方法等。

动荷载　指大小、方向和作用点随时间变化并能使结构产生不容忽视的惯性力的荷载。理解动荷载时要注意，不要把荷载是否随时间变化看成是区别动荷载和静荷载的唯一界限。

动力反应　根据实际工程的需要，结构的动力反应主要指位移、速度、加速度和动内力等。

动力特性　结构的自振周期、自振频率、振型、阻尼等。这些特性与动力荷载无关，但对动力反应有显著影响。

动力自由度　在振动过程的任一时刻，确定体系全部质量位置所需要的独立参数个数。

阻尼 耗散能量的作用称为阻尼。准确确定阻尼作用是很困难的，工程中用得最多的是粘滞阻尼力假定，即假定阻尼力与质体速度成正比，方向相反，即

$$F_D(t) = -c\,\dot{y}(t)$$

式中，c 为粘滞阻尼系数，由试验确定。

8.2.1 动力自由度的确定

对于用集中质量法得到的计算简图可采用附加链杆的方法来确定动力自由度。具体做法是：在质量上加链杆约束质量的位移，使体系中所有质量均不能运动，需要的最少链杆个数即为体系的动力自由度数。确定体系动力自由度时应注意以下几点：

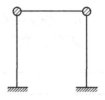

图 8-1　确定动力
体系的自由度

（1）对于一个体系首先要明确杆件的刚度情况。如有的杆件 $EI = \infty$，有的杆件 $EA = \infty$ 等。对于图 8-1 所示结构，若 3 根杆件都考虑轴向变形，则自由度为 4；若不考虑轴向变形，则质点不能上下运动，且两个质体的水平位移相同，动力自由度为 1。

（2）质体的数量与动力自由度没有直接关系。

（3）弹簧对动力自由度没有影响。

8.2.2 建立动力方程

动力方程以达朗贝尔原理为基础，首先在质量上加上惯性力，然后将体系看成是静力体系，建立该体系的平衡方程（刚度法）或位移协调方程（柔度法），即可得到体系的动力方程。

1. 刚度法

刚度法动力方程的物理意义是体系在动荷载、惯性力和阻尼力的共同作用下处于动态平衡。对于刚度系数容易求解的体系可以采用刚度法建立动力方程，一般有以下 3 种方式：

① 直接求刚度系数，写出动力方程。这种方法主要用于只有一个质点、杆件刚度为有限值且荷载直接作用在质点上的单自由度体系。

② 取部分结构或整体结构为隔离体，列平衡方程。这种方法主要用于有多个质点、杆件刚度为无穷大、静定结构的单自由度体系。

③ 沿自由度方向增加附加约束（主要是链杆），并令其约束力等于零。这种方法主要用于建立荷载不作用在质体上的单自由度体系和多自由度体系。

若以两个自由度体系为例，刚度法建立的方程（无阻尼）都可以整理成如下的标准形式：

$$m_1\ddot{y}_1 + k_{11}y_1 + k_{12}y_2 = F_{1P}$$

$$m_2\ddot{y}_2 + k_{21}y_1 + k_{22}y_2 = F_{2P}$$

教材中对这部分内容有详细的讲解，要求读者能够针对不同特点的动力

体系，选择比较简单的方式建立动力方程。

2. 柔度法

柔度法动力方程的物理意义是动荷载、惯性力和阻尼力共同引起的位移等于质体的实际动力位移。以两个自由度体系为例，柔度法建立的方程（无阻尼）都可以整理成如下的标准形式：

$$y_1(t) = \delta_{11}(-m_1 \ddot{y}_1) + \delta_{12}(-m_2 \ddot{y}_2) + \Delta_{1P}$$
$$y_2(t) = \delta_{21}(-m_1 \ddot{y}_1) + \delta_{22}(-m_2 \ddot{y}_2) + \Delta_{2P}$$

8.2.3 单自由度体系自由振动分析

分析自由振动的主要目的是确定体系的动力特性，重点掌握频率和周期的计算。

1. 一些主要公式的汇总

主要公式的汇总见表 8-1。

单自由度体系自由振动的主要公式汇总   表 8-1

	无阻尼	有阻尼
动力方程	$\ddot{y} + \omega^2 y = 0$	$\ddot{y} + 2\xi\omega\dot{y} + \omega^2 y = 0$
动位移	$y(t) = Y\sin(\omega t + \varphi)$	$y(t) = e^{-\xi\omega t}Y\sin(\omega_D t + \varphi)$
振幅	$Y = \sqrt{y_0^2 + \dfrac{v_0^2}{\omega^2}}$	$Y = \sqrt{y_0^2 + \left(\dfrac{v_0 + \xi\omega y_0}{\omega_D}\right)^2}$
初相位角	$\varphi = \arctan\dfrac{y_0\omega}{v_0}$	$\varphi = \arctan\left(\dfrac{\omega_D y_0}{v_0 + y_0\xi\omega}\right)$
自振频率	$\omega = \sqrt{\dfrac{k}{m}}$	$\omega_D = \omega\sqrt{1-\xi^2}$
自振周期	$T = \dfrac{2\pi}{\omega}$	$T_D = \dfrac{2\pi}{\omega_D} = \dfrac{T}{\sqrt{1-\xi^2}}$

由表 8-1 可以得出以下结论：

（1）振幅与初位移、初速度和动力特性有关；

（2）无阻尼自由振动是周期振动，振幅不变；有阻尼是衰减的"周期"振动，振幅按等比级数递减；

（3）阻尼使自振频率降低，但影响不大。

2. 自振周期、自振频率的计算

阻尼对自振频率和周期影响很小，可以忽略不计。计算自振频率和周期可采用下面 3 种方法。

（1）直接套用公式

$$\omega = \sqrt{\frac{k}{m}} = \sqrt{\frac{1}{m\delta}} = \sqrt{\frac{g}{W\delta}} = \sqrt{\frac{g}{\Delta_{st}}}, \ T = \frac{2\pi}{\omega}$$

式中，W 为质点重力；g 为重力加速度；Δ_{st} 为将重力作为沿自由度方向的静荷载引起的位移。

（2）列幅值方程

不考虑阻尼时，荷载、惯性力、位移同时达到最大值。在位移最大值位置，建立动平衡方程——幅值方程，可解得自振频率和周期。

（3）利用机械能守恒定律

由于是自由振动，且不考虑阻尼的影响，因此，可以认为体系在振动过程中既没有能量的输入，也没有能量的消耗，机械能保持不变。所以，体系的最大动能等于最大势能。利用这个条件即可求出结构的自振频率。

要求读者能熟练掌握（1）、（2）两种方法。

3. 利用振幅衰减规律确定阻尼比

$$\xi \approx \frac{1}{2n\pi} \ln \frac{y(t_k)}{y(t_k + nT)}$$

利用振幅衰减规律求阻尼比是很常见的题目。

8.2.4 单自由度体系受迫振动分析

受迫振动分析的目的是确定体系的反应规律和反应的最大值，为结构的动力设计奠定基础。单自由度体系的受迫振动分析方法不仅可直接用于实际工程设计中，也是学习多自由度体系受迫振动分析的基础，因此要重点掌握。

1. 简谐荷载作用下的动力响应

（1）一些主要公式汇总

主要公式的汇总见表 8-2。

单自由度体系受迫振动的主要公式汇总　　　　表 8-2

	无阻尼	有阻尼
动力方程	$\ddot{y} + \omega^2 y = \dfrac{F_{PE}}{m} \sin\theta t$	$\ddot{y} + 2\xi\omega\dot{y} + \omega^2 y = \dfrac{F_{PE}}{m} \sin\theta t$
稳态解	$y(t) = Y\sin\theta t$	$y(t) = Y\sin(\theta t - \varphi)$
振幅	$Y = \mu Y_P$	$Y = \mu Y_P$
动力系数	$\mu = \left\|1/(1-\beta^2)\right\|$	$\mu = \dfrac{1}{\sqrt{(1-\beta^2)^2 + 4\xi^2\beta^2}}$
相位差	0	$\tan\varphi = \dfrac{2\xi\beta}{1-\beta^2}$
	位移与荷载同频同步	位移与荷载有相位差

（2）动位移和动内力幅值的计算

① 计算频率比

$$\beta = \frac{\theta}{\omega}$$

② 计算位移动力系数

$$\mu = \frac{1}{|1-\beta^2|}, \quad \mu = \frac{1}{\sqrt{(1-\beta^2)^2 + 4\xi^2\beta^2}}$$

为了简化计算，若 $\beta < 0.75$ 或 $\beta > 1.25$，可以不计阻尼的影响，这样的计算结果偏于安全。

③ **计算荷载幅值引起的静位移和静内力**

$$Y_P = \frac{F_{PE}}{k} \quad \text{或} \quad Y_P = F_{PE}\delta$$

④ **计算动位移幅值和动内力幅值**

动位移幅值 $Y = Y_P \cdot \mu$

动内力幅值 分两种情况：当荷载作用在质点上时，内力和位移具有相同的动力系数，将静内力乘以位移动力系数即得动内力幅值。当荷载不作用在质体上时，内力的动力系数与位移的动力系数不相等。这种情况下，需要将荷载幅值和惯性力幅值作用在体系上，按静力方法求解动内力幅值。

这部分的要求是准确理解动力系数的意义，记住动力系数的计算公式，明确动力系数与阻尼比、频率比的关系；熟练掌握各种动力位移的计算；熟练掌握荷载作用在质点上时的动内力计算。

2. 任意荷载下的动力反应

对这部分内容的要求是理解并记住动力反应的计算公式——杜哈梅积分（Duhamel integration）：

$$y(t) = \int_0^t \frac{f_{PE}(\tau)}{m\omega_D} e^{-\xi\omega(t-\tau)} \sin\omega_D(t-\tau) d\tau$$

了解突加荷载、矩形脉冲荷载作用下动力系数的特点。

8.2.5 两个自由度体系的自由振动分析

与单自由度体系一样，自由振动部分的学习要求是熟练掌握体系的动力特性。因此，这部分内容的重点是熟练掌握体系自振频率和振型的求解。

1. 一些主要公式汇总

主要公式的汇总见表8-3。

两个自由度体系自由振动的主要公式汇总　　　　　　表 8-3

方程	刚度法	柔度法
动力方程	$m_1\ddot{y}_1 + k_{11}y_1 + k_{12}y_2 = 0$, $y_1(t) = \delta_{11}(-m_1\ddot{y}_1) + \delta_{12}(-m_2\ddot{y}_2)$ $m_2\ddot{y}_2 + k_{21}y_1 + k_{22}y_2 = 0$, $y_2(t) = \delta_{21}(-m_1\ddot{y}_1) + \delta_{22}(-m_2\ddot{y}_2)$	
稳态解	$y_1(t) = Y_1\sin(\omega t + \alpha)$ $y_2(t) = Y_2\sin(\omega t + \alpha)$	
振型方程	$\begin{cases}(k_{11}-m_1\omega^2)Y_1 + k_{12}Y_2 = 0 \\ k_{21}Y_1 + (k_{22}-m_2\omega^2)Y_2 = 0\end{cases}$	$\begin{cases}(\delta_{11}m_1 - \frac{1}{\omega^2})Y_1 + \delta_{12}m_2Y_2 = 0 \\ \delta_{21}m_1Y_1 + (\delta_{22}m_2 - \frac{1}{\omega^2})Y_2 = 0\end{cases}$
频率方程	$\begin{vmatrix} k_{11}-\omega^2m_1 & k_{12} \\ k_{21} & k_{22}-\omega^2m_2 \end{vmatrix} = 0$	$\begin{vmatrix} \delta_{11}m_1 - \frac{1}{\omega^2} & \delta_{12}m_2 \\ \delta_{21}m_1 & \delta_{22}m_2 - \frac{1}{\omega^2} \end{vmatrix} = 0$

建议读者记住频率方程和振型方程，自己求解。这样会感觉思路和条理都很清晰。

2. 振型正交性

两个不同的振型对质量矩阵和刚度矩阵是正交的，即：

$$(Y_{1i} \quad Y_{2i})\begin{pmatrix} m_1 & 0 \\ 0 & m_2 \end{pmatrix}\begin{pmatrix} Y_{1j} \\ Y_{2j} \end{pmatrix}=0$$

$$(Y_{1i} \quad Y_{2i})\begin{pmatrix} k_{11} & k_{12} \\ k_{21} & k_{22} \end{pmatrix}\begin{pmatrix} Y_{1j} \\ Y_{2j} \end{pmatrix}=0$$

这是振型的一个非常重要的性质，要求读者能够熟练应用振型的正交性检验所求振型的正确性。

8.2.6　两个自由度体系简谐荷载下无阻尼的受迫振动分析

这部分要求读者能熟练地计算结构稳态位移幅值及结构的最大内动力。为了方便，表8-4列出了位移幅值及惯性力幅值的计算公式。与自由振动一样，建议读者在学习时记住用行列式表达的计算公式。

两个自由度体系简谐荷载下的主要公式汇总　　　　　表 8-4

	刚度法	柔度法
动力方程	$m_1\ddot{y}_1+k_{11}y_1+k_{12}y_2=F_1\sin\theta t$ $m_2\ddot{y}_2+k_{21}y_1+k_{22}y_2=F_2\sin\theta t$	$y_1(t)=\delta_{11}(-m_1\ddot{y}_1)+\delta_{12}(-m_2\ddot{y}_2)+Y_{1P}\sin\theta t$ $y_2(t)=\delta_{21}(-m_1\ddot{y}_1)+\delta_{22}(-m_2\ddot{y}_2)+Y_{2P}\sin\theta t$
稳态解	$y_1(t)=Y_1\sin\theta t$ $y_2(t)=Y_2\sin\theta t$	
静态振幅	$Y_1=\dfrac{\begin{vmatrix} F_1 & k_{12} \\ F_2 & k_{22}-m_2\theta^2 \end{vmatrix}}{\begin{vmatrix} k_{11}-m_1\theta^2 & k_{12} \\ k_{21} & k_{22}-m_2\theta^2 \end{vmatrix}}$ $Y_2=\dfrac{\begin{vmatrix} k_{11}-m_1\theta^2 & F_1 \\ k_{21} & F_2 \end{vmatrix}}{\begin{vmatrix} k_{11}-m_1\theta^2 & k_{12} \\ k_{21} & k_{22}-m_2\theta^2 \end{vmatrix}}$	$Y_1=\dfrac{\begin{vmatrix} Y_{1P} & -\delta_{12}m_2\theta^2 \\ Y_{2P} & 1-\delta_{22}m_2\theta^2 \end{vmatrix}}{\begin{vmatrix} 1-\delta_{11}m_1\theta^2 & -\delta_{12}m_2\theta^2 \\ -\delta_{21}m_1\theta^2 & 1-\delta_{22}m_2\theta^2 \end{vmatrix}}$ $Y_2=\dfrac{\begin{vmatrix} 1-\delta_{11}m_1\theta^2 & Y_{1P} \\ -\delta_{21}m_1\theta^2 & Y_{2P} \end{vmatrix}}{\begin{vmatrix} 1-\delta_{11}m_1\theta^2 & -\delta_{12}m_2\theta^2 \\ -\delta_{21}m_1\theta^2 & 1-\delta_{22}m_2\theta^2 \end{vmatrix}}$
惯性力	$F_{11}=m_1Y_1\theta^2$ $F_{21}=m_2Y_2\theta^2$	

因为不考虑阻尼的作用，稳态阶段的位移和内力与荷载同频同步变化。求结构在稳态阶段的最大内动力、振幅时，可将惯性力幅值与动荷载幅值加在结构上，列幅值方程进行求解。

8.2.7　多自由度体系振动分析

这一节在两个自由度体系分析的基础上介绍了一般多自由度体系的自由振动分析和振型分解法。前者给出了一般多自由度体系的振型和频率的计算方法，基本与两个自由度体系相同，但没有可直接利用的公式，必须从求解频率方程和振型方程入手。后者是弹性体系受迫振动的一般分析方法，分别从不计阻尼和计阻尼两方面介绍。

学习要求：了解一般多自由度体系的振型和频率的计算方法，掌握用振型分解法求解不计阻尼时的结构动力反应的步骤，了解考虑阻尼时的振型分解法。

8.2.8 频率和振型的实用计算方法

频率和振型的计算是结构动力分析的基础，实用方法有很多种。因为实际工程常用到的是低阶频率和振型，故教材中只介绍了两种求低阶频率和振型的方法：能量法和矩阵迭代法。

学习要求：掌握能量法计算基本频率，了解矩阵迭代法计算频率和振型。

8.3 附加例题

【附加例题 8-1】 试确定图 8-2（a）所示体系的动力自由度，EI 为常数。

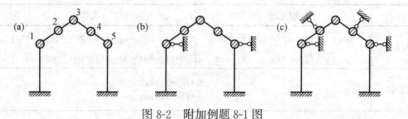

图 8-2 附加例题 8-1 图

【解】 采用加链杆的方法确定。在 1、5 质点上加两个水平链杆（图 8-2b），质点 1、3、5 均不能发生位移，但由于杆件可以弯曲，质点 2、4 仍能有沿垂直于斜杆方向的位移，为不使其运动还须加两个链杆（图 8-2c）。因此，原体系有 4 个自由度。

【附加例题 8-2】 试确定图 8-3（a）、（b）所示体系的动力自由度。

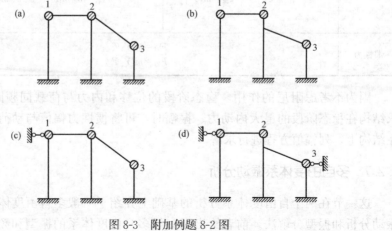

图 8-3 附加例题 8-2 图

【解】 （a）当所有节点上都有集中质量时，独立节点线位移个数即为动力自由度数。而独立节点线位移的个数与位移法中确定节点线位移未知量方法相同。采用加链杆的方法，在质点 1 处加 1 个水平链杆（图 8-3c），3 个质点均不能运动，故自由度为 1。

（b）在质点 1 处加 1 个水平支杆，1、2 质点不能运动，但质点 3 仍会水平运动，故自由度为 2，如图 8-3（d）所示。

【附加例题 8-3】 试列图 8-4（a）所示体系的动力方程。

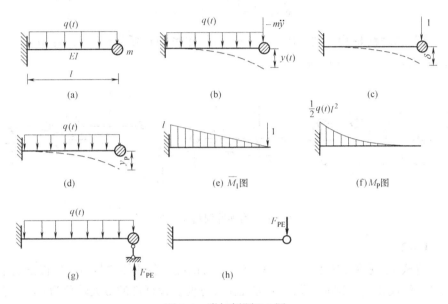

图 8-4 附加例题 8-3 图

【解】

解法 1：

（1）指定质体位移正向，并沿正向加上惯性力，如图 8-4（b）所示。

（2）建立动力方程。本题是静定结构，求柔度系数方便，故采用柔度法。这时，动力方程的物理意义是动位移等于惯性力和动荷载作为静载引起的位移，即

$$y(t) = \delta[-m\ddot{y}(t)] + y_P$$

其中，柔度系数 δ 和外荷载引起的位移 y_P 如图 8-4（c）、（d）所示。

（3）求柔度系数和外荷载引起的位移。由 $\overline{M}_1$ 图自乘、$\overline{M}_1$ 图和 M_P 图互乘，可分别得到

$$\delta = \frac{l^3}{3EI}, \quad y_P = \frac{1}{8}\frac{q(t)l^4}{EI}$$

将 δ、y_P 代入动力方程并整理，得

$$m\ddot{y}(t) + \frac{3EI}{l^3}y(t) = \frac{3}{8}q(t)l$$

解法 2： 运用等效荷载法求解。

求等效荷载。首先，在质点上沿自由度方向加上附加链杆，并求出链杆

234

的约束反力（图 8-4g）；然后，将约束反力反向作用到图 8-4（h）所示的质点上。这个反向的约束力就是等效荷载。

由单跨梁载常数表可知 $F_{PE} = \dfrac{3}{8}q(t)l$。由于图中质点不动，故图 8-4（h）所示体系的质点位移与原体系相同。动力方程为

$$y(t) = \delta\left[-m\,\ddot{y}(t) + F_{PE}\right]$$

将 δ、F_{PE} 代入动力方程并整理，得

$$m\,\ddot{y}(t) + \frac{3EI}{l^3}y(t) = \frac{3}{8}q(t)l$$

【附加例题 8-4】 试求图 8-5（a）所示体系的自振频率。已知：$m_1 = m$，$m_2 = 2m$，$m_3 = m$，$k_1 = k_2 = k$。

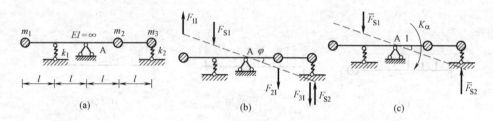

图 8-5 附加题例题 8-4 图

【解】

解法 1：幅值方程法。本题只有一个自由度，各质体的竖向动位移虽然不相等，但成比例。这时，列幅值方程比较方便。设杆件的最大转角为 φ，各质体的动位移幅值分别为

$$Y_1 = 2\varphi l,\ Y_2 = \varphi l,\ Y_3 = 2\varphi l$$

此时，各质点的惯性力也达到最大值，幅值分别为

$$F_{1I} = m_1\omega^2 Y_1 = 2m\omega^2\varphi l,\ F_{2I} = m_2\omega^2 Y_2 = 2m\omega^2\varphi l$$

$$F_{3I} = m_3\omega^2 Y_3 = 2m\omega^2\varphi l$$

同理，两个弹簧的变形及反力分别为

$$\Delta_1 = \varphi l,\ \Delta_2 = 2\varphi l$$

$$F_{S1} = k_1\Delta_1 = k\varphi l,\ F_{S2} = k_2\Delta_2 = 2k\varphi l$$

将惯性力幅值作用在质点幅值位置上，如图 8-5（b）所示。列动平衡方程 $\sum M_A = 0$，即

$$F_{1I}\cdot 2l + F_{2I}\cdot l + F_{3I}\cdot 2l - F_{S1}\cdot l - F_{S2}\cdot 2l = 0$$

将惯性力幅值和弹性力幅值表达式代入上式，得

$$2m\omega^2\varphi l\cdot 2l + 2m\omega^2\varphi l\cdot l + 2m\omega^2\varphi l\cdot 2l - k\varphi l\cdot l - 2k\varphi l\cdot 2l = 0$$

解这个方程得

$$\omega = \sqrt{\frac{k}{2m}}$$

解法 2：直接利用频率公式。这时，必须采用所有质点相同的动位移。对

于本题，这个相同的动位移是质点绕 A 点的转动位移 φ。此时，质量的定义是所有质量绕 A 点的转动惯量，即

$$J = m_1 \cdot (2l)^2 + m_2 \cdot l^2 + m_3 \cdot (2l)^2 = 10ml^2$$

刚度的定义是体系绕 A 点发生单位转角时，需要施加的外力偶，如图 8-5（c）所示。此时，弹簧的反力分别为

$$\overline{F}_{S1} = k_1 \cdot l = kl, \quad \overline{F}_{S2} = k_2 \cdot 2l = 2kl$$

根据 $\sum M_A = 0$，得

$$K_\alpha - \overline{F}_{S1} \cdot l - \overline{F}_{S2} \cdot 2l = 0$$

将弹簧反力代入并求解，得

$$K_\alpha = \overline{F}_{S1} \cdot l + \overline{F}_{S2} \cdot 2l = 5kl^2$$

因此，频率为

$$\omega = \sqrt{\frac{K_\alpha}{J}} = \sqrt{\frac{5kl^2}{10ml^2}} = \sqrt{\frac{k}{2m}}$$

解法 3：利用机械能守恒定律（不作要求）。

设杆件的最大转角为 φ，各质点的最大动位移从左至右分别为 $2l\varphi$、$l\varphi$ 和 $2l\varphi$。最大动位移等于体系最大势能，体系的势能由弹簧变形提供，为

$$V_{\max} = \frac{1}{2} k_1 (l\varphi)^2 + \frac{1}{2} k_2 (2l\varphi)^2 = \frac{5}{2} kl^2 \varphi^2$$

体系最大动能为

$$T_{\max} = \frac{1}{2} m_1 (\omega Y_1)^2 + \frac{1}{2} m_2 (\omega Y_2)^2 + \frac{1}{2} m_3 (\omega Y_3)^2$$

$$= \frac{1}{2} m (2l\varphi\omega)^2 + m(l\varphi\omega)^2 + \frac{1}{2} m (2l\varphi\omega)^2 = 5ml^2 \varphi^2 \omega^2$$

由机械能守恒，得

$$T_{\max} = V_{\max}$$

因此，自振频率为

$$\omega = \sqrt{\frac{k}{2m}}$$

【例题 8-5】 已知图 8-6（a）所示的结构中，$EI = 3.2 \times 10^8 \, \mathrm{N \cdot cm^2}$，$G = 10\mathrm{kN}$，$l = 2\mathrm{m}$，$k = 3EI/l^3$，初位移 $y_0 = 10\mathrm{mm}$，$\dot{y}_0 = 20\mathrm{mm/s}$。试求：

（1）自振频率；

（2）质点的振幅、质点在振动开始后 5s 时的动位移和速度。

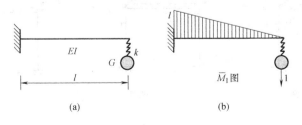

(a)   (b)

图 8-6　附加例题 8-5 图

【解】　（1）求自振频率。在质点上沿竖直方向施加一单位力，其单位弯矩图如图 8-6（b）所示。由 $\overline{M}_1$ 图自乘并加上弹簧的变形的柔度系数为

$$\delta=\frac{l^3}{3EI}+\frac{1}{k}=\frac{2l^3}{3EI}$$

代入计算公式，得自振频率为

$$\omega=\sqrt{\frac{3EIg}{2Wl^3}}=2.42\mathrm{s}^{-1}$$

（2）求动力反应。

由初始条件，可求得质点的振幅为

$$Y=\sqrt{y_0^2+\left(\frac{\dot{y}_0}{\omega}\right)^2}=1.30\mathrm{cm}$$

质点在振动开始后 5 秒时的动位移和速度分别为

$$y(t)=\frac{\dot{y}_0}{\omega}\sin\omega t+y_0\cos\omega t$$

$$y(5)=\frac{2}{2.42}\sin12.1+1\times\cos12.1=0.52\mathrm{cm}$$

$$\dot{y}(t)=\dot{y}_0\cos\omega t-\omega y_0\sin\omega t$$

$$\dot{y}(5)=2\cos12.1-2.42\times1\times\sin12.1=2.87\mathrm{cm/s}$$

【例题 8-6】　试求图 8-7（a）所示体系的自振频率，不计横梁竖向惯性力。

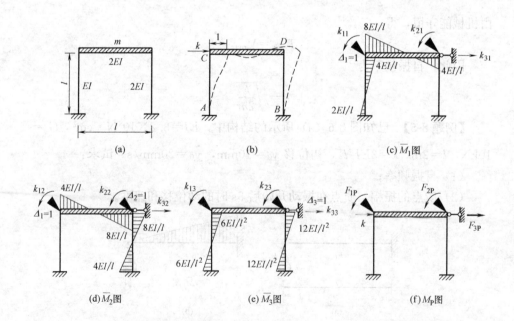

(a)　　　　　　　　(b)　　　　　　　　(c) $\overline{M}_1$ 图

(d) $\overline{M}_2$ 图　　　　　　　　(e) $\overline{M}_3$ 图　　　　　　　　(f) M_P 图

图 8-7　附加例题 8-6 图

【解】 体系只有横梁水平位移一个自由度。刚度系数 k 的物理意义是在 C 点施加一个水平力 k，使 C 节点发生单位水平位移，如图 8-7（b）所示。用位移法求刚度系数，首先写出位移法典型方程：

$$k_{11}\Delta_1 + k_{12}\Delta_2 + k_{13}\Delta_3 + F_{1P} = 0$$
$$k_{21}\Delta_1 + k_{22}\Delta_2 + k_{23}\Delta_3 + F_{2P} = 0$$
$$k_{31}\Delta_1 + k_{32}\Delta_2 + k_{33}\Delta_3 + F_{3P} = 0$$

由图 8-7（c）、（d）、（e）和（f）所示的 $\overline{M}_1$ 图、$\overline{M}_2$ 图、$\overline{M}_3$ 图和 M_P 图，可分别求得：

$$k_{11} = 12\frac{EI}{l}, \quad k_{12} = k_{21} = 4\frac{EI}{l}, \quad k_{13} = k_{31} = \frac{6EI}{l^2}, \quad k_{22} = 16\frac{EI}{l},$$

$$k_{23} = k_{32} = 12\frac{EI}{l^2}, \quad k_{33} = 36\frac{EI}{l^3}, \quad F_{1P} = F_{2P} = 0, \quad F_{3P} = -k$$

在这个方程中，已知 $\Delta_3 = 1$。未知数为 Δ_1、Δ_2、k。

由前两个方程解得

$$\Delta_1 = \frac{0.273}{l}, \quad \Delta_2 = \frac{0.682}{l}$$

代入第三个方程，得

$$k = k_{31}\Delta_1 + k_{32}\Delta_2 + k_{33}\Delta_3 = 26.18\frac{EI}{l^3}$$

至此，可求得频率为

$$\omega = \sqrt{\frac{k}{m}} = \sqrt{26.18\frac{EI}{ml^3}} = 5.12\sqrt{\frac{EI}{ml^3}}$$

【附加例题 8-7】 如图 8-8 所示体系，在横梁处施加 98kN 的力，刚架发生的侧移为 0.5cm。突然释放，结构做自由振动。测得周期为 1.5s，一个周期后横梁的侧移为 0.4cm。求：（1）阻尼比；（2）刚度系数；（3）无阻尼周期；（4）质点质量；（5）阻尼系数。

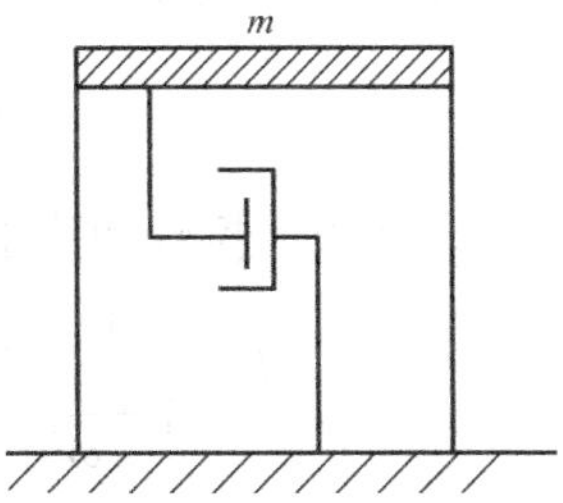

【解】（1）阻尼比：

$$\xi = \frac{1}{2\pi n}\ln\frac{y_{t_k}}{y_{t_{k+n}}} = \frac{1}{2\pi}\ln\frac{0.5}{0.4} = 0.0355$$

（2）刚度系数：

$$k = \frac{F_P}{\Delta} = \frac{98\times10^3}{0.5\times10^{-2}} = 196\times10^5 \text{ N/m}$$

（3）无阻尼周期。由已知条件可知，计阻尼时，周期为：

$$T_D = 1.5\text{s}$$

则无阻尼周期为

$$T = T_D\sqrt{1-\xi^2} = 1.4991\text{s}$$

（4）质点质量。体系自振频率为：

$$\omega = \frac{2\pi}{T} = 4.19\text{s}^{-1}$$

质点质量为

图 8-8 附加例题 8-7 图

$$m = \frac{k}{\omega^2} = 1116421 \text{kg}$$

(5) 阻尼系数：

$$c = 2m\omega\xi = 3.32 \times 10^5 \text{N} \cdot \text{s/m}$$

【附加例题 8-8】 试求图 8-9 (a) 所示梁中最大弯矩和跨中点最大位移。已知：$EI = 2 \times 10^5 \text{kN} \cdot \text{m}^2$，$l = 4\text{m}$，$\theta = 20\text{s}^{-1}$，$k = 3 \times 10^5 \text{N/m}$，$F_0 = 5 \times 10^3 \text{N}$，$G = 10\text{kN}$，不计阻尼。

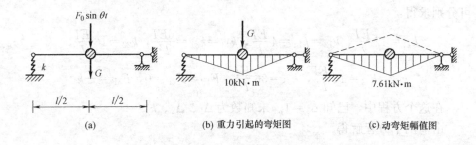

图 8-9 附加例题 8-8 图

【解】 柔度系数为

$$\delta = \frac{4}{3EI} + \frac{1}{4k} = 8.4 \times 10^{-7} \text{m/N}$$

重力引起的跨中截面弯矩和跨中位移分别为

$$M_G = \frac{1}{4}Gl = \frac{1}{4} \times 10 \times 4 = 10\text{kN} \cdot \text{m}, \quad \Delta_G = G\delta = 8.4 \times 10^{-3}\text{m}$$

荷载幅值作为静荷载引起的跨中截面弯矩和跨中位移分别为

$$M_P = \frac{1}{4}F_0 l = 5\text{kN} \cdot \text{m}, \quad Y_P = F_0\delta = 4.2 \times 10^{-3}\text{m}$$

结构自振频率为

$$\omega = \sqrt{\frac{1}{m\delta}} = \sqrt{\frac{g}{G\delta}} = 34.16\text{s}^{-1}$$

动力系数、振幅和跨中截面动弯矩幅值分别为

$$\mu = \frac{1}{1 - \frac{\theta^2}{\omega^2}} = 1.522, \quad Y = Y_p \cdot \mu = 6.39 \times 10^{-3}\text{m},$$

$$M_D = M_P\mu = 7.61\text{kN} \cdot \text{m}$$

跨中截面最大弯矩值和最大位移分别为

$$M_{\max} = M_G + M_D = 17.61\text{kN} \cdot \text{m}, \quad Y_{\max} = \Delta_G + Y = 14.78 \times 10^{-3}\text{m}$$

注意，最大弯矩、最大位移是单向的。对于本题，最大弯矩是使下侧受拉的，最大位移方向向下；振幅和动弯矩幅值则是双向的。

【附加例题 8-9】 块式基础如图 8-10 所示，机器与基础的质量为 $m = 156 \times 10^3 \text{kg}$，地基竖向刚度为 $k = 1314.5 \times 10^3 \text{kN/m}$，竖向振动时的阻尼比为 $\xi = 0.2$，机器转速为 $n = 800\text{r/min}$，机器的偏心质量引起的离心力为 $F_0 = $

30kN。求竖向振动时的振幅。

【解】 对于荷载作用在质点上的单自由度体系，采用求动力系数的方法比较简单。

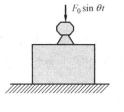

图 8-10　附加
例题 8-9 图

（1）荷载幅值作为静荷载所引起的位移为

$$Y_P = \frac{F_0}{k} = \frac{30}{1314.5 \times 10^3} = 0.0228 \times 10^{-3} \text{m}$$

（2）体系自振频率为

$$\omega = \sqrt{\frac{k}{m}} = \sqrt{\frac{1314.5 \times 10^6}{156 \times 10^3}} = 91.79 \text{s}^{-1}$$

荷载频率为

$$\theta = \frac{n}{60} \times 2\pi = 83.78 \text{s}^{-1}$$

位移动力系数为

$$\mu = \frac{1}{\sqrt{\left(1 - \frac{\theta^2}{\omega^2}\right)^2 + 4\xi^2 \left(\frac{\theta}{\omega}\right)^2}} = 2.49$$

振幅为

$$Y = Y_P \mu = 0.0568 \text{mm}$$

【附加例题 8-10】 求图 8-11（a）所示体系稳态振幅及动弯矩幅值图，不计阻尼，已知 $\theta = 0.5\omega$。

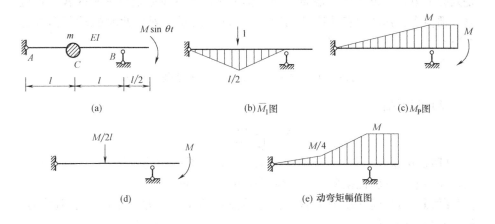

（a）　　　　　　　（b）$\overline{M}_1$图　　　　　　　（c）M_P图

（d）　　　　　　　　　　　（e）动弯矩幅值图

图 8-11　附加例题 8-10 图

【解】 （1）求动位移。由 $\overline{M}_1$ 图（图 8-11b）和 M_P 图（图 8-11c）作图乘，分别得

$$\delta = \frac{l^3}{6EI}, \quad Y_P = \frac{Ml^2}{4EI}$$

位移动力系数为

$$\mu = \frac{1}{1 - \theta^2/\omega^2} = \frac{4}{3}$$

质点振幅为

$$Y = Y_P \mu = \frac{Ml^2}{3EI}$$

（2）求动内力。因为荷载不作用在质点上，位移动力系数与内力动力系数不相等。为此，先求惯性力幅值，由下面公式可得

$$F_I = mY\theta^2 = mY(0.5\omega)^2 = \frac{Y}{4\delta} = \frac{M}{2l}$$

将荷载幅值和惯性力幅值作为静荷载作用在结构上（图 8-11d），结构在这两个力作用下的弯矩图就是动弯矩幅值图，如图 8-11（e）所示。

【附加例题 8-11】　试求图 8-12（a）所示体系左端质点的稳态振幅，不计阻尼。

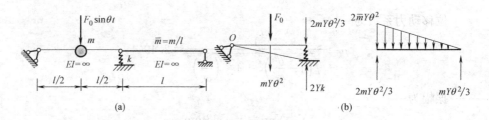

图 8-12　附加例题 8-11 图

【解】　对于横梁刚度 $EI = \infty$ 的无阻尼自由度体系，求振幅最简单的方法是列幅值方程。设体系左端质点的振幅为 Y，体系在振幅位置时的各质点位移、惯性力、弹性力和动荷载如图 8-12（b）所示。列出此时的动平衡方程 $\sum M_O = 0$

$$(mY\theta^2 + F_0) \times \frac{l}{2} + \frac{2}{3}mY\theta^2 \times l - 2Yk \times l = 0$$

整理得振幅

$$Y = \frac{3F_0}{12k - 7m\theta^2}$$

【附加例题 8-12】　试列图 8-13（a）所示体系的运动方程，求体系的自振频率和振型，并验证振型的正交性。其中：$m_1 = m_2 = m$。

【解】　（1）建立动力方程。指定质点位移正向，并沿正向加上惯性力，如图 8-13（b）所示。

① 刚度法

求刚度系数。首先画出质点 1 和质点 2 发生单位位移时的弯矩图——$\overline{M}_1$ 图和 $\overline{M}_2$ 图（图 8-13c、d），并取图示隔离体，可求得刚度系数分别为

$$k_{11} = k_{22} = 15EI/l^3, \quad k_{21} = k_{12} = -12EI/l^3$$

建立动力方程。由于动荷载直接作用在质点上，所以动力方程为

$$m_1 \ddot{y}_1 + k_{11}y_1(t) + k_{12}y_2(t) = f_1(t)$$

$$m_2 \ddot{y}_2 + k_{21}y_1(t) + k_{22}y_2(t) = f_2(t)$$

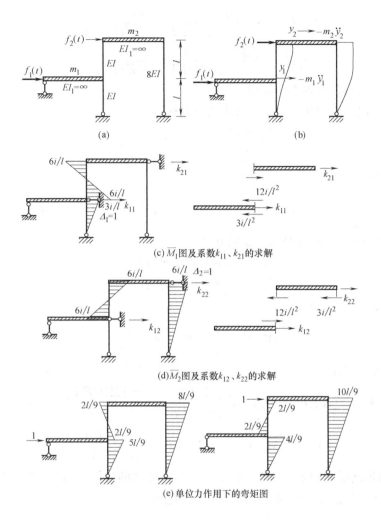

图 8-13 附加例题 8-12 图

② 柔度法

求柔度系数。首先画出质点 1 和质点 2 单位力作用下的弯矩图——$\overline{M}_1$ 图和 $\overline{M}_2$ 图（图 8-13e），将两个弯矩图图乘，可求得柔度系数分别为

$$\delta_{11}=\delta_{22}=\frac{45l^3}{243EI},\ \delta_{12}=\delta_{21}=\frac{36l^3}{243EI}$$

建立动力方程。由于动荷载直接作用在质点上，所以，每一个质点的惯性力和动荷载引起的位移可以写在一项里

$$y_1(t)=\delta_{11}\left[-m_1\ddot{y}_1+f_1(t)\right]+\delta_{12}\left[-m_2\ddot{y}_2+f_2(t)\right]$$

$$y_2(t)=\delta_{21}\left[-m_1\ddot{y}_1+f_1(t)\right]+\delta_{22}\left[-m_2\ddot{y}_2+f_2(t)\right]$$

由上面的计算过程可知，本题用柔度法计算略简单一些。

由计算出的刚度系数和柔度系数可知

$$
\begin{bmatrix} \dfrac{15EI}{l^3} & -\dfrac{12EI}{l^3} \\[3mm] -\dfrac{12EI}{l^3} & \dfrac{15EI}{l^3} \end{bmatrix}
\begin{bmatrix} \dfrac{45l^3}{243EI} & \dfrac{36l^3}{243EI} \\[3mm] \dfrac{36l^3}{243EI} & \dfrac{45l^3}{243EI} \end{bmatrix}
= \begin{bmatrix} 1 & 0 \\ 0 & 1 \end{bmatrix}
$$

（2）求解自振频率和振型

将求出的刚度系数和质量代入频率方程

$$
\begin{vmatrix} k_{11}-\omega^2 m_1 & k_{12} \\ k_{21} & k_{22}-\omega^2 m_2 \end{vmatrix}=0
$$

解得

$$
\omega_1=1.732\sqrt{\dfrac{EI}{ml^3}},\ \omega_2=5.196\sqrt{\dfrac{EI}{ml^3}}
$$

将频率 ω_1、ω_2 分别代入振型方程

$$
(k_{11}-\omega^2 m_1)Y_1+k_{12}Y_2=0
$$
$$
k_{21}Y_1+(k_{22}-\omega^2 m_2)Y_2=0
$$

解得

$$
\{\boldsymbol{Y}\}^{(1)}=\begin{Bmatrix}1\\1\end{Bmatrix},\ \{\boldsymbol{Y}\}^{(2)}=\begin{Bmatrix}1\\-1\end{Bmatrix}
$$

验证正交性

$$
\{\boldsymbol{Y}\}^{(1)\mathrm{T}}[\boldsymbol{K}]\{\boldsymbol{Y}\}^{(2)}=\begin{bmatrix}1&1\end{bmatrix}\begin{bmatrix}15EI/l^3 & -12EI/l^3\\-12EI/l^3 & 15EI/l^3\end{bmatrix}\begin{Bmatrix}1\\-1\end{Bmatrix}=0,
$$

$$
\{\boldsymbol{Y}\}^{(1)\mathrm{T}}[\boldsymbol{M}]\{\boldsymbol{Y}\}^{(2)}=\begin{bmatrix}1&1\end{bmatrix}\begin{bmatrix}m&0\\0&m\end{bmatrix}\begin{Bmatrix}1\\-1\end{Bmatrix}=0
$$

【附加例题 8-13】　试求图 8-14（a）所示体系的自振频率、振型、稳态振幅和动弯矩幅值图。已知 $\theta=0.5\omega_1$，不计阻尼。

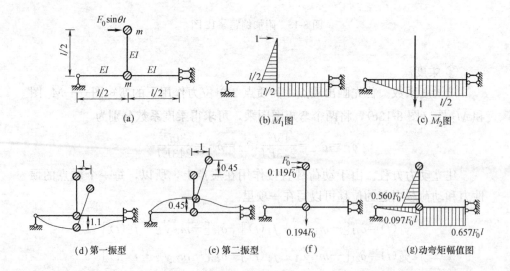

图 8-14　附加例题 8-13 图

【解】 （1）求自振频率、振型。此体系有两个自由度，设自由端处质点的水平位移为 y_1，竖向位移为 y_2。y_1 对应的质量为 $m_1 = m$，y_2 对应的质量为 $m_2 = 2m$。此结构为静定结构，求柔度系数方便。由图 8-14（b）、（c）所示的单位弯矩图图乘得柔度系数为

$$\delta_{11} = \delta_{22} = \frac{l^3}{6EI},\ \delta_{12} = \delta_{21} = \frac{l^3}{8EI}$$

代入求频率方程

$$\begin{vmatrix} \delta_{11}m_1\omega^2 - 1 & \delta_{12}\omega^2 m_2 \\ \delta_{21}m_1\omega^2 & \delta_{22}m_2\omega^2 - 1 \end{vmatrix} = 0$$

引入参数 $\lambda = \dfrac{1}{\omega^2}$，得

$$\lambda_1 = \frac{6 + \sqrt{22}}{24}\frac{ml^3}{EI},\ \lambda_2 = \frac{6 - \sqrt{22}}{24}\frac{ml^3}{EI}$$

两个频率分别为

$$\omega_1 = \frac{1}{\sqrt{\lambda_1}} = 1.50\sqrt{\frac{EI}{ml^3}},\ \omega_2 = \frac{1}{\sqrt{\lambda_2}} = 4.28\sqrt{\frac{EI}{ml^3}}$$

将 ω_1、ω_2 代入振型方程

$$(\delta_{11}m_1\omega^2 - 1)Y_1 + \delta_{12}\omega^2 m_2 Y_2 = 0$$
$$\delta_{21}m_1\omega^2 Y_1 + (\delta_{22}m_2\omega^2 - 1)Y_2 = 0$$

得两个振型分别为

$$\{Y\}^{(1)} = \begin{Bmatrix} 1 \\ 1.1 \end{Bmatrix},\ \{Y\}^{(2)} = \begin{Bmatrix} 1 \\ -0.45 \end{Bmatrix}$$

相应的振型图如图 8-14（d）、（e）所示。

（2）求动力反应。因为不考虑阻尼，可采用列幅值方程的方法求振幅。

$$\theta = 0.5\omega_1 = 0.75\sqrt{\frac{EI}{ml^3}}$$

由 $\overline{M}_1$ 图、$\overline{M}_2$ 图可得

$$Y_{1P} = \frac{F_0 l^3}{6EI},\ Y_{2P} = \frac{F_0 l^3}{8EI}$$

幅值方程为

$$Y_1 = \delta_{11}(m_1\theta^2 Y_1) + \delta_{12}(m_2\theta^2 Y_2) + Y_{1P}$$
$$Y_2 = \delta_{21}(m_1\theta^2 Y_1) + \delta_{22}(m_2\theta^2 Y_2) + Y_{2P}$$

整理得

$$(1 - \delta_{11}\theta^2 m_1)Y_1 - \delta_{12}\theta^2 m_2 Y_2 = Y_{1P}$$
$$-\delta_{21}\theta^2 m_1 Y_1 + (1 - \delta_{22}\theta^2 m_2)Y_2 = Y_{2P}$$

由此方程解得振幅为

$$Y_1 = \frac{\begin{vmatrix} Y_{1P} & -\delta_{12}\theta^2 m_2 \\ Y_{2P} & 1 - \delta_{22}\theta^2 m_2 \end{vmatrix}}{\begin{vmatrix} 1 - \delta_{11}\theta^2 m_1 & -\delta_{12}\theta^2 m_2 \\ -\delta_{21}\theta^2 m_1 & 1 - \delta_{22}\theta^2 m_2 \end{vmatrix}} = 0.211\frac{F_0 l^3}{EI},$$

$$Y_2 = \frac{\begin{vmatrix} 1-\delta_{11}\theta^2 m_1 & Y_{1P} \\ -\delta_{21}\theta^2 m_1 & Y_{2P} \end{vmatrix}}{\begin{vmatrix} 1-\delta_{11}\theta^2 m_1 & -\delta_{12}\theta^2 m_2 \\ -\delta_{21}\theta^2 m_1 & 1-\delta_{22}\theta^2 m_2 \end{vmatrix}} = 0.172\frac{F_0 l^3}{EI}$$

因此，惯性力为

$$F_{1I} = \theta^2 m_1 Y_1 = 0.119 F_0, \quad F_{2I} = \theta^2 m_2 Y_2 = 0.194 F_0$$

将荷载幅值、惯性力幅值作用在结构上（图 8-14f），画出弯矩图即为动弯矩幅值图，如图 8-14（g）所示。

8.4 自测题及答案

自测题 （A）

一、是非题（将判断结果填入括号：以○表示正确，以×表示错误，每小题 2 分）

1. 由于阻尼的存在，任何振动都不会长期继续下去。 （ ）
2. 在结构计算中，大小、方向随时间变化的荷载必须按动荷载考虑。
　 （ ）
3. 有限自由度体系作无阻尼自由振动时，体系上各质点位移之间的比值保持不变。 （ ）
4. 重力对动内力和动位移没有影响。 （ ）

二、选择题（将选中答案的字母填入括号内，每小题 4 分）

1. 图 8-15 所示的结构中动力自由度相同的为（ ）。

A.（a）与（b）　　　　　B.（b）与（c）
C.（a）与（c）　　　　　D.（a）、（b）、（c）

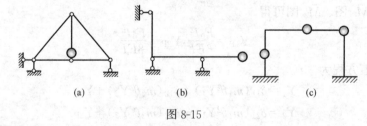

图 8-15

2. 增加单自由度体系的阻尼（增加后仍是小阻尼），其结果是（ ）。

A. 周期变长　　　　　B. 周期变短
C. 周期不变　　　　　D. 上面结果都有可能

3. 一个单自由度体系在简谐荷载作用下，已知频率比 $\beta = \frac{\theta}{\omega} < 1$，若要减小振动的振幅需（ ）。

A. 增加刚度，减少质量　　C. 减小刚度，增大质量
B. 增加刚度，增加质量　　D. 减小刚度，减少质量

4. 欲使图 8-16 所示体系的自振频率增大，在下述办法中可采用（　　）。

A. 增大质量 m C. 将质量 m 移至梁的跨中位置

B. 减小梁的 EI D. 将铰支座改为固定支座

图 8-16

三、填充题（将答案写在空格内，每小题 4 分）

1. 阻尼对单自由度体系自由振动的_____影响小，可以不计阻尼；对_____影响较大。

2. 刚度矩阵 $[k]$ 与柔度矩阵 $[\delta]$ 的关系为_____。

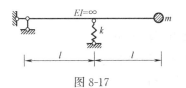

图 8-17

3. 振型对质量正交的表达式为_____；对刚度正交的表达式为_____。

4. 图 8-17 所示体系的自振频率为_____。

四、计算分析题（写出计算过程，每小题 20 分）

1. 静定梁如图 8-18 所示，其中 CB 杆为无重刚杆，AC 杆刚度为 EI。已知荷载频率为 $\theta = \dfrac{1}{2}\omega$（$\omega$ 为结构自振频率），不计阻尼。

（1）建立质体 m 的动力方程；

（2）求系统的自振频率；

（3）求在图示动荷载作用下，质体 m 的振幅；

（4）试求图示动荷载作用下，A 截面的动弯矩幅值。

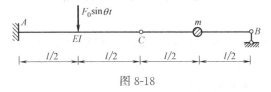

图 8-18

2. 试求图 8-19 所示体系的自振频率和振型。已知：$k = EI/l^3$。

3. 求图 8-20 所示体系两个质点的动位移幅值。已知：动力荷载幅值 $F_0 = 8\text{kN}$，$\theta = 26.1799\text{s}^{-1}$，$m_1 = m_2 = 800\text{kg}$，$l = 2\text{m}$，各柱 $EI = 6.4 \times 10^6 \text{N} \cdot \text{m}^2$，横梁 $EI_1 = \infty$。

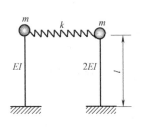

图 8-19

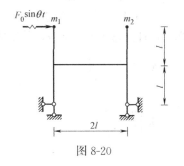

图 8-20

自测题 （B）

一、是非题（将判断结果填入括号：以○表示正确，以×表示错误，每小题2分）

1.简谐荷载作用下，单自由度体系共振时的动力系数为 $\frac{1}{2\xi}$（ξ 为阻尼比）。 （　　）

2.结构在动力荷载作用下，其动内力与动位移仅与动力荷载的变化规律有关。 （　　）

3.单自由度体系自由振动的振幅取决于初位移、初速度与结构自振频率。 （　　）

4. n 个自由度体系有 n 个共振区。 （　　）

二、选择题（将选中答案的字母填入括号内，每小题4分）

1.图8-21所示结构（EI 相同）的自振周期间的关系为（　　）。

A. $T_a > T_b > T_c$ 　　　　　　B. $T_c > T_b > T_a$

C. $T_b > T_c > T_a$ 　　　　　　D. $T_b > T_a > T_c$

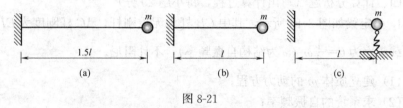

图 8-21

2.图8-22（a）所示梁，梁重不计，其自振频率 $\omega = \sqrt{768EI/(7ml^3)}$；在集中质量处添加弹性支承，如图8-22（b）所示，则该体系的自振频率 ω 为：（　　）。

A. $\sqrt{768EI/(7ml^3) + \sqrt{k/m}}$ 　　B. $\sqrt{768EI/(7ml^3) - \sqrt{k/m}}$

C. $\sqrt{768EI/(7ml^3) - k/m}$ 　　D. $\sqrt{768EI/(7ml^3) + k/m}$

3.图8-23所示对称体系有（　　）。

A. 一个对称振型和一个反对称振型

B. 一个对称振型和两个反对称振型

C. 两个对称振型和一个反对称振型

D. 两个对称振型和两个反对称振型

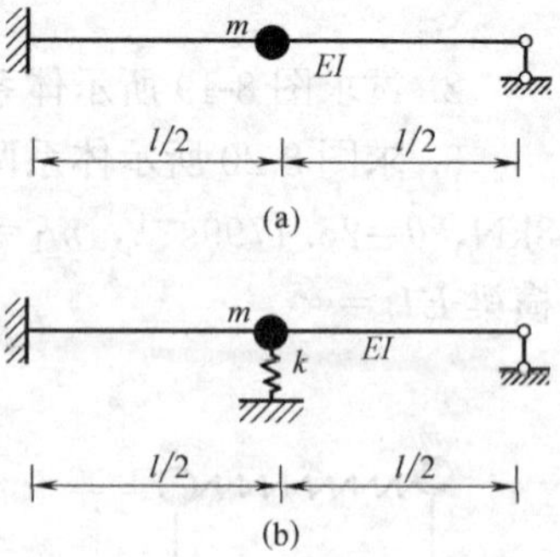

4.图8-24所示结构不计分布质量和轴向变形，各杆抗弯刚度为常数，其质量矩阵为（　　）。

A. $\begin{bmatrix} 2m & 0 \\ 0 & m \end{bmatrix}$ 　　　　C. $\begin{bmatrix} 3m & 0 \\ 0 & m \end{bmatrix}$

B. $\begin{bmatrix} m & 0 \\ 0 & m \end{bmatrix}$ 　　　　D. $\begin{bmatrix} m & 0 & 0 \\ 0 & m & 0 \\ 0 & 0 & 2m \end{bmatrix}$

图 8-22

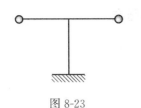

图 8-23

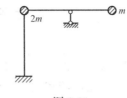

图 8-24

三、填充题（将答案写在空格内，每小题 4 分）

1. 体系按振型作自由振动时，各质点的振动频率_____，各质点振幅_____。

2. 某单自由度体系的初位移为 3cm，初速度为 1.5m/s，自振频率为 25rad/s。不计阻尼时的自由振动振幅为_____。

3. 图 8-25 所示体系竖向振动的自振频率为_____。

4. 图 8-26 所示体系的自振周期为_____，弹簧刚度系数均为 k。

图 8-25

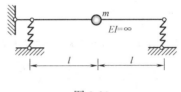

图 8-26

四、计算分析题（写出计算过程，每小题 20 分）

1. 图 8-27 所示结构中的杆 BC 是质量分布集度为 $\overline{m}$ 的刚性杆，不计杆 AB 的质量，试求结构的自振周期和频率。

2. 试求图 8-28 所示梁在不考虑阻尼时的最大竖向位移及梁端 A 的最大弯矩。已知：$F_P(t) = F_0\sin\theta t$，$F_0 = 2.5\text{kN}$，$k = 1.5 \times 10^5\text{N/m}$，$\theta = 57.6\text{s}^{-1}$，$l = 1.5\text{m}$，$G = 10\text{kN}$，$E = 2 \times 10^7\text{N/cm}^2$，$I = 1130\text{cm}^4$。

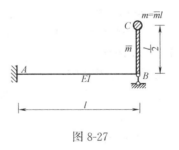

图 8-27

3. 试求图 8-29 所示体系的自振频率与主振型。已知：$m_1 = m$，$m_2 = 2m$。

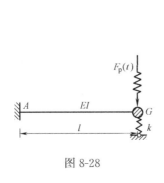

图 8-28

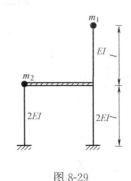

图 8-29

247

自测题 （A） 参考答案

一、1. ×　　2. ×　　3. ×　　4. ○

二、1. A　　2. A　　3. A　　4. D

三、1. 自振周期和频率，振幅

2. $[k][\delta]=[I]$

3. $\{Y\}^{(i)}[M]\{Y\}^{(j)}=0(i\neq j)$；$\{Y\}^{(i)}[K]\{Y\}^{(j)}=0(i\neq j)$

4. $\omega=0.5\sqrt{\dfrac{k}{m}}$

四、1. （1） $m\ddot{y}(t)+\dfrac{12EI}{l^3}y(t)=\dfrac{5}{8}F_0\sin\theta t$

（2） $\omega=\sqrt{\dfrac{12EI}{ml^3}}$

（3） $Y=\dfrac{5}{72}\dfrac{F_0l^3}{EI}$

（4） $M_A=\dfrac{11}{12}F_0l$

2. $k_{11}=4EI/l^3$，$k_{12}=k_{21}=-EI/l^3$，$k_{22}=7EI/l^3$

$\omega_1=1.92\sqrt{\dfrac{EI}{ml^3}}$，$\omega_2=2.70\sqrt{\dfrac{EI}{ml^3}}$

$$\{Y\}^{(1)}=\left\{\begin{matrix}1\\0.30\end{matrix}\right\},\{Y\}^{(2)}=\left\{\begin{matrix}1\\-3.30\end{matrix}\right\}$$

3. 取反对称半结构：

$\delta_1=83.3333\times10^{-8}$ m/N，$\omega_1=38.7298\text{s}^{-1}$，$\mu_1=1.8414$，$Y_{11}=-Y_{21}=6.1$mm

取正对称半结构：

$\delta_2=41.6667\times10^{-8}$ m/N，$\omega_2=54.7722\text{s}^{-1}$，$\mu_2=1.2961$，$Y_{12}=Y_{22}=2.2$mm

动位移幅值：

$Y_1=Y_{11}+Y_{12}=8.3$mm，$Y_2=Y_{21}+Y_{22}=3.9$mm

自测题 （B） 参考答案

一、1. ○　　2. ×　　3. ○　　4. ○

二、1. A　　2. D　　3. B　　4. C

三、1. 相同，比值不变

2. 6.708cm

3. $\sqrt{\dfrac{k_1k_2}{m(k_1+k_2)}}$

4. $T=2\pi\sqrt{\dfrac{m}{2k}}$

四、1. $\omega = \sqrt{\dfrac{96}{7} \cdot \dfrac{EI}{\overline{m}l^4}}$，$T = 2\pi\sqrt{\dfrac{7}{96} \cdot \dfrac{\overline{m}l^4}{EI}}$

2. $k = 21.5 \times 10^2 \text{kN/m}$，$\omega^2 = 21.085 \times 10^2 \ (1/s^2)$，

$\mu = 1.75$，

$y_{\max} = 0.675 \times 10^{-2} \text{m}$，

$M_{A\max} = 21.56 \text{kN} \cdot \text{m}$

3. $k_{11} = \dfrac{3EI}{l^3}$，$k_{12} = -\dfrac{3EI}{l^3}$，$k_{22} = \dfrac{51EI}{l^3}$

$[\boldsymbol{M}] = \begin{bmatrix} 1 & 0 \\ 0 & 2 \end{bmatrix} m$，$\omega_1 = 1.673\sqrt{\dfrac{EI}{ml^3}}$，$\omega_2 = 5.07\sqrt{\dfrac{EI}{ml^3}}$

$\{\boldsymbol{Y}\}^{(1)} = \left\{\begin{array}{c} 1 \\ 0.0661 \end{array}\right\}$，$\{\boldsymbol{Y}\}^{(2)} = \left\{\begin{array}{c} 1 \\ -7.5661 \end{array}\right\}$

8.5 主教材思考题答案

8-1 如何区别动力荷载与静力荷载？

答：在该荷载作用下，若体系的惯性力较大不能忽略不计，则视为动荷载，否则视为静荷载。惯性力的大小判断则由具体问题确定。

8-2 动力计算与静力计算的主要区别是什么？

答：主要区别有两点：①在动力分析中要计入惯性力；②在动力分析中，内力位移是时间的函数。其他区别还包括：动力方程是微分方程，静力方程是代数方程；动力分析方法常与荷载类型有关，而静力分析方法则与之无关等。

8-3 如何确定体系的动力自由度？

答：可采用在质量上增加链杆的办法确定。若在质量上至少需加 n 个链杆才能使所有质量不能运动，则其动力自由度为 n。被这些支杆所约束的位移即是动力分析的基本未知量。

8-4 刚度法与柔度法所建立的体系动力方程之间有何联系？各在什么情况下使用方便？

答：刚度法与柔度法建立的动力方程在所反映的各量值之间的关系上完全是一致的。刚度矩阵与柔度矩阵互逆。刚度系数容易求解的时候，采用刚度法；柔度系数容易求解的时候，采用柔度法。

8-5 当荷载不作用在质量上时如何建立运动方程？

答：荷载不作用于质量上时的动力方程建立方法与在质量上时的方法是一致的。只要用等效干扰力代替动荷载，则在方程形式上也是一致的。

8-6 什么是阻尼、阻尼力，产生阻尼的原因一般有哪些？什么是等效粘滞阻尼？

答：耗散振动能量的作用称为阻尼。产生阻尼的原因主要有：材料的内摩擦、构件接触面的外摩擦、介质阻力、安装的各种阻尼器等。在振动分析中用于代替阻尼作用的一种力称为阻尼力。粘滞阻尼力假定阻尼力与质量的

速度成比例。对于不能较好满足这种假定的阻尼情况可根据实际的阻尼耗能按耗能等效原则换算成粘滞阻尼，称为等效粘滞阻尼。

8-7 为什么说结构的自振频率是结构的重要动力特征，它与哪些量有关？

答：在外界因素（动荷载或初始条件）确定后，结构的反应主要由结构的自振频率控制。自振频率与质量和刚度有关，与外界因素无关。

8-8 任何体系都能发生自由振动吗？什么是阻尼比，如何确定结构的阻尼比？

答：不是。当阻尼比 $\xi \geqslant 1$ 时，即使有初始位移和速度，也不会发生振动。阻尼比等于阻尼系数与临界阻尼系数之比。通过实测振幅衰减规律，可间接测得阻尼比。

8-9 什么是稳态响应？通过杜哈梅积分确定的简谐荷载的动力响应是稳态响应吗？

答：稳态响应是动力响应中按动荷载的频率振动的部分。通过杜哈梅积分确定的简谐荷载的动力响应是体系的实际反应，包括瞬态振动和稳态振动。

8-10 什么是动力放大系数，简谐荷载下的动力放大系数与哪些因素有关？

答：动力放大系数是指动荷载引起的实际响应幅值与动荷载幅值作为静荷载所引起的结构响应之比值。简谐荷载下的动力放大系数与频率比、阻尼比有关。

8-11 简谐荷载下的位移动力放大系数与内力动力放大系数是否一定相同？

答：不一定。对于单自由度体系，当惯性力与动荷载作用线重合时，位移动力放大系数与内力动力放大系数相等；否则不相等。

8-12 若要避开共振应采取何种措施？

答：共振是指体系自振频率与动荷载频率相同而使振幅趋于无穷的一种现象。为避开共振，需使体系自振频率与动荷载频率远离。由于动荷载通常是不能改变的，只能改变体系的自振频率。

8-13 有人认为不计阻尼时，位移动力放大系数为 $\mu = (1-\beta^2)^{-1}$，因此认为当 β 大于1时其值为负，这一结论对吗？

答：错，根据动力放大系数的定义即可知道该结论是错的。

8-14 突加荷载与矩形脉冲荷载有何差别？

答：这两种荷载的主要区别在于结构上停留的时间的长短。与结构的周期相比，停留较长的为突加荷载，较短的是矩形脉冲荷载。在矩形脉冲作用下，结构的最大动力响应出现较早，分析时应考虑瞬态响应；而突加荷载则不然。

8-15 不计阻尼时，自由振动中的惯性力方向与位移方向相同还是相反，还是随某些条件而定？

答：自由振动时的位移和惯性力分别为

$$y(t) = Y\sin(\omega t + \alpha), F_I(t) = -m\ddot{y}(t) = m\omega^2 y(t)$$

而质量和频率的平方均为正，故位移和惯性力始终同向。

8-16 增加体系的刚度一定能减小受迫振动的振幅吗？

答：不一定。

$\beta < 1$ 时，μ 是 β 的增函数，这时增加刚度会使 ω 增加，β 减小，μ 减小，振幅会相应减小；

$\beta > 1$ 时，μ 是 β 的减函数，这时增加刚度会使 μ 增加，振幅会相应增大。可见，要减小体系的动位移首先要区分体系是在共振前区工作还是在共振后区工作，然后再采用相应的措施。

8-17 什么是振型，它与哪些量有关？

答：振型是体系上所有质量按相同频率作自由振动时的振动形状。它仅与体系的质量和刚度的大小与分布有关，与外界因素无关。

8-18 对称体系的振型都是对称的吗？

答：对称体系的振型有对称的，也有反对称的，但没有既不对称又不反对称的振型。

8-19 振型正交性有何应用？

答：①可用于校核振型的正确性；②对耦联的动力方程作解耦运算。后一点读者可在学习振型分解法中有所体会。

8-20 振型正交性的物理意义是什么？

答：振型 i 的惯性力在振型 j 上所做的功等于零。一个振型的振动能量不能转移到其他振型上。

8-21 振型分解法的应用前提是什么？

答：只有线弹性体系才有与时间无关的振型，故振型分解法的应用前提是线弹性体系。

8.6 主教材习题详细解答

8-1 试确定图 8-30 所示体系的动力分析自由度。除标明刚度杆外，其他杆抗弯刚度均为 EI。除（f）题外其余均不计轴向变形。

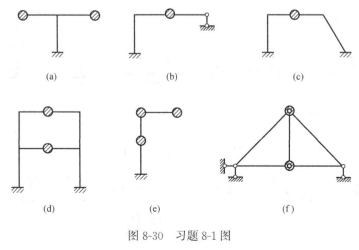

图 8-30 习题 8-1 图

【解】 (a) 3；(b) 2；(c) 1；(d) 4；(e) 3；(f) 4

8-2 试求图 8-31～图 8-38 所示各体系的自振频率。

(a)

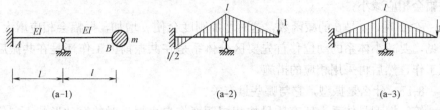

$$(a-1) \qquad\qquad (a-2) \qquad\qquad (a-3)$$

图 8-31 习题 8-2 (a) 图

【解】 $\delta = \dfrac{1}{EI}\left[\left(\dfrac{1}{2}\cdot l\cdot l\right)\times\dfrac{2}{3}l - \left(\dfrac{1}{2}\cdot l\cdot\dfrac{l}{2}\right)\times\dfrac{1}{3}l + \left(\dfrac{1}{2}\cdot l\cdot l\right)\times\dfrac{2}{3}l\right] =$

$\dfrac{7l^3}{12EI}$，$\omega = \sqrt{\dfrac{1}{\delta m}} = \sqrt{\dfrac{12EI}{7ml^3}}$

(b)

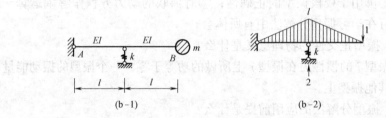

$$(b-1) \qquad\qquad\qquad (b-2)$$

图 8-32 习题 8-2 (b) 图

【解】 $\delta = \dfrac{2}{EI}\left[\left(\dfrac{1}{2}\cdot l\cdot l\right)\cdot\dfrac{2}{3}l\right] + \dfrac{2}{k}\times 2 = \dfrac{2l^3}{3EI} + \dfrac{4}{k}$

$\omega = \sqrt{\dfrac{1}{\delta m}} = \sqrt{\dfrac{1}{\left(\dfrac{2l^3}{3EI} + \dfrac{4}{k}\right)m}} = \sqrt{\dfrac{3EIk}{2m(kl^3 + 6EI)}}$

(c)

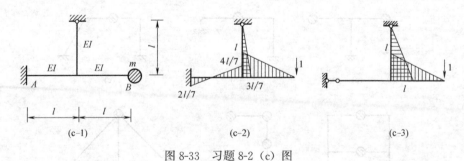

$$(c-1) \qquad\qquad (c-2) \qquad\qquad (c-3)$$

图 8-33 习题 8-2 (c) 图

【解】 $\delta = \dfrac{1}{EI}\left[\left(\dfrac{1}{2}\cdot l\cdot\dfrac{3l}{7}\right)\times\dfrac{2}{3}l + \left(\dfrac{1}{2}\cdot l\cdot l\right)\times\dfrac{2}{3}l\right] = \dfrac{10l^3}{21EI}$

$\omega = \sqrt{\dfrac{1}{\delta m}} = \sqrt{\dfrac{21EI}{10ml^3}}$

(d)

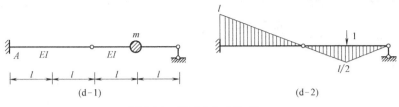

图 8-34　习题 8-2（d）图

【解】　$\delta=\dfrac{1}{EI}\left[\left(\dfrac{1}{2}\cdot 2l\cdot l\right)\times\dfrac{2}{3}l+2\times\left(\dfrac{1}{2}\cdot l\cdot\dfrac{l}{2}\right)\times\dfrac{2}{3}\cdot\dfrac{l}{2}\right]=\dfrac{5l^3}{6EI}$

$$\omega=\sqrt{\dfrac{1}{\delta m}}=\sqrt{\dfrac{6EI}{5ml^3}}$$

(e)

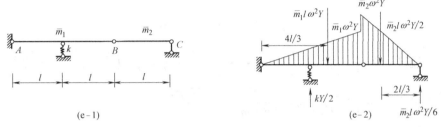

图 8-35　习题 8-2（e）图

【解】　本题有两段梁分布质量，列幅值方程求频率比较方便。令 B 点的振幅为 Y，则左右两段梁的惯性力分布为斜直线。左段梁的分布惯性力在 B 点的值为 $\overline{m}_1\omega^2Y$，其合力为 $\overline{m}_1l\omega^2Y$，作用位置如图 8-35（e-2）所示。右段梁的分布惯性力在 B 点的值为 $\overline{m}_2\omega^2Y$，其合力为 $\overline{m}_2l\omega^2Y/2$，作用位置如图 8-35（e-2）所示。弹性支座的竖向位移为 $Y/2$，反力为 $kY/2$。由 BC 梁的平衡条件，可求得 C 点的支座反力为 $\overline{m}_2l\omega^2Y/6$。将梁上的惯性力、支座反力，对 A 点列力矩平衡方程，得

$$\sum M_A=0：\overline{m}_1l\omega^2Y\times\dfrac{4l}{3}+\dfrac{\overline{m}_2l\omega^2Y}{2}\times\left(2l+\dfrac{l}{3}\right)-\dfrac{kY}{2}\times l-\dfrac{\overline{m}_2l\omega^2Y}{6}\times 3l=0$$

$$\omega=\sqrt{\dfrac{3k}{4l(2\overline{m}_1+\overline{m}_2)}}$$

(f)

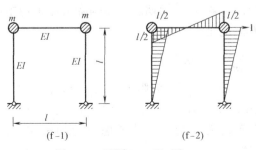

图 8-36　习题 8-2（f）图

【解】 $\delta=\dfrac{2}{EI}\left[\left(\dfrac{1}{2}\cdot l\cdot\dfrac{l}{2}\right)\times\left(\dfrac{2}{3}\cdot\dfrac{l}{2}\right)+\left(\dfrac{1}{2}\cdot\dfrac{l}{2}\cdot\dfrac{l}{2}\right)\times\left(\dfrac{2}{3}\cdot\dfrac{l}{2}\right)\right]=$

$\dfrac{l^3}{4EI}$, $\omega=\sqrt{\dfrac{1}{\delta\cdot 2m}}=\sqrt{\dfrac{2EI}{ml^3}}$

(g)

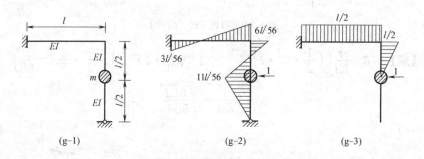

(g-1)   (g-2)   (g-3)

图 8-37 习题 8-2（g）图

【解】 $\delta=\dfrac{1}{EI}\left[\dfrac{1}{2}\cdot\left(\dfrac{6l}{56}-\dfrac{3l}{56}\right)\cdot l\times\dfrac{l}{2}+\dfrac{1}{2}\cdot\dfrac{l}{2}\cdot\dfrac{l}{2}\cdot\left(\dfrac{2}{3}\cdot\dfrac{6l}{56}-\dfrac{1}{3}\cdot\dfrac{11l}{56}\right)\right]=$

$\dfrac{1}{EI}\left[\dfrac{19l^3}{24\times56}\right]=\dfrac{19l^3}{1344EI}$, $\omega=\sqrt{\dfrac{1}{\delta\cdot m}}=\sqrt{\dfrac{1344EI}{19ml^3}}$

(h)

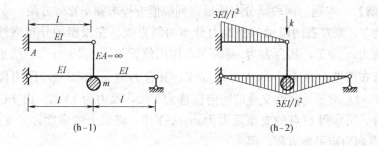

(h-1)   (h-2)

图 8-38 习题 8-2（h）图

【解】

$$k=\dfrac{9EI}{l^3},\omega=\sqrt{\dfrac{k}{m}}=\sqrt{\dfrac{9EI}{ml^3}}$$

8-3 某结构在自振 10 个周期后，振幅降为原来初始位移的 10%（初速度为零），试求其阻尼比。

【解】 $\xi\approx\dfrac{1}{2n\pi}\ln10=0.037$

8-4 图 8-39（a）所示无阻尼体系中，$E=2\times10^4\,\mathrm{kN/cm^2}$，$I=4800\,\mathrm{cm^4}$，$l=2\mathrm{m}$，$G=20\mathrm{kN}$，$F_\mathrm{P}=5\mathrm{kN}$，$\theta=20\mathrm{s^{-1}}$。求质点处最大动位移、最大惯性力和最大动弯矩。若考虑重力的影响，试求梁 B 截面的最大弯矩和最小弯矩。

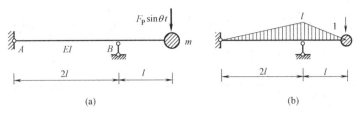

图 8-39　习题 8-4 图

【解】 $\delta = \dfrac{1}{EI}\left[\left(\dfrac{1}{2}\cdot l\cdot 2l\right)\times\left(\dfrac{2}{3}\cdot l\right)+\left(\dfrac{1}{2}\cdot l\cdot l\right)\times\left(\dfrac{2}{3}\cdot l\right)\right]$

$$= \dfrac{1}{EI}\left(\dfrac{1}{2}\times 2\times 4\right)\times\left(\dfrac{2}{3}\times 2\right)+\left(\dfrac{1}{2}\times 2\times 2\right)\times\left(\dfrac{2}{3}\times 2\right)=\dfrac{8}{EI}\,\text{m}^3$$

$$\omega=\sqrt{\dfrac{1}{m\delta}}=\sqrt{\dfrac{EI}{8m}}=\sqrt{\dfrac{2\times 10^4\times 10^7\times 4800\times 10^{-8}}{8\times 20\times 10^3/9.8}}=24.25\,\text{rad/s}$$

$$\mu=\dfrac{1}{1-\dfrac{\theta^2}{\omega^2}}=\dfrac{1}{1-\dfrac{20^2}{24.25^2}}=3.13,\quad Y_P=F_P\delta=5\times 10^3\cdot\dfrac{8}{EI}=0.00417\,\text{m}=4.17\,\text{mm}$$

$$Y=Y_P\mu=4.17\times 3.13=13\,\text{mm}$$

$$F_I=m\theta^2 Y=\dfrac{20\times 10^3}{9.8}\times 20^2\times 13\times 10^{-3}=\dfrac{8000}{9.8}\times 13=10600\,\text{N}=10.6\,\text{kN}$$

$$M_B=(F_I+F_P)\times l=(10.6+5)\times 2=31.2\,\text{kN}\cdot\text{m}$$

$$M_{B\max}=(G+|(F_I+F_P)|)\times l=[20+|(10.6+5)|]\times 2=71.2\,\text{kN}\cdot\text{m}$$

$$M_{B\min}=(G-|(F_I+F_P)|)\times l=[20-|(10.6+5)|]\times 2=8.8\,\text{kN}\cdot\text{m}$$

结果为正，说明截面上侧受拉。

8-5　图 8-40（a）所示体系中，$E=2\times 10^4\,\text{kN/cm}^2$，$I=4800\,\text{cm}^4$，$l=2\,\text{m}$，$G=20\,\text{kN}$，$F_P=5\,\text{kN}$，$\theta=20\,\text{s}^{-1}$。求质点处最大动位移、最大惯性力和最大动弯矩。若考虑重力的影响，试求梁 B、C 截面的最大弯矩和最小弯矩。

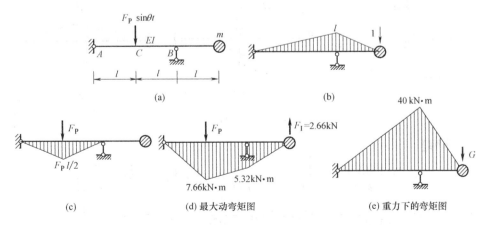

图 8-40　习题 8-5

【解】 $\delta=\dfrac{1}{EI}\left(\dfrac{1}{2}\times 2\times 4\times\dfrac{2}{3}\times 2+\dfrac{1}{2}\times 2\times 2\times\dfrac{2}{3}\times 2\right)=\dfrac{8}{EI}\,\text{m}^3$

$$Y_P = -\frac{1}{EI}\left(\frac{1}{2} \cdot \frac{F_P l}{2} \cdot 2l\right) \times \frac{l}{2} = -\frac{F_P l^3}{4EI} = -\frac{5 \times 10^3 \times 2^3}{4 \times 2 \times 10^4 \times 10^7 \times 4800 \times 10^{-8}}$$

$$= -0.001042\text{m} = -1.042\text{mm}$$

$$\omega = \sqrt{\frac{1}{m\delta}} = \sqrt{\frac{EI}{8m}} = \sqrt{\frac{2 \times 10^4 \times 10^7 \times 4800 \times 10^{-8}}{8 \times 20 \times 10^3/9.8}} = 24.25\text{rad/s}$$

$$\mu = \frac{1}{1 - \dfrac{\theta^2}{\omega^2}} = \frac{1}{1 - \dfrac{20^2}{24.25^2}} = 3.13$$

$$Y = Y_P \mu = -1.042 \times 3.13 = -3.26\text{mm}$$

$$F_I = m\theta^2 Y = \frac{20 \times 10^3}{9.8} \times 20^2 \times (-3.26 \times 10^{-3}) = -2660\text{N} = -2.66\text{kN}$$

$$M_B = F_I l = 2.66 \times 2 = 5.32\text{kN} \cdot \text{m}$$

$$M_C = \frac{F_P l}{2} + \frac{F_I l}{2} = \frac{5 \times 2}{2} + \frac{2.66 \times 2}{2} = 7.66\text{kN} \cdot \text{m}$$

$$M_{B\max} = M_{BG} + |M_B| = 40 + 5.32 = 45.32\text{kN} \cdot \text{m}$$

$$M_{B\min} = M_{BG} - |M_B| = 40 - 5.32 = 34.68\text{kN} \cdot \text{m}$$

$$M_{C\max} = M_{CG} + |M_C| = 20 + 7.66 = 27.66\text{kN} \cdot \text{m}$$

$$M_{C\min} = M_{CG} - |M_C| = 20 - 7.66 = 12.34\text{kN} \cdot \text{m}$$

结果为正，说明截面上侧受拉。

8-6　图 8-41（a）所示体系中，AB 是质量为 m 的刚性杆，弹簧的刚度系数 $k_0 = 3EI/l^3$，$\theta = \sqrt{108EI/(5ml^3)}$。试求：质体的动位移幅值、梁 A 截面的动弯矩幅值以及弹簧的动内力幅值。

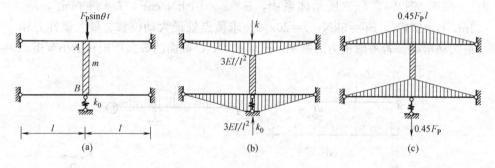

图 8-41　习题 8-6

【解】

$$k = 4 \cdot \frac{3EI}{l^3} + k_0 = \frac{15EI}{l^3}, \omega = \sqrt{\frac{k}{m}} = \sqrt{\frac{15EI}{ml^3}}, Y_P = \frac{F_P}{k} = \frac{F_P l^3}{15EI}$$

$$\mu = \frac{1}{1 - 1.2^2} = -2.27, Y = Y_P \mu = \frac{F_P l^3}{15EI}(-2.27) = -0.15\frac{F_P l^3}{EI}$$

梁 A 截面的动弯矩幅值为

$$M_A = 3\frac{EI}{l^2} \times Y = 3\frac{EI}{l^2} \times 0.15\frac{F_P l^3}{EI} = 0.45F_P l$$

此时，弹簧受拉，拉力的幅值为

$$F_{S0} = k_0 Y = \frac{3EI}{l^3} \times 0.15 \frac{F_P l^3}{EI} = 0.45 F_P$$

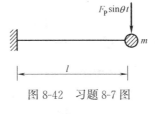

图 8-42 习题 8-7 图

8-7 图 8-42 所示梁，悬臂端安装有重量为 20kN 的电动机，荷载辐值 $F_P = 15$kN，$EI = 1.7 \times 10^5$kN·m²，$l = 6$m。试分别计算：机器转速为 300r/min 和 600r/min、考虑阻尼（$\xi = 0.1$）和不考虑阻尼时，质体的最大动位移。并分析不同频率时，阻尼的减振效果。

【解】（1）机器转速为 300r/min 的情况。

$$\theta = 2\pi n/60 = 31.4 \text{rad/s}, \quad \delta = \frac{l^3}{3EI}$$

$$\omega = \sqrt{\frac{1}{\delta m}} = \sqrt{\frac{3EIg}{Gl^3}} = \sqrt{\frac{3 \times 1.7 \times 10^5 \times 10^3 \times 9.8}{20 \times 10^3 \times 6^3}} = 34 \text{rad/s}$$

$$\beta = \frac{\theta}{\omega} = \frac{31.4}{34} = 0.92$$

考虑阻尼时的位移动力系数和位移辐值分别为

$$\mu(\xi = 0.1) = \frac{1}{\sqrt{\left(1 - \frac{\theta^2}{\omega^2}\right)^2 + 4\xi^2 \frac{\theta^2}{\omega^2}}} = \frac{1}{\sqrt{\left(1 - \frac{31.4^2}{34^2}\right)^2 + 4 \times 0.1^2 \times \frac{31.4^2}{34^2}}} = 4.23$$

$$Y(\xi = 0.1) = \frac{F_P}{k}\mu = \frac{F_P l^3}{3EI}\mu = \frac{15 \times 10^3 \times 6^3}{3 \times 1.7 \times 10^5 \times 10^3} \times 4.23 = 0.02687\text{m} = 26.87\text{mm}$$

不考虑阻尼时的位移动力系数和位移辐值分别为

$$\mu(\xi = 0) = \frac{1}{1 - \beta^2} = \frac{1}{1 - \frac{31.4^2}{34^2}} = 6.8$$

$$Y(\xi = 0) = \frac{F_P}{k}\mu = \frac{F_P l^3}{3EI}\mu = \frac{15 \times 10^3 \times 6^3}{3 \times 1.7 \times 10^5 \times 10^3} \times 6.8 = 0.0432\text{m} = 43.2\text{mm}$$

从计算结果可以看出，由于频率比接近 1，阻尼对降低位移的作用是显著的。

（2）当机器转速为 600r/min，重复上述过程，结果如下：

$$\theta = 2\pi n/60 = 20\pi \text{rad/s}, \beta = \frac{20\pi \text{rad/s}}{34 \text{rad/s}} = 1.85$$

$$\mu(\xi = 0.1) = \frac{1}{\sqrt{\left(1 - \frac{\theta^2}{\omega^2}\right)^2 + 4\xi^2 \frac{\theta^2}{\omega^2}}} = \frac{1}{\sqrt{(1 - 1.85^2)^2 + 4 \times 0.1^2 \times 1.85^2}} = 0.41$$

$$Y(\xi = 0.1) = \frac{F_P}{k}\mu = \frac{F_P l^3}{3EI}\mu = \frac{15 \times 10^3 \times 6^3}{3 \times 1.7 \times 10^5 \times 10^3} \times 0.41 = 0.0026\text{m} = 2.6\text{mm}$$

$$\mu(\xi = 0) = \frac{1}{1 - \beta^2} = \frac{1}{1 - 1.85^2} = -0.41$$

从计算结果可以看出，由于频率比较大，阻尼的作用很小。

8-8 图 8-43（a）所示体系中，梁的抗弯刚度为 EI，阻尼比为 $\xi = 0.25$，$\theta = 1.25\sqrt{3EI/(ml^3)}$。试求：（1）质体的动位移幅值和惯性力幅值；（2）质体位移最大时的动弯矩图和动荷载最大时的动弯矩图。

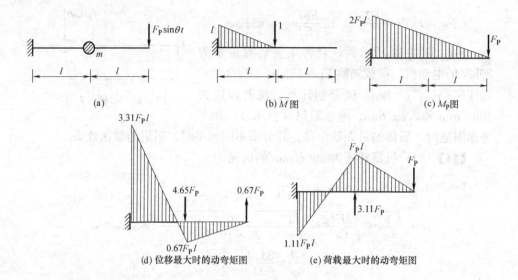

(a) (b) $\overline{M}$ 图 (c) M_{P} 图

(d) 位移最大时的动弯矩图 (e) 荷载最大时的动弯矩图

图 8-43 习题 8-8 图

【解】

$$\delta_{11}=\frac{l^3}{3EI},\ Y_{\mathrm{P}}=\frac{5l^3}{6EI}F_{\mathrm{P}},\ \mu=\frac{1}{\sqrt{\left(1-\frac{\theta^2}{\omega^2}\right)^2+4\xi^2\frac{\theta^2}{\omega^2}}}$$

$$=\frac{1}{\sqrt{(1-1.25^2)^2+4\times0.25^2\times1.25^2}}=1.19$$

动位移幅值为

$$Y=Y_{\mathrm{P}}\cdot\mu=\frac{5F_{\mathrm{P}}l^3}{6EI}\times1.19=0.992\frac{F_{\mathrm{P}}l^3}{EI}$$

惯性力幅值为

$$F_{\mathrm{I}}=m\theta^2Y=m\theta^2\frac{F_{\mathrm{PE}}}{k}\cdot\mu=\beta^2F_{\mathrm{PE}}\cdot\mu=\beta^2\cdot\frac{Y_{\mathrm{P}}}{\delta}\cdot\mu=4.65F_{\mathrm{P}}$$

由阻尼比和频率比，可计算出动位移滞后于动荷载的相位角为

$$\tan\varphi=\frac{2\xi\dfrac{\theta}{\omega}}{1-\dfrac{\theta^2}{\omega^2}}=\frac{2\times0.25\times1.25}{1-1.25^2}=-1.111,\ \varphi=132°$$

因此，动位移的表达式为

$$y(t)=Y\sin(\theta t-\varphi)=0.992\frac{F_{\mathrm{P}}l^3}{EI}\sin(\theta t-132°)$$

当位移取得最大值时，

$$\sin(\theta t-132°)=1,\quad\theta t-132°=90°,\quad\theta t=222°,\quad\sin\theta t=\sin222°=-0.669$$

此时，动荷载为

$$F_{\mathrm{P}}\sin\theta t=-0.67F_{\mathrm{P}}$$

因此，动位移最大时的动弯矩图，如图 8-43 (d) 所示。

当荷载取得最大值时，有

$$\sin\theta t=1, \theta t=90°, \sin(\theta t-132°)=-0.669$$

$$F_P\sin\theta t=F_P, F_1=m\theta^2 Y\sin(\theta t-132°)=4.65 F_P\times(-0.669)=-3.11 F_P$$

因此，动荷载最大时的动弯矩图，如图 8-43（e）所示。

8-9 图 8-44（a）所示梁跨中有重量为 20kN 的电动机，荷载幅值为 20kN，机器转速为 400r/min，$\xi=0.05$，$EI=1.06\times10^4 kN\cdot m^2$，$l=6m$。求：（1）质体的最大动位移和梁的最大动弯矩；（2）假设开始时体系静止，若质体受到突加荷载 30kN 作用，试求梁跨中最大动位移。

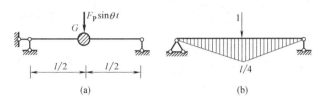

图 8-44 习题 8-9 图

【解】 （1）梁跨中最大动位移和最大动弯矩：

$$\delta=\frac{l^3}{48EI}=\frac{6^3}{48\times1.06\times10^4}=4.25\times10^{-4} m/kN$$

$$Y_P=F_P\delta=20\times4.25\times10^{-4}=0.0085m=8.5mm$$

$$M_P=\frac{F_P l}{4}=\frac{20\times6}{4}=30kN\cdot m$$

$$\omega=\sqrt{\frac{g}{G\delta}}=\sqrt{\frac{9.8}{20\times4.25\times10^{-4}}}=33.96 rad/s$$

$$\theta=\frac{2\pi\times400}{60}=41.9 rad/s, \mu=\frac{1}{\sqrt{(1-\beta^2)^2+4\xi^2\beta^2}}=1.896$$

$$Y=\mu Y_P=-1.896\times8.5=-16mm$$

$$M_{max}=\mu M_P=-1.896\times30=-56.9kN\cdot m$$

（2）假设开始时体系静止，若质体受到突加荷载 30kN 作用，试求梁跨中最大动位移：

$$Y=Y_P(1+e^{-\frac{\xi\omega_D}{\omega_D}})=\delta F_P(1+e^{-\frac{\xi\pi}{\sqrt{1-\xi^2}}})$$

$$=4.25\times10^{-4}\times30\times(1+e^{-\frac{0.05\pi}{\sqrt{1-0.05^2}}})$$

$$=0.0236m$$

$$=23.6mm$$

8-10 求图 8-45（a）所示梁的自振频率和振型。

【解】 $\delta_{11}=\frac{a^3}{EI}, \delta_{22}=\frac{a^3}{6EI}, \quad \delta_{12}=\delta_{21}=-\frac{a^3}{4EI}, m_1=m, m_2=2m$

$$\lambda_{1,2}=\frac{\delta_{11}m_1+\delta_{22}m_2}{2}\pm\sqrt{\frac{1}{4}(\delta_{11}m_1+\delta_{22}m_2)^2-(\delta_{11}\delta_{22}-\delta_{12}\delta_{21})m_1m_2}$$

$$=\left[\frac{1+\frac{1}{3}}{2}\pm\sqrt{\frac{1}{4}\left(1+\frac{1}{3}\right)^2-\left(\frac{1}{3}-\frac{1}{8}\right)}\right]\frac{a^3m}{EI}=\frac{4\pm\sqrt{8.5}}{6}\cdot\frac{a^3m}{EI}$$

$$\omega_1 = \frac{1}{\sqrt{\lambda_1}} = \frac{1}{\sqrt{\dfrac{4+\sqrt{8.5}}{6} \cdot \dfrac{a^3 m}{EI}}} = 0.9315 \sqrt{\dfrac{EI}{a^3 m}}$$

$$\omega_2 = \frac{1}{\sqrt{\lambda_2}} = \frac{1}{\sqrt{\dfrac{4-\sqrt{8.5}}{6} \cdot \dfrac{a^3 m}{EI}}} = 2.3521 \sqrt{\dfrac{EI}{a^3 m}}$$

$$\{Y\}^{(1)} = \begin{pmatrix} 1 \\ -\dfrac{\delta_{11} m_1 - \lambda_1}{\delta_{12} m_2} \end{pmatrix} = \begin{pmatrix} 1 \\ \dfrac{2-\sqrt{8.5}}{3} \end{pmatrix} = \begin{pmatrix} 1 \\ -0.3052 \end{pmatrix}$$

$$\{Y\}^{(2)} = \begin{pmatrix} 1 \\ -\dfrac{\delta_{11} m_1 - \lambda_2}{\delta_{12} m_2} \end{pmatrix} = \begin{pmatrix} 1 \\ \dfrac{2+\sqrt{8.5}}{3} \end{pmatrix} = \begin{pmatrix} 1 \\ 1.6385 \end{pmatrix}$$

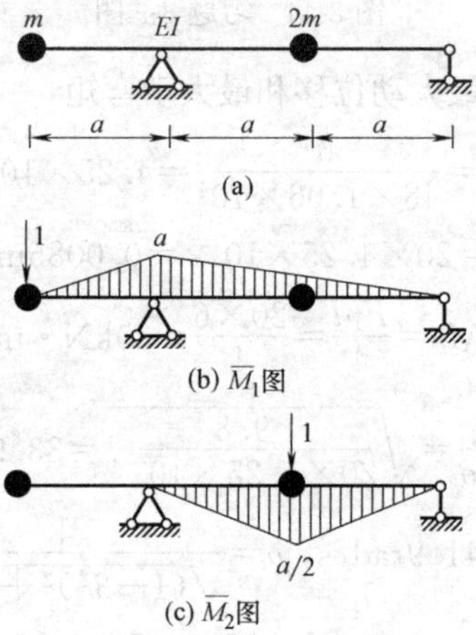

图 8-45　习题 8-10 图

8-11　试求图 8-46（a）所示梁的自振频率和振型。已知：$l = 100\text{cm}$，$mg = 1000\text{N}$，$I = 68.82\text{cm}^4$，$E = 2 \times 10^5\,\text{MPa}$。

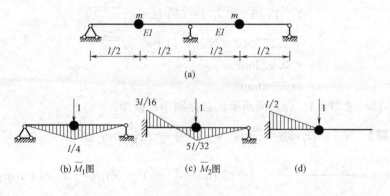

图 8-46　习题 8-11 图

【解】　利用对称性：

$$\delta_{11}=\frac{l^3}{48EI},\delta_{22}=\frac{7l^3}{768EI}$$

$$\omega_1=\sqrt{\frac{1}{\delta_{11}m}}=\sqrt{\frac{48EIg}{l^3G}}=\sqrt{\frac{48\times2\times10^5\times10^6\times68.82\times10^{-8}\times9.8}{(100\times10^{-2})^3\times1000}}$$

$$=254.45\text{rad/s}$$

$$\omega_2=\sqrt{\frac{1}{\delta_{22}m}}=\sqrt{\frac{768EIg}{7l^3G}}=\sqrt{\frac{768\times2\times10^5\times10^6\times68.82\times10^{-8}\times9.8}{7\times(100\times10^{-2})^3\times1000}}$$

$$=384.7\text{rad/s}$$

$$\{\boldsymbol{Y}\}^{(1)}=\begin{pmatrix}1\\-1\end{pmatrix},\quad\{\boldsymbol{Y}\}^{(2)}=\begin{pmatrix}1\\1\end{pmatrix}$$

8-12 求图 8-47～图 8-48 所示刚架的自振频率和振型。不计轴向变形。

（a）

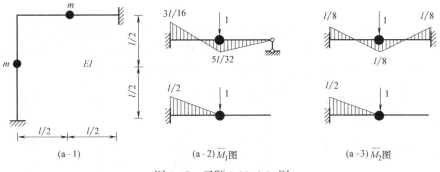

图 8-47 习题 8-12（a）图

【解】

$$\delta_{11}=\frac{7l^3}{768EI},\omega_1=\sqrt{\frac{1}{\delta_{11}m}}=10.474\sqrt{\frac{EI}{ml^3}}$$

$$\delta_{22}=\frac{l^3}{192EI},\omega_2=\sqrt{\frac{1}{\delta_{22}m}}=13.856\sqrt{\frac{EI}{ml^3}}$$

$$\{\boldsymbol{Y}\}^{(1)}=\begin{pmatrix}1\\-1\end{pmatrix},\quad\{\boldsymbol{Y}\}^{(2)}=\begin{pmatrix}1\\1\end{pmatrix}$$

（b）

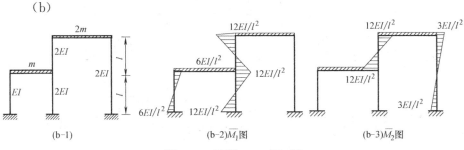

图 8-48 习题 8-12（b）图

【解】 $m_1=m$，$m_2=2m$ $k_{11}=\frac{60EI}{l^3}$，$k_{22}=\frac{27EI}{l^3}$，$k_{21}=k_{12}=-\frac{24EI}{l^3}$

$$(\omega^2)_{1.2}=\frac{1}{2}\left(\frac{k_{11}}{m_1}+\frac{k_{22}}{m_2}\right)\mp\sqrt{\frac{1}{4}\left(\frac{k_{11}}{m_1}+\frac{k_{22}}{m_2}\right)^2-\frac{k_{11}k_{22}-k_{12}k_{21}}{m_1m_2}}=\frac{73.5\mp\sqrt{3314.25}}{2}\cdot\frac{EI}{ml^3}$$

$$\omega_1 = \sqrt{\frac{73.5 - \sqrt{3314.25}}{2}} \sqrt{\frac{EI}{ml^3}} = 2.822\sqrt{\frac{EI}{ml^3}},$$

$$\omega_2 = \sqrt{\frac{73.5 + \sqrt{3314.25}}{2}} \sqrt{\frac{EI}{ml^3}} = 8.095\sqrt{\frac{EI}{ml^3}}$$

$$\{\boldsymbol{Y}\}^{(1)} = \begin{pmatrix} 1 \\ -\dfrac{k_{11} - m_1\omega_1^2}{k_{12}} \end{pmatrix} = \begin{pmatrix} 1 \\ \dfrac{60 - \dfrac{73.5 - \sqrt{3314.25}}{2}}{24} \end{pmatrix} = \begin{pmatrix} 1 \\ 2.168 \end{pmatrix}$$

$$\{\boldsymbol{Y}\}^{(2)} = \begin{pmatrix} 1 \\ -\dfrac{k_{11} - m_1\omega_2^2}{k_{12}} \end{pmatrix} = \begin{pmatrix} 1 \\ \dfrac{60 - \dfrac{73.5 + \sqrt{3314.25}}{2}}{24} \end{pmatrix} = \begin{pmatrix} 1 \\ -0.231 \end{pmatrix}$$

8-13　求图 8-49（a）所示刚架的自振频率和振型。设楼面质量分别为 $m_1 = 120\text{t}$ 和 $m_2 = 100\text{t}$，柱的质量已集中于楼面；柱的线刚度分别为 $i_1 = 20\text{MN·m}$ 和 $i_2 = 14\text{MN·m}$，$h = 4\text{m}$；横梁刚度为无限大不计梁柱的轴向变形。

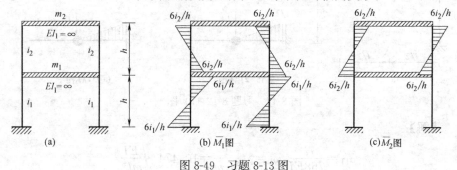

图 8-49　习题 8-13 图

【解】
$$k_{11} = \frac{24}{h^2}(i_1 + i_2) = 51\text{MN/m}$$

$$k_{12} = k_{21} = -\frac{24i_2}{h^2} = -21\text{MN/m}, \quad k_{22} = \frac{24i_2}{h^2} = 21\text{MN/m}$$

$$(\omega^2)_{1,2} = \frac{1}{2}\left(\frac{k_{11}}{m_1} + \frac{k_{22}}{m_2}\right) \mp \sqrt{\frac{1}{4}\left(\frac{k_{11}}{m_1} + \frac{k_{22}}{m_2}\right)^2 - \frac{k_{11}k_{22} - k_{12}k_{21}}{m_1 m_2}} = \frac{635 \mp \sqrt{193225}}{2}\text{s}^{-2}$$

$$\omega_1 = \sqrt{\frac{635 - \sqrt{193225}}{2}} = 9.885\text{s}^{-1}, \quad \omega_2 = \sqrt{\frac{635 + \sqrt{193225}}{2}} = 23.179\text{s}^{-1}$$

$$\{\boldsymbol{Y}\}^{(1)} = \begin{pmatrix} 1 \\ -\dfrac{k_{11} - m_1\omega_1^2}{k_{12}} \end{pmatrix} = \begin{pmatrix} 1 \\ \dfrac{51 - 0.12 \times \dfrac{635 - \sqrt{193225}}{2}}{21} \end{pmatrix} = \begin{pmatrix} 1 \\ 1.870 \end{pmatrix}$$

$$\{\boldsymbol{Y}\}^{(2)} = \begin{pmatrix} 1 \\ -\dfrac{k_{11} - m_1\omega_2^2}{k_{12}} \end{pmatrix} = \begin{pmatrix} 1 \\ \dfrac{51 - 0.12 \times \dfrac{635 + \sqrt{193225}}{2}}{21} \end{pmatrix} = \begin{pmatrix} 1 \\ -0.642 \end{pmatrix}$$

8-14 如图 8-50（a）所示，AB 段刚度为 EI，BC 段刚度为无穷大。弹簧刚度系数 $k_0 = 3EI/l^3$。试求：结构的自振频率和振型，并验证振型的正交性。

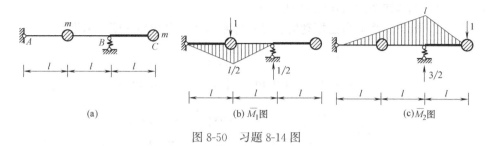

(a)   (b) $\overline{M}_1$ 图   (c) $\overline{M}_2$ 图

图 8-50 习题 8-14 图

【解】 先求柔度系数。体系中含有弹簧，因此，在柔度系数中既包括杆件弯曲变形引起的位移，也包括由弹簧变形引起的位移。由单位力下的弯矩图和相应的弹簧反力，可求得如下柔度系数：

$$\delta_{11} = \int_0^{3l} \frac{\overline{M}_1 \cdot \overline{M}_1}{EI} dx + \delta_{11}^{k_0} = \frac{l^3}{6EI} + \frac{1}{2k_0} \cdot \frac{1}{2} = \frac{l^3}{4EI}$$

$$\delta_{22} = \int_0^{3l} \frac{\overline{M}_2 \cdot \overline{M}_2}{EI} dx + \delta_{22}^{k_0} = \frac{2l^3}{3EI} + \frac{3}{2k_0} \cdot \frac{3}{2} = \frac{17l^3}{12EI}$$

$$\delta_{12} = \delta_{21} = \int_0^{3l} \frac{\overline{M}_1 \cdot \overline{M}_2}{EI} dx + \delta_{21}^{k_0} = -\frac{l^3}{4EI} + \frac{3}{2k_0} \cdot \frac{1}{2} = 0$$

将柔度系数和质量代入频率方程中，求得体系的两个自振频率分别为

$$\omega_1 = \sqrt{\frac{1}{\delta_{22}m_1}} = \sqrt{\frac{12EI}{17ml^3}}, \omega_2 = \sqrt{\frac{4EI}{ml^3}}$$

将求得的频率和质量代入振型方程中

$$\begin{cases} \left(\delta_{11}m_1 - \dfrac{1}{\omega^2}\right)Y_1 + \delta_{12}m_2 Y_2 = 0 \\ \delta_{21}m_1 Y_1 + \left(\delta_{22}m_2 - \dfrac{1}{\omega^2}\right)Y_2 = 0 \end{cases} \Rightarrow \begin{cases} \left(\delta_{11}m_1 - \dfrac{1}{\omega^2}\right)Y_1 + 0 \cdot Y_2 = 0 \\ 0 \cdot Y_1 + \left(\delta_{22}m_2 - \dfrac{1}{\omega^2}\right)Y_2 = 0 \end{cases}$$

由于 $\delta_{12} = \delta_{21} = 0$，所以，只能用第一个振型方程求第一振型，且令 $Y_{11} = 1$，得

$$\{Y\}^{(1)} = \begin{Bmatrix} Y_{11} \\ Y_{21} \end{Bmatrix} = \begin{Bmatrix} Y_{11} \\ -\dfrac{0 \times Y_{11}}{\delta_{11}m_1 - \lambda_1} \end{Bmatrix} = \begin{Bmatrix} 1 \\ -\dfrac{0 \times 1}{\dfrac{ml^3}{4EI} - \dfrac{17ml^3}{12EI}} \end{Bmatrix} = \begin{Bmatrix} 1 \\ 0 \end{Bmatrix}$$

同理，只能用第二个振型方程求第二振型，且令 $Y_{22} = 1$，得

$$\{Y\}^{(2)} = \begin{Bmatrix} Y_{12} \\ Y_{22} \end{Bmatrix} = \begin{Bmatrix} -\dfrac{0 \times Y_{22}}{\delta_{22}m_2 - \lambda_2} \\ Y_{22} \end{Bmatrix} = \begin{Bmatrix} 0 \\ 1 \end{Bmatrix}$$

用质量矩阵验证振型的正交性：

$$\begin{bmatrix} 1 & 0 \end{bmatrix} \begin{bmatrix} m & 0 \\ 0 & m \end{bmatrix} \begin{Bmatrix} 0 \\ 1 \end{Bmatrix} = 0$$

8-15 图 8-51（a）所示两层框架，横梁抗弯刚度为无穷大，柱的抗弯刚度为 $EI = 7.0 \times 10^7 \text{N} \cdot \text{m}^2$，立柱的质量忽略不计，横梁的质量 $m_1 = 4 \times 10^4 \text{ kg}$，$m_2 = 4.8 \times 10^4 \text{ kg}$，每层的层高为 $h = 3\text{m}$。对体系进行以下计算：

（1）求解体系的自振频率和振型；

（2）求解体系的自由振动解，已知体系的初位移和初速度分别为：

$$(\text{a}) \begin{Bmatrix} y_1(0) \\ y_2(0) \end{Bmatrix} = \begin{Bmatrix} 10\text{mm} \\ 10\text{mm} \end{Bmatrix}, \begin{Bmatrix} \dot{y}_1(0) \\ \dot{y}_2(0) \end{Bmatrix} = \begin{Bmatrix} 50\text{mm/s} \\ 50\text{mm/s} \end{Bmatrix}$$

$$(\text{b}) \begin{Bmatrix} y_1(0) \\ y_2(0) \end{Bmatrix} = \begin{Bmatrix} 0 \\ 0 \end{Bmatrix}, \begin{Bmatrix} \dot{y}_1(0) \\ \dot{y}_2(0) \end{Bmatrix} = \begin{Bmatrix} -8\text{mm/s} \\ 8\text{mm/s} \end{Bmatrix}$$

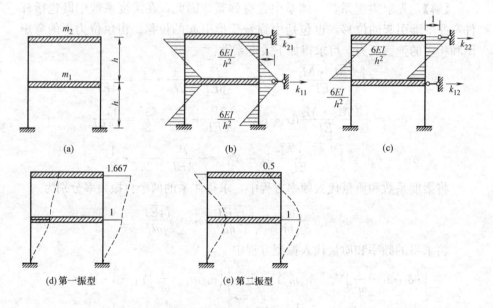

图 8-51　习题 8-15

【解】（1）求解体系的自振频率和振型。（详细过程略）

$$k_{11} = \frac{48EI}{h^3}, k_{12} = k_{21} = -\frac{24EI}{h^3}, k_{22} = \frac{24EI}{h^3}$$

$$\omega_1^2 = 8\frac{EI}{m_1 h^3}, \omega_1 = 2.83\sqrt{\frac{EI}{m_1 h^3}} = 22.78\text{rad/s}$$

$$\omega_2^2 = 60\frac{EI}{m_1 h^3}, \omega_2 = 7.74\sqrt{\frac{EI}{m_1 h^3}} = 62.30\text{rad/s}$$

$$\{\boldsymbol{Y}\}^{(1)} = \begin{Bmatrix} Y_{11} \\ Y_{21} \end{Bmatrix} = \begin{pmatrix} 1 \\ \dfrac{-k_{21}}{k_{22} - \omega_1^2 m_2} \end{pmatrix} = \begin{pmatrix} 1 \\ 1.667 \end{pmatrix}$$

$$\{\boldsymbol{Y}\}^{(2)} = \begin{Bmatrix} Y_{12} \\ Y_{22} \end{Bmatrix} = \begin{pmatrix} 1 \\ \dfrac{-k_{21}}{k_{22} - \omega_2^2 m_2} \end{pmatrix} = \begin{pmatrix} 1 \\ -0.5 \end{pmatrix}$$

(2) 在（a）初始条件下：

$$\tan\alpha_1 = \frac{\begin{bmatrix} Y_{11} & Y_{21} \end{bmatrix} \begin{bmatrix} m_1 & 0 \\ 0 & m_2 \end{bmatrix} \begin{Bmatrix} y_{10} \\ y_{20} \end{Bmatrix}}{\begin{bmatrix} Y_{11} & Y_{21} \end{bmatrix} \begin{bmatrix} m_1 & 0 \\ 0 & m_2 \end{bmatrix} \begin{Bmatrix} \dot{y}_{10} \\ \dot{y}_{20} \end{Bmatrix}} \omega_1$$

$$= \frac{\begin{bmatrix} 1 & 1.667 \end{bmatrix} \begin{bmatrix} 4\times10^4 & 0 \\ 0 & 4.8\times10^4 \end{bmatrix} \begin{Bmatrix} 10 \\ 10 \end{Bmatrix}}{\begin{bmatrix} 1 & 1.667 \end{bmatrix} \begin{bmatrix} 4\times10^4 & 0 \\ 0 & 4.8\times10^4 \end{bmatrix} \begin{Bmatrix} 50 \\ 50 \end{Bmatrix}} \times 22.78$$

$$= 4.556$$

由于 $\tan\alpha_1$ 的表达式中，分子、分母都是正的。所以角度在第一象限。故

$$\alpha_1 = 77.62°, \quad \sin\alpha_1 = 0.98$$

$$C_1 = \frac{\begin{bmatrix} Y_{11} & Y_{21} \end{bmatrix} \begin{bmatrix} m_1 & 0 \\ 0 & m_2 \end{bmatrix} \begin{Bmatrix} y_{10} \\ y_{20} \end{Bmatrix}}{\begin{bmatrix} Y_{11} & Y_{21} \end{bmatrix} \begin{bmatrix} m_1 & 0 \\ 0 & m_2 \end{bmatrix} \begin{Bmatrix} Y_{11} \\ Y_{21} \end{Bmatrix}} \cdot \frac{1}{\sin\alpha_1}$$

$$= \frac{\begin{bmatrix} 1 & 1.667 \end{bmatrix} \begin{bmatrix} 4\times10^4 & 0 \\ 0 & 4.8\times10^4 \end{bmatrix} \begin{Bmatrix} 10 \\ 10 \end{Bmatrix}}{\begin{bmatrix} 1 & 1.667 \end{bmatrix} \begin{bmatrix} 4\times10^4 & 0 \\ 0 & 4.8\times10^4 \end{bmatrix} \begin{Bmatrix} 1 \\ 1.667 \end{Bmatrix}} \cdot \frac{1}{0.98}$$

$$= 7.06$$

$$\tan\alpha_2 = \frac{\begin{bmatrix} Y_{12} & Y_{22} \end{bmatrix} \begin{bmatrix} m_1 & 0 \\ 0 & m_2 \end{bmatrix} \begin{Bmatrix} y_{10} \\ y_{20} \end{Bmatrix}}{\begin{bmatrix} Y_{12} & Y_{22} \end{bmatrix} \begin{bmatrix} m_1 & 0 \\ 0 & m_2 \end{bmatrix} \begin{Bmatrix} \dot{y}_{10} \\ \dot{y}_{20} \end{Bmatrix}} \omega_2$$

$$= \frac{\begin{bmatrix} 1 & -0.5 \end{bmatrix} \begin{bmatrix} 4\times10^4 & 0 \\ 0 & 4.8\times10^4 \end{bmatrix} \begin{Bmatrix} 10 \\ 10 \end{Bmatrix}}{\begin{bmatrix} 1 & -0.5 \end{bmatrix} \begin{bmatrix} 4\times10^4 & 0 \\ 0 & 4.8\times10^4 \end{bmatrix} \begin{Bmatrix} 50 \\ 50 \end{Bmatrix}} \times 62.30$$

$$= 12.46$$

由于 $\tan\alpha_2$ 的表达式中，分子、分母都是正的。所以角度在第一象限。故

$$\alpha_2 = 85.4°, \quad \sin\alpha_2 = 0.997$$

$$C_2 = \frac{\begin{bmatrix} Y_{12} & Y_{22} \end{bmatrix} \begin{bmatrix} m_1 & 0 \\ 0 & m_2 \end{bmatrix} \begin{Bmatrix} y_{10} \\ y_{20} \end{Bmatrix}}{\begin{bmatrix} Y_{12} & Y_{22} \end{bmatrix} \begin{bmatrix} m_1 & 0 \\ 0 & m_2 \end{bmatrix} \begin{Bmatrix} Y_{12} \\ Y_{22} \end{Bmatrix}} \cdot \frac{1}{\sin\alpha_2}$$

$$= \frac{\begin{bmatrix} 1 & -0.5 \end{bmatrix} \begin{bmatrix} 4\times10^4 & 0 \\ 0 & 4.8\times10^4 \end{bmatrix} \begin{Bmatrix} 10 \\ 10 \end{Bmatrix}}{\begin{bmatrix} 1 & -0.5 \end{bmatrix} \begin{bmatrix} 4\times10^4 & 0 \\ 0 & 4.8\times10^4 \end{bmatrix} \begin{Bmatrix} 1 \\ -0.5 \end{Bmatrix}} \cdot \frac{1}{0.997}$$

$$= 3.09$$

故振动方程的通解为

$$\begin{Bmatrix} y_1(t) \\ y_2(t) \end{Bmatrix} = 7.06 \begin{Bmatrix} 1 \\ 1.667 \end{Bmatrix} \sin(22.78t + 77.62°) + 3.09 \begin{Bmatrix} 1 \\ -0.5 \end{Bmatrix} \sin(62.30t + 85.4°)$$

针对（b）情况，因为初位移等于零，要用初速度方程求 C_1、C_2。

$$\tan\alpha_1 = \frac{\begin{bmatrix} Y_{11} & Y_{21} \end{bmatrix} \begin{bmatrix} m_1 & 0 \\ 0 & m_2 \end{bmatrix} \begin{Bmatrix} y_{10} \\ y_{20} \end{Bmatrix}}{\begin{bmatrix} Y_{11} & Y_{21} \end{bmatrix} \begin{bmatrix} m_1 & 0 \\ 0 & m_2 \end{bmatrix} \begin{Bmatrix} \dot{y}_{10} \\ \dot{y}_{20} \end{Bmatrix}} \omega_1$$

$$= \frac{\begin{bmatrix} 1 & 1.667 \end{bmatrix} \begin{bmatrix} 4\times10^4 & 0 \\ 0 & 4.8\times10^4 \end{bmatrix} \begin{Bmatrix} 0 \\ 0 \end{Bmatrix} \times 22.78}{\begin{bmatrix} 1 & 1.667 \end{bmatrix} \begin{bmatrix} 4\times10^4 & 0 \\ 0 & 4.8\times10^4 \end{bmatrix} \begin{Bmatrix} -8 \\ 8 \end{Bmatrix}} = 0$$

由于 $\tan\alpha_1$ 的表达式中，分子为零、分母是正的。所以

$$\alpha_1 = 0°, \quad \sin\alpha_1 = 0, \quad \cos\alpha_1 = 1$$

$$C_1 = \frac{\begin{bmatrix} Y_{11} & Y_{21} \end{bmatrix} \begin{bmatrix} m_1 & 0 \\ 0 & m_2 \end{bmatrix} \begin{Bmatrix} \dot{y}_{10} \\ \dot{y}_{20} \end{Bmatrix}}{\begin{bmatrix} Y_{11} & Y_{21} \end{bmatrix} \begin{bmatrix} m_1 & 0 \\ 0 & m_2 \end{bmatrix} \begin{Bmatrix} Y_{11} \\ Y_{21} \end{Bmatrix}} \cdot \frac{1}{\omega_1 \cos\alpha_1}$$

$$= \frac{\begin{bmatrix} 1 & 1.667 \end{bmatrix} \begin{bmatrix} 4\times10^4 & 0 \\ 0 & 4.8\times10^4 \end{bmatrix} \begin{Bmatrix} -8 \\ 8 \end{Bmatrix}}{\begin{bmatrix} 1 & 1.667 \end{bmatrix} \begin{bmatrix} 4\times10^4 & 0 \\ 0 & 4.8\times10^4 \end{bmatrix} \begin{Bmatrix} 1 \\ 1.667 \end{Bmatrix}} \cdot \frac{1}{\omega_1 \cos\alpha_1}$$

$$= 0.081$$

$$\tan\alpha_2 = \frac{\begin{bmatrix} Y_{12} & Y_{22} \end{bmatrix} \begin{bmatrix} m_1 & 0 \\ 0 & m_2 \end{bmatrix} \begin{Bmatrix} y_{10} \\ y_{20} \end{Bmatrix}}{\begin{bmatrix} Y_{12} & Y_{22} \end{bmatrix} \begin{bmatrix} m_1 & 0 \\ 0 & m_2 \end{bmatrix} \begin{Bmatrix} \dot{y}_{10} \\ \dot{y}_{20} \end{Bmatrix}} \omega_2$$

$$= \frac{\begin{bmatrix} 1 & -0.5 \end{bmatrix} \begin{bmatrix} 4\times10^4 & 0 \\ 0 & 4.8\times10^4 \end{bmatrix} \begin{Bmatrix} 0 \\ 0 \end{Bmatrix}}{\begin{bmatrix} 1 & -0.5 \end{bmatrix} \begin{bmatrix} 4\times10^4 & 0 \\ 0 & 4.8\times10^4 \end{bmatrix} \begin{Bmatrix} -8 \\ 8 \end{Bmatrix}} \times 62.30 = 0$$

由于 $\tan\alpha_2$ 的表达式中，分子为零、分母是负的。所以

$$\sin\alpha_2 = 0, \quad \cos\alpha_2 = -1, \quad \alpha_2 = 180°$$

$$C_2 = \frac{\begin{bmatrix} Y_{12} & Y_{22} \end{bmatrix} \begin{bmatrix} m_1 & 0 \\ 0 & m_2 \end{bmatrix} \begin{Bmatrix} \dot{y}_{10} \\ \dot{y}_{20} \end{Bmatrix}}{\begin{bmatrix} Y_{12} & Y_{22} \end{bmatrix} \begin{bmatrix} m_1 & 0 \\ 0 & m_2 \end{bmatrix} \begin{Bmatrix} Y_{12} \\ Y_{22} \end{Bmatrix}} \cdot \frac{1}{\omega_2 \cos\alpha_2}$$

$$= \frac{\begin{bmatrix} 1 & -0.5 \end{bmatrix} \begin{bmatrix} 4\times10^4 & 0 \\ 0 & 4.8\times10^4 \end{bmatrix} \begin{Bmatrix} -8 \\ 8 \end{Bmatrix}}{\begin{bmatrix} 1 & -0.5 \end{bmatrix} \begin{bmatrix} 4\times10^4 & 0 \\ 0 & 4.8\times10^4 \end{bmatrix} \begin{Bmatrix} 1 \\ -0.5 \end{Bmatrix}} \cdot \frac{1}{62.30\times(-1)} = 0.158$$

故振动方程的通解为

$$\begin{Bmatrix} y_1(t) \\ y_2(t) \end{Bmatrix} = 0.081 \begin{Bmatrix} 1 \\ 1.667 \end{Bmatrix} \sin(22.78t) + 0.158 \begin{Bmatrix} 1 \\ -0.5 \end{Bmatrix} \sin(62.30t - 180°)$$

8-16 设在习题 8-13 的两层刚架的二层楼面处沿水平方向作用一简谐干扰力 $F_P \sin\theta t$，其幅值 $F_P = 5\text{kN}$，机器转速 = 150r/min。试求第一、二层楼面处的振幅值和柱端弯矩的幅值，不计阻尼。

【解】 （1）确定质量、刚度系数和动荷载

$$m_1 = 120 \times 10^3 \text{kg}, m_2 = 100 \times 10^3 \text{kg}, k_{11} = \frac{24}{h^2}(i_1 + i_2) = 51\text{MN/m}$$

$$k_{12} = k_{21} = -\frac{24 i_2}{h^2} = -21\text{MN/m}, \quad k_{22} = \frac{24 i_2}{h^2} = 21\text{MN/m}$$

$$F_{1P} = 0, F_{2P} = 5\text{kN}, \theta = 5\pi$$

$$\begin{aligned} D_0 &= \begin{vmatrix} k_{11} - \theta^2 m_1 & k_{12} \\ k_{21} & k_{22} - \theta^2 m_2 \end{vmatrix} \\ &= \begin{vmatrix} 51 \times 10^6 - 25\pi^2 \times 120 \times 10^3 & -21 \times 10^6 \\ -21 \times 10^6 & 21 \times 10^6 - 25\pi^2 \times 100 \times 10^3 \end{vmatrix} \\ &= -519.591 \times 10^{12} \text{N}^2/\text{m}^2 \end{aligned}$$

（2）计算位移幅值

$$Y_1 = \frac{(k_{22} - \theta^2 m_2) F_{1P} - k_{12} F_{2P}}{D_0} = \frac{21 \times 10^6 \times 5 \times 10^3}{-519.591 \times 10^{12}}$$

$$= \frac{105}{-519591} = -0.202 \times 10^{-3}\text{m}$$

$$Y_2 = \frac{-k_{21} F_{1P} + (k_{11} - \theta^2 m_1) F_{2P}}{D_0} = \frac{(51 \times 10^6 - 25\pi^2 \times 120 \times 10^3) \times 5 \times 10^3}{-519.591 \times 10^{12}}$$

$$= \frac{106.956}{-519591} = -0.206 \times 10^{-3}\text{m}$$

（3）计算惯性力幅值

$$F_{1I} = m_1 Y_1 \theta^2 = -120 \times 10^3 \times \frac{105}{519591} \times 25\pi^2 = -5983.41\text{N}$$

$$F_{2I} = m_2 Y_2 \theta^2 = -100 \times 10^3 \times \frac{106.956}{519591} \times 25\pi^2 = -5079.05\text{N}$$

（4）求柱子动力弯矩图，如图 8-52 所示。

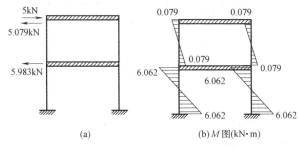

(a)   (b) M 图(kN·m)

图 8-52

也可以直接用振幅求。

$$M_1 = \frac{6i_1}{h}|Y_1| = \frac{6 \times 20 \times 10^6}{4} \times \frac{105}{519591} = 6062.46 \text{N} \cdot \text{m}$$

$$M_2 = \frac{6i_2}{h}|(Y_2 - Y_1)| = \frac{6 \times 14 \times 10^6}{4} \times \frac{106.956 - 105}{519591} = 79.05 \text{N} \cdot \text{m}$$

8-17 图 8-53（a）所示悬臂梁上有两个电机，每个重 30kN，$F_P = 5$kN。试求当只有电机 C 开动时的动力弯矩图。已知：梁的 $E = 210$GPa，$I = 2.4 \times 10^{-4}$ m^4，电机每分钟转动次数为 300 次，梁重可以略去。

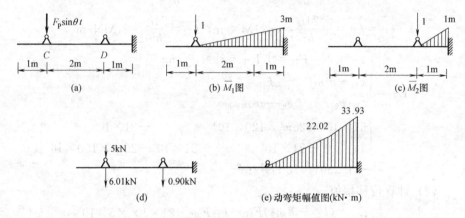

图 8-53 习题 8-17 图

【解】 （1）确定质量、柔度系数和自由项

$$m_1 = m_2 = \frac{30 \times 10^3}{9.8} \text{kg}, \quad \delta_{11} = \frac{9}{EI} \text{m}^3, \quad \delta_{22} = \frac{1}{3EI} \text{m}^3, \quad \delta_{12} = \delta_{21} = \frac{4}{3EI} \text{m}^3$$

$$Y_{1P} = \frac{9F_P}{EI} \text{m}^3, \quad Y_{2P} = \frac{4F_P}{3EI} \text{m}^3$$

（2）计算位移幅值

$$Y_1 = \frac{D_1}{D_0} = \frac{\begin{vmatrix} Y_{1P} & -\delta_{12}m_2\theta^2 \\ Y_{2P} & 1 - \delta_{22}m_2\theta^2 \end{vmatrix}}{\begin{vmatrix} 1 - \delta_{11}m_1\theta^2 & -\delta_{12}m_2\theta^2 \\ -\delta_{21}m_1\theta^2 & 1 - \delta_{22}m_2\theta^2 \end{vmatrix}} = \frac{\begin{vmatrix} \dfrac{9F_P}{EI} & -\dfrac{4}{3EI}m\theta^2 \\[2mm] \dfrac{4F_P}{3EI} & 1 - \dfrac{1}{3EI}m\theta^2 \end{vmatrix}}{\begin{vmatrix} 1 - \dfrac{9}{EI}m\theta^2 & -\dfrac{4}{3EI}m\theta^2 \\[2mm] -\dfrac{4}{3EI}m\theta^2 & 1 - \dfrac{1}{3EI}m\theta^2 \end{vmatrix}}$$

$$= \frac{\begin{vmatrix} 27F_P & -4m\theta^2 \\ 4F_P & 3EI - m\theta^2 \end{vmatrix}}{\begin{vmatrix} 3EI - 27m\theta^2 & -4m\theta^2 \\ -4m\theta^2 & 3EI - m\theta^2 \end{vmatrix}}$$

$$= \frac{\begin{vmatrix} 27\times5 & -4\times\dfrac{3000}{9.8}\pi^2 \\ 4\times5 & 3\times210\times240-\dfrac{3000}{9.8}\pi^2 \end{vmatrix}}{\begin{vmatrix} 3\times210\times10^6\times2.4\times10^{-4}-27\dfrac{3000}{9.8}\pi^2 & -4\times\dfrac{3000}{9.8}\pi^2 \\ -4\times\dfrac{3000}{9.8}\pi^2 & 3\times210\times240-\dfrac{3000}{9.8}\pi^2 \end{vmatrix}}$$

$$= \frac{\begin{vmatrix} 27\times9.8 & -4\pi^2 \\ 4\times9.8 & 21\times2.4\times9.8-\pi^2 \end{vmatrix}}{\begin{vmatrix} 3\times42\times240\times9.8-27\times600\pi^2 & -4\pi^2 \\ -4\times600\pi^2 & 21\times2.4\times9.8-\pi^2 \end{vmatrix}}$$

$$= \frac{\begin{vmatrix} 264.6 & -39.4384 \\ 39.2 & 493.92-9.8596 \end{vmatrix}}{\begin{vmatrix} 296352-159725.52 & -39.4384 \\ -23663.04 & 493.92-9.8596 \end{vmatrix}} = \frac{\begin{vmatrix} 264.6 & -39.4384 \\ 39.2 & 484.0604 \end{vmatrix}}{\begin{vmatrix} 136626.48 & -39.4384 \\ -23663.04 & 484.0604 \end{vmatrix}}$$

$$= \frac{128082.38184+1545.98528}{66135468.5594-933232.4367} = \frac{129628.3671}{65202236.1227} = 0.00199\text{m}$$

$$Y_2 = \frac{D_2}{D_0} = \frac{\begin{vmatrix} 1-\delta_{11}m_1\theta^2 & Y_{1P} \\ -\delta_{21}m_1\theta^2 & Y_{2P} \end{vmatrix}}{\begin{vmatrix} 1-\delta_{11}m_1\theta^2 & -\delta_{12}m_2\theta^2 \\ -\delta_{21}m_1\theta^2 & 1-\delta_{22}m_2\theta^2 \end{vmatrix}} = \frac{\begin{vmatrix} 227.7 & 264.6 \\ -39.43 & 39.2 \end{vmatrix}}{\begin{vmatrix} 136626.48 & -39.4384 \\ -23663.04 & 484.0604 \end{vmatrix}}$$

$$= \frac{8925.84+10433.178}{66135468.5594-933232.4367} = \frac{19359.018}{65202236.1227} = 0.000297\text{m}$$

（3）计算惯性力幅值

$$F_{1I} = m_1 Y_1 \theta^2 = \frac{30\times10^3}{9.8}\times0.00199\times100\pi^2 = 6.01\text{kN}$$

$$F_{2I} = m_2 Y_2 \theta^2 = \frac{30\times10^3}{9.8}\times0.000297\times100\pi^2 = 0.90\text{kN}$$

（4）动弯矩幅值图（图 8-53e）

8-18 用振型分解法重做习题 8-16。

【解】 由 8-13 题答案可得，体系的频率和振型分别为

$$\omega_1 = 9.885\text{s}^{-1}, \quad \omega_2 = 23.179\text{s}^{-1}; \quad \{Y\}^{(1)} = \binom{1}{1.870}, \quad \{Y\}^{(2)} = \binom{1}{-0.642}$$

（1）计算各振型的广义质量、广义刚度、广义荷载和广义坐标

$$M_1^* = \begin{bmatrix} Y_{11} & Y_{21} \end{bmatrix} \begin{bmatrix} m_1 & 0 \\ 0 & m_2 \end{bmatrix} \begin{Bmatrix} Y_{11} \\ Y_{21} \end{Bmatrix}$$

$$= \begin{bmatrix} 1 & 1.870 \end{bmatrix} \begin{bmatrix} 120\times10^3 & 0 \\ 0 & 100\times10^3 \end{bmatrix} \begin{Bmatrix} 1 \\ 1.870 \end{Bmatrix} = 469690\text{kg}$$

$$K_1^* = \begin{bmatrix} Y_{11} & Y_{21} \end{bmatrix} \begin{bmatrix} k_{11} & k_{12} \\ k_{22} & k_{22} \end{bmatrix} \begin{Bmatrix} Y_{11} \\ Y_{21} \end{Bmatrix}$$

$$= \begin{bmatrix} 1 & 1.870 \end{bmatrix} \begin{bmatrix} 51 \times 10^6 & -21 \times 10^6 \\ -21 \times 10^6 & 21 \times 10^6 \end{bmatrix} \begin{Bmatrix} 1 \\ 1.870 \end{Bmatrix} = 45894900 \text{N/m}$$

$$F_1^* = \begin{bmatrix} Y_{11} & Y_{21} \end{bmatrix} \begin{Bmatrix} F_{1P} \\ F_{2P} \end{Bmatrix} = \begin{bmatrix} 1 & 1.870 \end{bmatrix} \begin{Bmatrix} 0 \\ 5 \times 10^3 \end{Bmatrix} = 9350 \text{N}$$

$$\eta_1 = \frac{F_1^*}{K_1^*} \cdot \frac{1}{1 - \dfrac{\theta^2}{\omega_1^2}} = \frac{9350}{45894900} \cdot \frac{1}{1 - \dfrac{25\pi^2}{9.885^2}} = -0.134 \times 10^{-3} \text{m}$$

$$M_2^* = \begin{bmatrix} Y_{12} & Y_{22} \end{bmatrix} \begin{bmatrix} m_1 & 0 \\ 0 & m_2 \end{bmatrix} \begin{Bmatrix} Y_{12} \\ Y_{22} \end{Bmatrix}$$

$$= \begin{bmatrix} 1 & -0.642 \end{bmatrix} \begin{bmatrix} 120 \times 10^3 & 0 \\ 0 & 100 \times 10^3 \end{bmatrix} \begin{Bmatrix} 1 \\ -0.642 \end{Bmatrix} = 161216.4 \text{kg}$$

$$K_2^* = \begin{bmatrix} Y_{12} & Y_{22} \end{bmatrix} \begin{bmatrix} k_{11} & k_{12} \\ k_{22} & k_{22} \end{bmatrix} \begin{Bmatrix} Y_{12} \\ Y_{22} \end{Bmatrix}$$

$$= \begin{bmatrix} 1 & -0.642 \end{bmatrix} \begin{bmatrix} 51 \times 10^6 & -21 \times 10^6 \\ -21 \times 10^6 & 21 \times 10^6 \end{bmatrix} \begin{Bmatrix} 1 \\ -0.642 \end{Bmatrix} = 86619400 \text{N/m}$$

$$F_2^* = \begin{bmatrix} Y_{12} & Y_{22} \end{bmatrix} \begin{Bmatrix} F_{1P} \\ F_{2P} \end{Bmatrix} = \begin{bmatrix} 1 & -0.642 \end{bmatrix} \begin{Bmatrix} 0 \\ 5 \times 10^3 \end{Bmatrix} = -3210 \text{N}$$

$$\eta_2 = \frac{F_2^*}{K_2^*} \cdot \frac{1}{1 - \dfrac{\theta^2}{\omega_2^2}} = \frac{-3.21 \times 10^3}{86.6194 \times 10^6} \cdot \frac{1}{1 - \dfrac{25\pi^2}{23.179^2}} = -0.068 \times 10^{-3} \text{m}$$

(2) 计算振幅值和柱端弯矩幅值

$$\begin{Bmatrix} Y_1 \\ Y_2 \end{Bmatrix} = \eta_1 \begin{Bmatrix} Y_{11} \\ Y_{21} \end{Bmatrix} + \eta_2 \begin{Bmatrix} Y_{12} \\ Y_{22} \end{Bmatrix} = \begin{Bmatrix} -0.202 \\ -0.206 \end{Bmatrix} \times 10^{-3} \text{m}$$

$$Y_1 = \eta_1 + \eta_2 = \frac{9350}{45894900} \cdot \frac{1}{1 - \dfrac{25\pi^2}{9.885^2}} - \frac{3210}{86619400} \cdot \frac{1}{1 - \dfrac{25\pi^2}{23.179^2}}$$

$$= -0.1338 \times 10^{-3} - 0.06857 \times 10^{-3} = -0.2023 \times 10^{-3} \text{m}$$

$$Y_2 = \eta_1 \times 1.87 + \eta_2 \times (-0.642)$$

$$= \frac{9350}{45894900} \cdot \frac{1}{1 - \dfrac{25\pi^2}{9.885^2}} \times 1.87 - \frac{3210}{86619400} \cdot \frac{1}{1 - \dfrac{25\pi^2}{23.179^2}} \times (-0.642)$$

$$= -0.2502 \times 10^{-3} + 0.04396 \times 10^{-3} = -0.20624 \times 10^{-3} \text{m}$$

$$\begin{Bmatrix} M_1 \\ M_2 \end{Bmatrix} = \begin{Bmatrix} \dfrac{6i_1}{4} \times Y_1 \\ \dfrac{6i_2}{4} \times (Y_2 - Y_1) \end{Bmatrix} = \begin{Bmatrix} -6068.28 \\ -82.74 \end{Bmatrix} \text{N} \cdot \text{m}$$

8-19 用振型分解法重做习题 8-17。

【解】 先求振型和频率:

$$\lambda_{1,2}=\frac{\delta_{11}m_1+\delta_{22}m_2}{2}\pm\sqrt{\frac{1}{4}(\delta_{11}m_1+\delta_{22}m_2)^2-(\delta_{11}\delta_{22}-\delta_{12}\delta_{21})m_1m_2}$$

$$=\left[\frac{14\pm\sqrt{185}}{3}\right]\frac{m}{EI}$$

$$\omega_1=\frac{1}{\sqrt{\lambda_1}}=\frac{1}{\sqrt{\left[\dfrac{14+\sqrt{185}}{3}\right]\dfrac{m}{EI}}}=\sqrt{\frac{98\times21\times24}{14+\sqrt{185}}}=42.302\mathrm{s}^{-1}$$

$$\omega_2=\frac{1}{\sqrt{\lambda_2}}=\frac{1}{\sqrt{\left[\dfrac{14-\sqrt{185}}{3}\right]\dfrac{m}{EI}}}=\sqrt{\frac{98\times21\times24}{14-\sqrt{185}}}=352.045\mathrm{s}^{-1}$$

$$\{Y\}^{(1)}=\begin{pmatrix}1\\ -\dfrac{\delta_{11}m_1-\lambda_1}{\delta_{12}m_2}\end{pmatrix}=\begin{vmatrix}1\\ -\dfrac{9-\dfrac{14+\sqrt{185}}{3}}{\dfrac{4}{3}}\end{vmatrix}=\begin{pmatrix}1\\ 0.1504\end{pmatrix}$$

$$\{Y\}^{(2)}=\begin{pmatrix}1\\ -\dfrac{\delta_{11}m_1-\lambda_2}{\delta_{12}m_2}\end{pmatrix}=\begin{vmatrix}1\\ -\dfrac{9-\dfrac{14-\sqrt{185}}{3}}{\dfrac{4}{3}}\end{vmatrix}=\begin{pmatrix}1\\ -6.6504\end{pmatrix}$$

$$\theta=\frac{2\pi\times300}{60}=10\pi$$

$$M_1^*=(1\quad0.1504)\begin{pmatrix}m&0\\0&m\end{pmatrix}\begin{Bmatrix}1\\0.1504\end{Bmatrix}=(1+0.1504^2)m$$

$$M_2^*=(1\quad-6.6504)\begin{pmatrix}m&0\\0&m\end{pmatrix}\begin{Bmatrix}1\\-6.6504\end{Bmatrix}=(1+6.6504^2)m$$

$$f_1^*(t)=[1\quad0.1504]\begin{Bmatrix}F_\mathrm{P}\sin\theta t\\0\end{Bmatrix}=F_\mathrm{P}\sin\theta t$$

$$f_2^*(t)=[1\quad-6.6504]\begin{Bmatrix}F_\mathrm{P}\sin\theta t\\0\end{Bmatrix}=F_\mathrm{P}\sin\theta t$$

广义坐标为

$$\eta_1(t)=\frac{f_1^*}{M_1^*\omega_1^2}\cdot\frac{1}{1-\dfrac{\theta^2}{\omega_1^2}}=\frac{F_\mathrm{P}\sin\theta t}{(1+0.1504^2)m\cdot42.302^2}\cdot\frac{1}{1-\left(\dfrac{10\pi}{42.302}\right)^2}$$

$$=\frac{F_\mathrm{P}\sin\theta t}{1829.94m}\cdot\frac{1}{0.449}=\frac{F_\mathrm{P}\sin\theta t}{821.64m}$$

$$\eta_2(t)=\frac{f_2}{M_2^*\omega_2^2}\cdot\frac{1}{1-\dfrac{\theta^2}{\omega_2^2}}=\frac{F_\mathrm{P}\sin\theta t}{(1+6.6504^2)m\cdot352.045^2}\cdot\frac{1}{1-\left(\dfrac{10\pi}{352.045}\right)^2}$$

$$=\frac{F_\mathrm{P}\sin\theta t}{5605340.738m}\cdot\frac{1}{0.992}=\frac{F_\mathrm{P}\sin\theta t}{5560498.012m}$$

第二振型的广义坐标很小，只考虑第一振型。

$$\begin{Bmatrix} y_1(t) \\ y_2(t) \end{Bmatrix} = \eta_1\{Y\}^{(1)} + \eta_2\{Y\}^{(2)} \approx \eta_1\{Y\}^{(1)} = \frac{F_P\sin\theta t}{821.64m}\begin{Bmatrix} 1 \\ 0.154 \end{Bmatrix}$$

$$\begin{Bmatrix} Y_1 \\ Y_2 \end{Bmatrix} = \frac{F_P}{821.64m}\begin{Bmatrix} 1 \\ 0.154 \end{Bmatrix} = \frac{5000\times9.8}{821.64\times30000}\begin{Bmatrix} 1 \\ 0.154 \end{Bmatrix} = \frac{0.5\times9.8}{821.64\times3}\begin{Bmatrix} 1 \\ 0.154 \end{Bmatrix}$$

$$= 0.00198\begin{Bmatrix} 1 \\ 0.154 \end{Bmatrix}$$

8-20　试用能量法求图 8-54 所示刚架的第一自振频率。各柱 EI＝常数，横梁刚度无穷大。

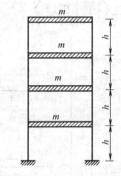

图 8-54　习题 8-20 图

【解】　用质量对应的重量沿水平方向作用在质点上产生的水平位移作为第一振型的近似值，质点的序号按从上到下顺序排列，则

$$\{Y\}^{(1)} = \frac{mg}{k}(10 \quad 9 \quad 7 \quad 4)^T, \quad k = \frac{24EI}{h^3}$$

体系的最大变形能等于外力所做的功，则有：

$$V_{\max} \approx \frac{1}{2}\cdot mg\cdot(10+9+7+4)\frac{mg}{k} = 15\frac{(mg)^2}{k}$$

体系的最大动能为：

$$T_{\max} \approx \frac{1}{2}m\omega^2[10^2+9^2+7^2+4^2]\frac{(mg)^2}{k^2} = 123\frac{(mg)^2}{k^2}m\omega^2$$

令 $V_{\max} = T_{\max}$，则 $\omega_1 = \sqrt{\dfrac{15k}{123m}} = \sqrt{\dfrac{15\times24EI}{123mh^3}} = 1.711\sqrt{\dfrac{EI}{mh^3}}$

第9章
影响线及其应用

9.1 学习目的

学习本章的目的主要有三个：
(1) 熟练掌握多跨静定梁、静定桁架内力影响线的绘制。
(2) 掌握利用影响线确定荷载的最不利布置和位置。
(3) 了解简支梁绝对最大弯矩和超静定多跨连续梁影响线。
掌握这些知识主要有以下两方面的用途：
(1) **确定荷载的最不利布置** 针对某一控制截面，根据影响线可以确定可变荷载的最不利布置，确定该截面内力的最大值。这个最大值与其他荷载引起的内力组合可作为截面设计的依据。
(2) **为移动荷载作用下的结构设计做准备** 对于桥梁、吊车梁等经常承受移动荷载作用的结构，设计时必须考虑荷载的移动效应。

9.2 基本内容总结和学习建议

影响线是研究移动荷载下结构内力和位移的基本工具。本章的主要内容包括求解内力及反力的影响线以及应用影响线求截面最大内力及绝对最大弯矩等。
影响线的定义 单位移动荷载作用下，结构的反力、内力等影响系数随荷载位置变化的函数关系，分别称为反力、内力等的影响系数方程，对应的函数图形分别称为反力、内力等的影响线（Influence Line，缩写为 I. L. ）。
影响线的量纲 物理量的量纲和移动荷载量纲之比即为影响系数的量纲。例如，如果移动荷载是集中力，则弯矩影响线的量纲为L，剪力影响线的量纲为1。
影响线的符号 承受移动荷载的结构大多数为水平梁结构。因此，本章对梁的影响量符号作了统一规定：
支反力一般以向上为正；轴力以拉力为正；剪力以绕隔离体顺时针转动为正；弯矩以下侧受拉为正。一般将影响系数为正的影响线画在基线上方。对于其他形式的构件，可自行规定正负号。
影响线的表达 一般要求画出的影响线要有"正确的外形、必要的控制点纵坐标值和正负号"。

9.2.1 作影响线

1. 静力法作影响线
对于图 9-1 和 9-2 所示的简支梁和悬臂梁的影响线不但要求做到会画，而且要熟记。因为，这是画伸臂梁影响线的基础。

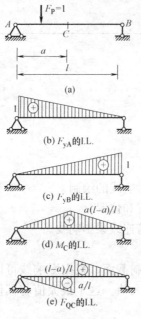

图 9-1 简支梁的影响线

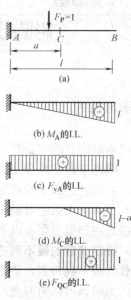

图 9-2 悬臂梁的影响线

伸臂梁影响线的特点如下：

① 支反力和跨间截面的剪力、弯矩影响线，在跨间与简支梁相同，伸臂部分为跨间部分的延长；

② 伸臂部分的剪力、弯矩影响线，在跨间等于零，伸臂部分与悬臂梁相同。

2. 机动法作影响线

机动法作影响线的理论基础是虚功原理，在这部分要求读者能理解机动法做影响线的原理，并能熟练准确地利用机动法作出单跨梁、特别是多跨梁的影响线。具体有以下几点：

(1) **能正确去掉与影响量对应的约束，并能正确判断影响量的正向。**

容易出错的地方是剪力和弯矩约束正方向的判断。根据符号规定，一对剪力的正方向为左边向下、右边向上。一对弯矩的正方向为左边逆时针、右边顺时针。

(2) **能沿着影响量的正向，正确地画出可能的协调的位移图。**

① 去掉约束后，体系有些部分是可变的，有些可能仍然是几何不变的，不变的这部分没有位移。

② 对于一些支座、铰接点附近等特殊截面的影响量，若画位移图有困难，可以先取支座或节点附近的截面，作这个截面影响量的影响线，然后将这个影响线向支座或节点靠近。该方法特别有用。

③ 一段通长的杆件，剪力影响线为两段平行线。在截面处，影响线的突变值为 1（截面左边的值≤0、右边的值≥0）。根据这个规律，可正确判断两

段影响线的位置和数值。

3. 间接荷载下的影响线

（1）间接荷载影响线的特点

① 在节点处的数值与直接荷载下的影响线相同；

② 在相邻节点之间，影响线是直线。

（2）间接荷载影响线的做法

① 先做出直接荷载下的主梁影响线。

② 将所有节点投影到这个影响线上，然后将相邻投影点依次连成直线即可。

4. 静定桁架的影响线

① 要区别上弦荷载、下弦荷载两种情况。

② 可先求出荷载在各节点时杆件的轴力，将这些轴力（影响线在节点处的数值）依次连成直线。这种方法在节点较多时使用不方便。

③ 先做出支反力的影响线，利用所求影响线的轴力与反力的静力关系，得到该轴力的影响线。

④ 对于竖直的腹杆，其轴力可直接判断。

⑤ 对于一些斜杆，由于列平衡方程时，力臂不容易求，可以考虑先求分力的影响线，然后利用比例关系得到斜杆的轴力影响线。

9.2.2 影响线的应用

因为下面的公式都是基于荷载作用的叠加原理，所以，公式只适用于线弹性结构。

1. 利用影响线求固定荷载作用下的某一量值

（1）**集中力作用** 例如，求图 9-3 所示简支梁在集中荷载 F_{P1}、F_{P2} 作用下 C 截面的弯矩 M_C 和剪力 F_{QC}。很明显，

$$M_C = F_{P1} y_1 + F_{P2} y_2$$

因为，C 截面有集中力作用，剪力应分 C 点左右两个截面求，即

$$F_{QC}^{L} = -F_{P1} y_1' + F_{P2} y_2'^{\text{上}}, \quad F_{QC}^{R} = -F_{P1} y_1' - F_{P2} y_2'^{\text{下}}$$

需要注意的是，由于 C 截面的剪力影响线在 C 点有突变（两个值），许多学生不清楚集中力 F_{P2} 究竟与哪个值相乘。为此，图 9-3（d）、（e）分别给出了 C 点左截面和右截面的剪力影响线（为了区别明显，故意向左或向右移动的偏差大一些）。从图中可以很清楚地看出 F_{P2} 应该与哪个值相乘。

（2）**均布荷载作用** 用均布荷载与其对应区段的影响线面积相乘即可，需要注意的是当影响线竖坐标为负值的时候，对应的影响线的面积也为负。

2. 确定最不利荷载位置

（1）**集中移动荷载**

① 应用判别式，判断某个集中荷载是否是临界荷载。

对于多边形影响线，判别式为

$$\Delta x > 0, \quad \sum F_{Ri} \cdot \tan\alpha_i \leqslant 0$$

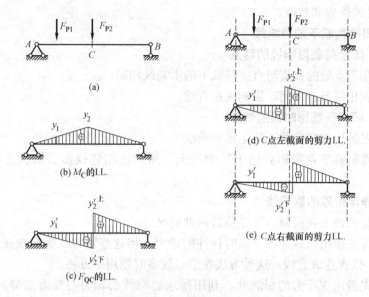

图 9-3　利用影响线求集中力作用下的影响量

$$\Delta x < 0，\quad \sum F_{Ri} \cdot \tan\alpha_i \geqslant 0$$

对于三角形影响线，判别式可简化为

$$\frac{F_R^L + F_{PK}}{a} \geqslant \frac{F_R^R}{b}$$

$$\frac{F_R^L}{a} \leqslant \frac{F_R^R + F_{PK}}{b}$$

② 需要考虑列车或车队正向、反向行驶两种情况。

③ 注意将临界荷载置于影响线顶点时，有的荷载可能不在梁上的情况。

（2）**均布荷载**　结构中的一些可变荷载（如人群等）可以按均布荷载考虑。图 9-4 分别给出了伸臂梁针对跨间截面弯矩及支座反力的最不利荷载布置。

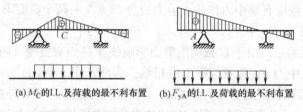

(a) M_C的I.L.及荷载的最不利布置　(b) F_{yA}的I.L.及荷载的最不利布置

图 9-4　利用影响线确定荷载的最不利布置

3. 简支梁的绝对最大弯矩

（1）**定义**　所有截面最大弯矩中的最大者。

（2）**特点**

① 绝对最大弯矩发生在某一个临界荷载 F_{PK} 作用的截面处。

② 当 F_{PK} 作用点弯矩为绝对最大时，临界荷载 F_{PK} 与合力 F_R 对称作用于梁中点的两侧。

（3）**计算** 将所有临界荷载进行计算，得到各自的弯矩最大值。这些最大值中的最大值及该临界荷载所在的截面就是简支梁的绝对最大弯矩及危险截面。

实际计算时，可用跨中截面最大弯矩的临界荷载代替绝对最大弯矩的临界荷载。按下述步骤进行：

① 求出能使跨中截面发生弯矩最大值的全部临界荷载。

② 对每一临界荷载计算可能的绝对最大弯矩。

③ 从这些可能的最大值中找出最大的，即为所求的绝对最大弯矩。

需要注意的是，在将临界荷载 F_{PK} 和合力 F_R 对称置于跨中两侧时，如果有荷载移入或移出梁上，则合力 F_R 及它与临界荷载 F_{PK} 间的距离 a 要重新计算。

4. 内力包络图（主要指弯矩包络图和剪力包络图）

在恒载和可变荷载共同作用下各截面内力的最大值和最小值分别连成线，这两条线围成的图形称为内力包络图。

这部分要求读者理解包络图的意义即可。在"钢筋混凝土结构"课程中，还要进一步学习。

5. 机动法做超静定结构的影响线

这部分要求读者能绘制影响线的形状即可。后续专业课程中会用到这些影响线形状，布置最不利荷载进行结构设计。

9.3 附加例题

【附加例题 9-1】 图 9-5 所示结构上有水平单位力移动荷载 $F_P=1$ 沿 AB、BC 杆移动，作 F_{QBA}、F_{QBC} 和 M_B 的影响线。

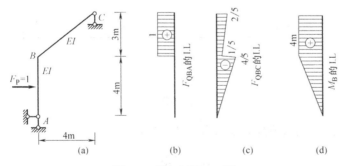

图 9-5 附加例题 9-1 图

【解】 （1）求支座反力。分别根据 $\sum M_C=0$、$\sum M_A=0$ 得

$$F_{yA}=-\frac{x}{4}, \quad F_{yC}=\frac{x}{4} \quad (0 \leqslant x \leqslant 7)$$

（2）F_{QBA} 的影响线。当 $F_P=1$ 沿 AB 杆移动时，$F_{QBA}=0$，当 $F_P=1$ 沿 BC 杆移动时，$F_{QBA}=1$；F_{QBA} 的影响线如图 9-5（b）所示。

278

(3) F_{QBC} 的影响线。当 $F_P=1$ 沿 AB 杆移动时，

$$F_{QBC}=-\frac{x}{5} \quad (0 \leqslant x < 4)$$

当 $F_P=1$ 沿 BC 杆移动时，

$$F_{QBC}=\frac{3}{5}-\frac{x}{5} \quad (4 < x \leqslant 7)$$

F_{QBC} 的影响线如图 9-5（c）所示。

(4) M_B 的影响线。当 $F_P=1$ 沿 AB 杆移动时，$M_B=x$（$0 \leqslant x \leqslant 4$），右侧受拉；当 $F_P=1$ 沿 BC 杆移动时，$M_B=4$。M_B 的影响线如图 9-5（d）所示。

【附加例题 9-2】 求图 9-6（a）所示三铰拱的水平推力 F_H 和截面 K 弯矩 M_K 的影响线。拱轴线为抛物线，其方程为 $y=\frac{4f}{l^2}x(l-x)$。

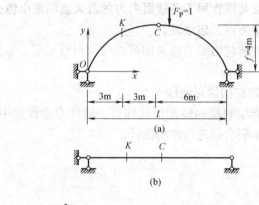

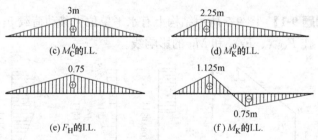

图 9-6 附加例题 9-2 图

【解】 由拱的水平推力及内力的计算公式，得

$$F_H=\frac{M_C^0}{f}$$

$$M_K=M_K^0-y_K F_H$$

其中，M_C^0 和 M_K^0 分别为图 9-6（a）相应的简支梁（图 9-6b）C 截面和 K 截面弯矩的影响线，$y_K=y|_{x=3}=3$。

作 M_C^0 和 M_K^0 的影响线如图 9-6（c）、（d）所示，通过计算叠加可得到拱的水平推力 F_H 和截面 K 弯矩 M_K 的影响线如图 9-6（e）、（f）所示。

【附加例题 9-3】 试用机动法作图 9-7（a）所示梁的 M_C、$F_{QC右}$、$F_{QE左}$、F_{QF} 的影响线。$F_P = 1$ 沿 DG 杆移动。

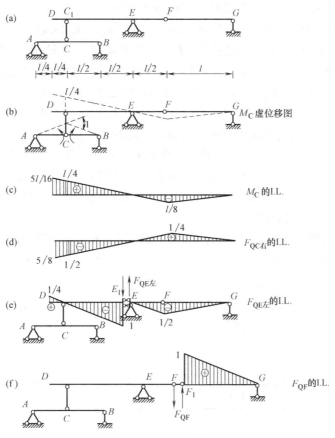

图 9-7　附加例题 9-3 图

【解】 （1）求 M_C 影响线

在 C 截面加铰，以 M_C 代替转动约束，沿 M_C 正方向使 C 截面两侧发生单位相对转动，使 C 点上移值为 $l/4$，C_1 点随之上移 $l/4$，得梁 DG 的虚位移图如图 9-7（b）所示。因 $F_P = 1$ 沿 DG 杆移动，故 M_C 影响线如图 9-7（c）所示。

（2）求 $F_{QC右}$ 影响线

将节点 C 右侧截面变为滑动约束，代以 $F_{QC右}$，沿 $F_{QC右}$ 正方向给体系虚位移，使滑动约束截面两侧发生单位相对滑动，则 C 点与 C_1 点均下移 $1/2$，得梁 DG 的虚位移图（略），可得 $F_{QC右}$ 影响线如图 9-7（d）所示。

（3）求 $F_{QE左}$ 影响线

将 E 左侧变为滑动约束代以 $F_{QE左}$，沿 $F_{QE左}$ 正方向给体系虚位移，使滑动约束截面两侧发生单位相对滑动，此时梁 AB 及 C_1 点无位移，得梁 DG 的虚位移图，即 $F_{QE左}$ 影响线。如图 9-7（e）所示。

（4）求 F_{QF} 影响线

将铰 F 变为水平链杆 FF_1（长度无限小）以去掉相对竖向约束，代以

F_{QF}，沿 F_{QF} 正方向给体系虚位移，水平链杆 FF_1 两端发生单位相对竖向位移，得梁 DG 的虚位移图，即 F_{QF} 影响线如图 9-7（f）所示。

在本题中需注意有关机动法作影响线的问题：

（1）体系的虚位移必须符合约束条件。如求 $F_{QE左}$ 影响线时，沿 $F_{QE左}$ 正方向发生虚位移，此时 E 点不能移动，E_1 点向下移动使 C_1E_1 转动，为保持滑动约束的约束特性，EF 段必须与 DE_1 平行，由此确定虚位移图。再如求 F_{QF} 影响线时，由于约束条件限制，AB 与 DF 部分不可能发生位移，只有 F_1 可以上移而使 F_1G 转动。由于 F 处原来就有铰，故影响线 DF 段不必与 F_1G 平行。

（2）影响线的轮廓必须是单位荷载作用点的虚位移 δ_P 图。例如求 M_C 影响线时，不可将机构 ACB 的虚位移图误作影响线轮廓。实际上荷载在梁 DG 上移动，δ_P 图是 DG 部分的虚位移图，即影响线的形状。只有当 $F_P=1$ 直接作用在梁 AB 上时，机构 ACB 的虚位移图才是影响线轮廓（此时 DG 部分的虚位移图又不是影响线轮廓）。

【附加例题 9-4】　试利用影响线，求出图 9-8（a）所示荷载作用下的 F_{yA}、F_{yB}、$F_{QC左}$、M_C。

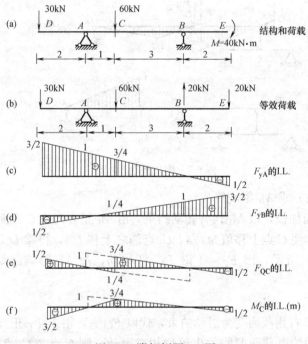

图 9-8　附加例题 9-4 图

【解】　将集中力偶 $M=40\text{kN·m}$ 在 BE 段等效化为一对竖向荷载，如图 9-8（b）所示（集中力偶等效化为一对竖向荷载不影响支座反力，但影响等效区间的内力。本题在 BE 段等效化为一对竖向荷载，便于计算且不影响各计算结果）。

（1）作 F_{yA} 影响线如图 9-8（c）所示，求出荷载作用下的 F_{yA}

$$F_{yA}=30\text{kN}\times 3/2+60\text{kN}\times 3/4-20\text{kN}\times 1/2=80\text{kN}(\uparrow)$$

（2）作 F_{yB} 影响线如图 9-8（d）所示，求出荷载作用下的 F_{yB}

$$F_{yB}=-30kN\times1/2+60kN\times1/4-20kN\times1+20kN\times3/2=10kN(\uparrow)$$

（3）作 F_{QC} 影响线如图 9-8（e）所示，求出荷载作用下的 $F_{QC左}$

$$F_{QC左}=30kN\times1/2+60kN\times3/4-20kN\times1/2=50kN$$

（4）作 M_C 影响线如图 9-8（f）所示，求出荷载作用下的 M_C

$$M_C=-30kN\times3/2m+60kN\times3/4m-20kN\times1/2m=-10kN\cdot m$$

【附加例题 9-5】 用机动法绘制图 9-9（a）所示连续梁 M_G、$F_{QC左}$、F_{yA} 影响线轮廓。若该梁受可任意分布的均布荷载，画出使 M_G、$F_{QC左}$、F_{yA} 有最大正值的荷载最不利布置。

【解】 使某个物理量有最大正值的荷载最不利位置是在影响线正号的区段布置荷载。所以，只要画出影响线的轮廓即可确定荷载的最不利布置。因此，

（1）M_G 影响线轮廓及相应的荷载最不利布置如图 9-9（b）所示。

（2）$F_{QC左}$ 影响线轮廓及相应的荷载最不利布置如图 9-9（c）所示。

（3）F_{yA} 影响线轮廓及相应的荷载最不利布置如图 9-9（d）所示。

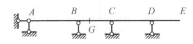

(a) 连续梁

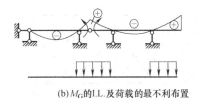

(b) M_G 的 I.L. 及荷载的最不利布置

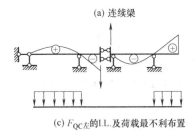

(c) $F_{QC左}$ 的 I.L. 及荷载最不利布置

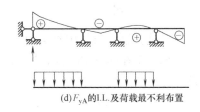

(d) F_{yA} 的 I.L. 及荷载最不利布置

图 9-9 附加例题 9-5 图

【附加例题 9-6】 桁架上有小车如图 9-10（a）所示，小车的吊重和自重共 20kN，平均分配在两个车轮上，求杆 a 的最大内力。

【解】（1）作 F_{Na} 的影响线当 $F_P=1$（↓）在 A 点以左移动时，

$$F_{Na}=0 \quad (0\leqslant x\leqslant3)$$

当 $F_P=1$（↓）在 B 点以右移动时，

$$F_{Na}=-\frac{6-x}{3} \quad (4\leqslant x\leqslant6)$$

F_{Na} 的影响线如图 9-10（b）所示，其中 AB 段影响线为直线。

（2）求杆 a 的最大内力

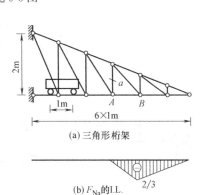

(a) 三角形桁架

(b) F_{Na} 的 I.L.

图 9-10 附加例题 9-6 图

281

很明显，当小车左轮移动到 B 点时，F_{Na} 取最大值。

$$F_{Na} = 10 \times \left(-\frac{2}{3} - \frac{1}{3} \right) = -10\text{kN}（压力）$$

9.4　自测题及答案

自测题（A）

一、是非题（将判断结果填入括号：以〇表示正确，以×表示错误，每小题4分）

1. 图 9-11 所示桁架杆件 1 的内力影响线为曲线形状。　　　　（　　）

2. 图 9-12 所示结构 M_D 的影响线如图所示，影响线纵标 y_C 表示 $F_P = 1$ 作用在 C 点时 D 截面的弯矩值。　　　　（　　）

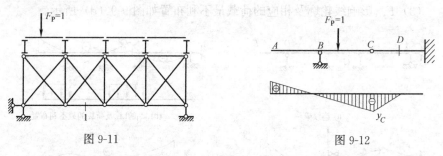

图 9-11　　　　　　　　　　　　　　　　图 9-12

二、选择题（将选中答案的字母填入括号内，每小题5分）

1. $F_P = 1$ 在图 9-13 所示梁 AE 上移动，K 截面弯矩影响线上竖标等于零的部分为（　　）。

A. DE、AB 段　　　　　　　　　B. CD、DE 段

C. AB、BC 段　　　　　　　　　D. BC、CD 段

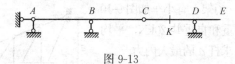

图 9-13

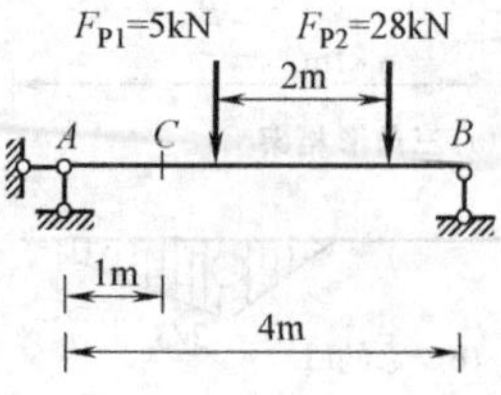

2. 图 9-14 所示结构在移动荷载（无往返）作用下，截面 C 产生最大弯矩的荷载位置为（　　）。

A. F_{P1} 在 C 点

B. F_{P2} 在 C 点

C. F_{P1} 和 F_{P2} 合力在 C 点

D. F_{P1} 及 F_{P2} 的中点在 C 点

图 9-14

三、填充题（将答案写在空格内，每小题5分）

1. $F_P = 30\text{kN}$ 在图 9-15 所示结构上沿 DE 移动，支座反力 F_{RB} 的最大值为_____。

2. 图 9-16（a）所示结构主梁截面 $B_{右}$ 的剪力影响线如图 9-16（b）所示。其顶点竖标 $y=$_____。

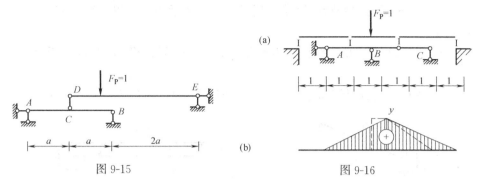

图 9-15

图 9-16

3. 图 9-17 所示结构在均布活荷载 q 作用下（荷载可任意分布），截面 C 的最大弯矩值为_____。

四、作图 9-18 所示结构的 M_B 影响线。（20 分）

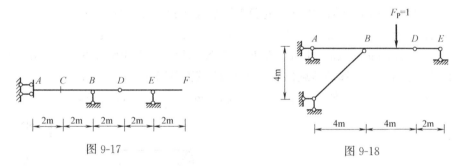

图 9-17

图 9-18

五、试作图 9-19 所示梁截面 K 的剪力影响线，并利用影响线求在图示固定荷载下截面 K 剪力 $F_{QK左}$ 之值。（20 分）

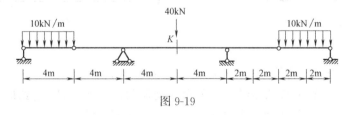

图 9-19

六、在图 9-20 所示均布活荷载作用下，求 M_G、F_{QC} 的最大值（绝对值）。（22 分）

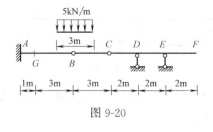

图 9-20

自测题（B）

一、是非题（将判断结果填入括号：以○表示正确，以×表示错误，每小题 4 分）

1. 图 9-21（a）所示结构支座反力 F_{yA} 影响线形状为图 9-21（b）所示。
　　　　　　　　　　　　　　　　　　　　　　　　　　　　（　　）

2. 图 9-22（a）所示结构 $F_{QA右}$ 影响线如图 9-22（b）所示。　（　　）

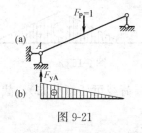

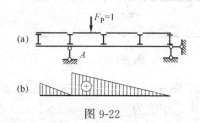

图 9-21　　　　　　　　　　　　　　　　图 9-22

二、选择题（将选中答案的字母填入括号内，每小题 5 分）

1. 图 9-23 所示结构截面 C 的剪力影响线在 D 处的竖标为（　　）。

A.　0　　　　　B.　a/l　　　　　C.　b/l　　　　　D.　1

2. 已知图 9-24（a）所示梁在 $F_P=5kN$ 作用下的弯矩图如图 9-24（b）所示，则当 $F_P=1$ 的移动荷载位于 C 点时 K 截面的弯矩影响线纵标为（　　）。

A.　1m　　　　B.　$-1m$　　　　C.　5m　　　　　D.　$-5m$

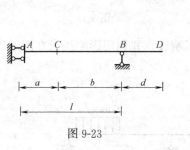

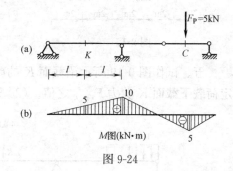

图 9-23　　　　　　　　　　　　　　　　图 9-24

三、填充题（将答案写在空格内，每小题 5 分）

1. 试指出图 9-25 所示结构在图示移动荷载作用下，M_K 达到最大值和最小值的荷载位置是移动荷载中的_____ kN 的力分别在_____ 截面和_____截面处。

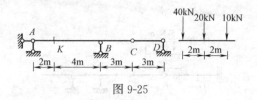

图 9-25

2. 图 9-26 所示结构，$F_P=1$ 在 BD 上移动，M_A（以右侧受拉为正）影响线中 C 点的纵标值为_____。

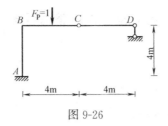

图 9-26

3. 在图 9-27 所示移动荷载作用下，a 杆的内力最大值等于_____。

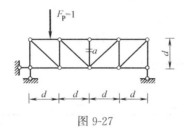

图 9-27

四、图 9-28 所示结构，单位荷载在 DE 上移动，作主梁 $F_{QB左}$ 的影响线。（20 分）

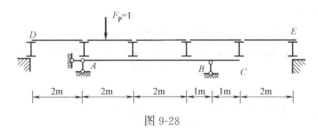

图 9-28

五、作图 9-29 所示桁架的 F_{Na} 影响线。（20 分）

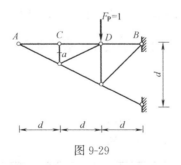

图 9-29

六、图 9-30 所示静定梁上有移动荷载组作用，荷载次序不变，试利用影响线求出支座反力 F_{RB} 的最大值。（22 分）

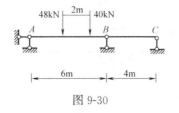

图 9-30

自测题 （A） 参考答案

一、1. × 　2. ○

二、1. C 　2. B

三、1. 15kN 　2. 1 　3. 8q

四、作 M_B 影响线如图 9-31 所示。

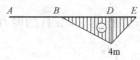

图 9-31

五、作 F_{QK} 影响线如图 9-32 所示。

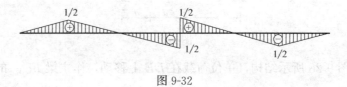

图 9-32

$F_{QK左} = 20kN$

六、作 M_G 和 F_{QC} 影响线如图 9-33 所示。

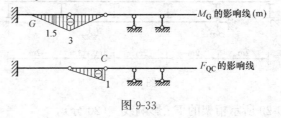

图 9-33

$|M_G|_{max} = 33.75kN \cdot m$ 　　　$|F_{QC}|_{max} = 7.5kN$

自测题 （B） 参考答案

一、1. ○ 　2. ×

二、1. A 　2. B

三、1. 40kN，K，C 　2. −4m 　3. −1

四、作 $F_{QB左}$ 影响线如图 9-34 所示。

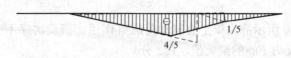

图 9-34

五、作 F_{Na} 影响线如图 9-35 所示。

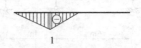

图 9-35

六、作 F_{RB} 影响线如图 9-36：

当 40kN 力位于影响线顶点，则 $F_{RB}=72$kN；

当 48kN 力位于影响线顶点，则 $F_{RB}=68$kN

故 $F_{RBmax}=72$kN。

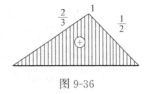

图 9-36

9.5 主教材思考题答案

9-1 影响线横坐标和纵坐标的物理意义是什么？

答：横坐标是单位移动荷载的作用位置，纵坐标是单位移动荷载作用在此位置时物理量的影响系数值。

9-2 影响线与内力图有何不同？

答：影响线是在单位"移动"荷载作用下，指定物理量随荷载的移动而变化的规律图形。此时，截面位置是固定的，荷载位置是变化的。而内力图是在给定荷载作用下，内力随截面位置而变化的规律图形。此时，截面位置是变化的，荷载位置是固定的。

9-3 各物理量影响线竖标的量纲是什么？

答：竖标的量纲等于"该物理量的量纲除以单个移动荷载的量纲"。

9-4 求内力的影响系数方程与求内力方程有何区别？

答：建立方程的方法（取隔离体，列平衡方程）是一样的。但方程中的变量是不一样的。影响系数方程中的变量是荷载的位置，而内力方程中的变量是截面位置。

9-5 若移动荷载为集中力偶，能用影响线分析吗？

答：能。建立影响系数的方法完全一样。只不过影响系数的量纲不一样。如：弯矩影响线的量纲为 1，而不是 L 了。

9-6 简支梁任一截面剪力影响线左、右两支为什么一定平行？截面处两个突变纵坐标的含义是什么？

答：左、右两支影响线方程分别为 $-x/l$ 和 $1-x/l$。二者斜率均为 $-1/l$，故平行。突变处有两个值，为一正、一负。负值是荷载移动到 C 点左截面时，C 截面的剪力，在数值上等于此时右支座的反力。正值是荷载移动到 C 点右截面时，C 截面的剪力，在数值上等于此时左支座的反力。

9-7 当荷载组左、右移动一个 Δx 时，$\sum F_{Ri}\tan\alpha_i>0$ 均成立，应该如何移动荷载组才能找到临界位置？

答：因为荷载组左、右移动一个 Δx 时，影响量的增量为 $\Delta S=\Delta x\sum F_{Ri}\tan\alpha_i$，设右移 $\Delta x>0$，左移 $\Delta x<0$，则由于 $\sum F_{Ri}\tan\alpha_i>0$，所以右移 $\Delta S>0$、左移 $\Delta S<0$，如果要求影响量为最大值，显然应该继续右移才能找到临界位置（因为右移会使 ΔS 增加），如果要求影响量为最小值，则应该继续往左移才能找到临界位置。

9-8 某组移动荷载下简支梁绝对最大弯矩与跨中截面最大弯矩有多大差别？

答：计算例题结果表明，二者相差 1.3% 左右。

9-9　如何用机动法作静定桁架的内力影响线？

答：与梁的影响线一样。首先，去掉与影响量对应的杆件；然后，沿轴力正向发生单位位移，此时，上弦或下弦杆的竖向位移就是要求的影响线。

9-10　"超静定结构内力影响线一定是曲线"，这种说法对吗？为什么？

答：对无静定部分的超静定直接承受荷载的结构，内力影响线一定是曲线。但是当超静定结构中含有静定部分时，静定部分内力影响线是直线。此外，经节点传荷的超静定主梁影响线，因为节点之间影响量直线变化，所以超静定主梁经节点传荷的内力影响线是直线。

9-11　有突变的 F_Q 影响线，能用临界荷载判别公式吗？

答：能。将突变处看成间距趋于零、斜率趋于无限的一个区段，然后按折线影响线临界荷载判别公式，即左、右移动时变号来判断。

9.6　主教材习题详细解答

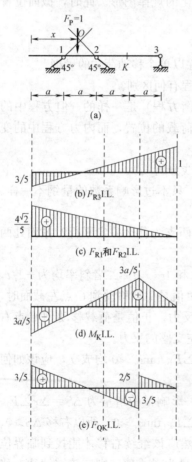

图 9-37　习题 9-1 图

9-1　用静力法作图 9-37 (a) 所示梁的支杆反力 F_{R1}、F_{R2}、F_{R3} 及内力 M_K、F_{QK}、F_{NK} 的影响线。

【解】

(1) 反力影响线

由 $\sum M_O = 0$，可得

$$F_{R3} = \frac{2}{5a}\left(x - \frac{3}{2}a\right) \quad (0 \leqslant x \leqslant 4a)$$

由 $\sum X = 0$ 和 $\sum Y = 0$，可得

$$F_{R1} = F_{R2} = \frac{\sqrt{2}}{5}\left(4 - \frac{x}{a}\right) \quad (0 \leqslant x \leqslant 4a)$$

其相应的影响线如图 9-37 (b) 和 (c) 所示。

(2) K 截面的内力影响线

$$M_K = \begin{cases} F_{R3}a & (0 \leqslant x \leqslant 3a) \\ -\dfrac{3}{5}x + \dfrac{12}{5}a & (3a \leqslant x \leqslant 4a) \end{cases}$$

$$F_{QK} = \begin{cases} -F_{R3} & (0 \leqslant x < 3a) \\ 1 - F_{R3} & (3a < x \leqslant 4a) \end{cases}$$

$$F_{NK} = 0$$

其相应的影响线如图 9-37 (d) 和 (e) 所示。

9-2　用静力法作图 9-38 (a) 所示梁的 F_{yB}、M_A、M_K 和 F_{QK} 的影响线。

【解】 取图 9-38（a）所示坐标系，得

$$F_{yB}=1$$
$$M_A=l-x \quad (0 \leqslant x \leqslant l)$$

$$M_K=\begin{cases} \dfrac{l}{2} & \left(0 \leqslant x \leqslant \dfrac{l}{2}\right) \\[3mm] l-x & \left(\dfrac{l}{2} \leqslant x \leqslant l\right) \end{cases}$$

$$F_{QK}=\begin{cases} -1 & \left(0 \leqslant x < \dfrac{l}{2}\right) \\[3mm] 0 & \left(\dfrac{l}{2} < x \leqslant l\right) \end{cases}$$

其相应的影响线如图 9-38（b）～（e）所示。

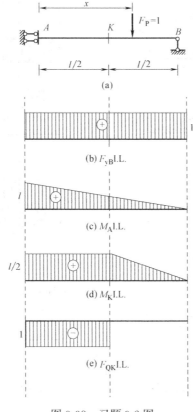

图 9-38 习题 9-2 图

9-3 用静力法作图 9-39（a-1）和图 9-40（b-1）所示斜梁的 F_{yA}、F_{xA}、F_{yB}、M_C、F_{QC} 和 F_{NC} 的影响线。

（a）【解】（1）反力影响线

$$F_{xA}=0$$
$$F_{yA}=1-x/l \quad (0 \leqslant x \leqslant l)$$
$$F_{yB}=x/l \quad (0 \leqslant x \leqslant l)$$

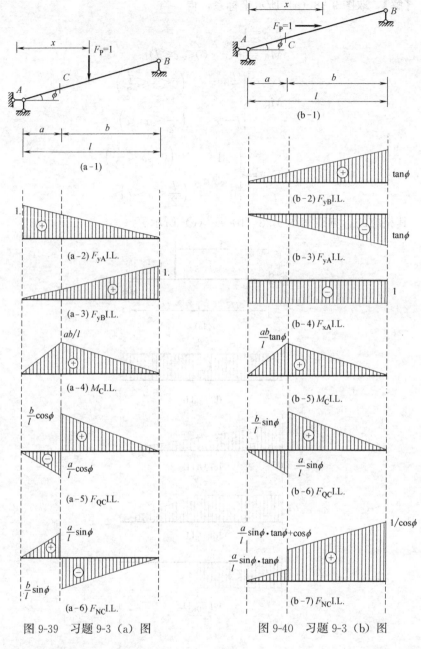

图 9-39 习题 9-3（a）图　　　　图 9-40 习题 9-3（b）图

其相应的影响线如图 9-39（a-2）和（a-3）所示。

（2）C 截面内力影响线

$$M_C = \begin{cases} bx/l & (0 \leqslant x \leqslant a) \\ a(1-x/l) & (a \leqslant x \leqslant l) \end{cases}$$

$$F_{QC} = \begin{cases} -\dfrac{x}{l}\cos\phi & (0 \leqslant x < a) \\[2mm] \left(1-\dfrac{x}{l}\right)\cos\phi & (a < x \leqslant l) \end{cases}$$

$$F_{NC} = \begin{cases} \dfrac{x}{l}\sin\phi & (0 \leqslant x < a) \\[3mm] -\left(1 - \dfrac{x}{l}\right)\sin\phi & (a < x \leqslant l) \end{cases}$$

其相应的影响线如图 9-39（a-4）～（a-6）所示。

（b）【解】

（1）反力影响线

$$F_{yB} = \frac{x}{l}\tan\phi \quad (0 \leqslant x \leqslant l)$$

$$F_{yA} = -\frac{x}{l}\tan\phi \quad (0 \leqslant x \leqslant l)$$

$$F_{xA} = -1$$

其相应的影响线如图 9-40（b-2）～（b-4）所示。

（2）C 截面内力影响线

$$M_C = \begin{cases} \dfrac{b}{l}x\tan\phi & (0 \leqslant x \leqslant a) \\[3mm] a\left(1 - \dfrac{x}{l}\right)\tan\phi & (a \leqslant x \leqslant l) \end{cases}$$

$$F_{QC} = \begin{cases} -\dfrac{x}{l}\sin\phi & (0 \leqslant x < a) \\[3mm] \left(1 - \dfrac{x}{l}\right)\sin\phi & (a < x \leqslant l) \end{cases}$$

$$F_{NC} = \begin{cases} \dfrac{x}{l}\sin\phi\tan\phi & (0 \leqslant x < a) \\[3mm] \cos\phi + \dfrac{x}{l}\sin\phi\tan\phi & (a < x \leqslant l) \end{cases}$$

其相应的影响线如图 9-40（b-5）～（b-7）所示。

9-4　作图 9-41（a）所示静定多跨梁 F_{yA}、F_{yB}、M_A、M_C、M_B、F_{QF}^L、F_{QE}^L 的影响线。

【解】　各影响线如图 9-41（b）～（h）所示。

9-5　试作图 9-42（a）所示 F_{QA}^R、M_C、F_{QE}^R、F_{QE}^L 的影响线。

【解】

先用机动法作出 $F_P = 1$ 在主梁上移动时各量的影响线，然后在各个节点间连以直线，即可得到 F_{QA}^R、M_C、F_{QE}^R、F_{QE}^L 的影响线如图 9-42（b）～（e）所示。

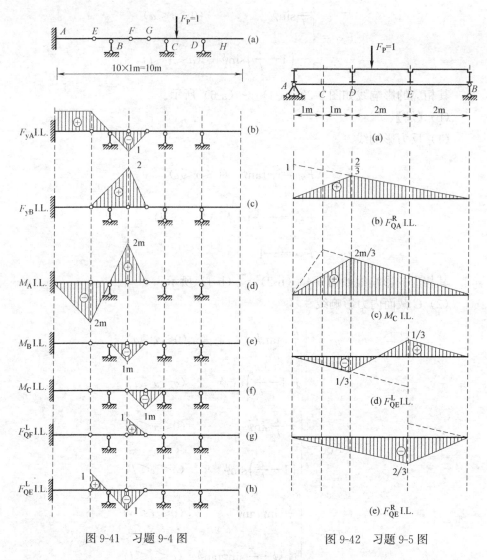

图 9-41　习题 9-4 图　　　　　图 9-42　习题 9-5 图

9-6　作图 9-43（a）所示静定多跨梁 F_{yA}、F_{yB}、M_A、M_C、M_B、F_{QF}^L、F_{QE}^L 的影响线。

【解】　先用机动法作出 $F_P=1$ 在下部静定多跨梁上移动时各量的影响线，然后在各个节点间连以直线，即可得到 F_{yA}、F_{yB}、M_A、M_C、M_B、F_{QF}^L、F_{QE}^L 的影响线如图 9-43（b）～（h）所示。

9-7　分别就 $F_P=1$ 在上弦和下弦移动时作图 9-44（a）所示桁架指定杆件的内力影响线。

【解】（1）荷载在上弦移动时，先作支座反力 F_{yA} 和 F_{yB} 的影响线如图 9-44（b）和（c）所示。

$$F_{N1}=\begin{cases} 0 & (x=0) \\ -2F_{yA} & (d\leqslant x\leqslant 4d) \end{cases}$$

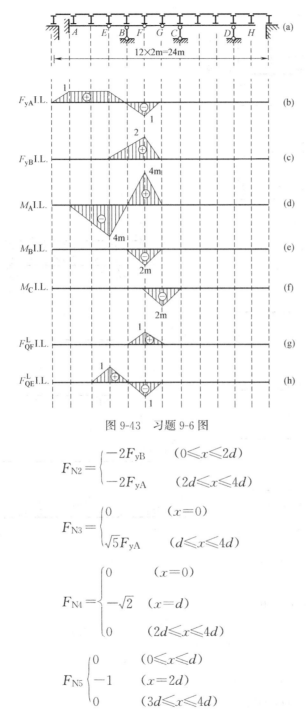

图 9-43 习题 9-6 图

$$F_{N2} = \begin{cases} -2F_{yB} & (0 \leqslant x \leqslant 2d) \\ -2F_{yA} & (2d \leqslant x \leqslant 4d) \end{cases}$$

$$F_{N3} = \begin{cases} 0 & (x=0) \\ \sqrt{5}F_{yA} & (d \leqslant x \leqslant 4d) \end{cases}$$

$$F_{N4} = \begin{cases} 0 & (x=0) \\ -\sqrt{2} & (x=d) \\ 0 & (2d \leqslant x \leqslant 4d) \end{cases}$$

$$F_{N5} = \begin{cases} 0 & (0 \leqslant x \leqslant d) \\ -1 & (x=2d) \\ 0 & (3d \leqslant x \leqslant 4d) \end{cases}$$

$$F_{N6} = 0$$

其相应的影响线如图 9-44（d）～（h）所示。

（2）荷载下弦移动时，F_{N1}、F_{N2}、F_{N3}、F_{N4}、F_{N6} 的影响线与荷载上弦移动时相同，但 F_{N5} 的影响线处处为零。

9-8 求图 9-45（a）所示指定杆件的内力影响线（$F_P = 1$ 在上弦）。

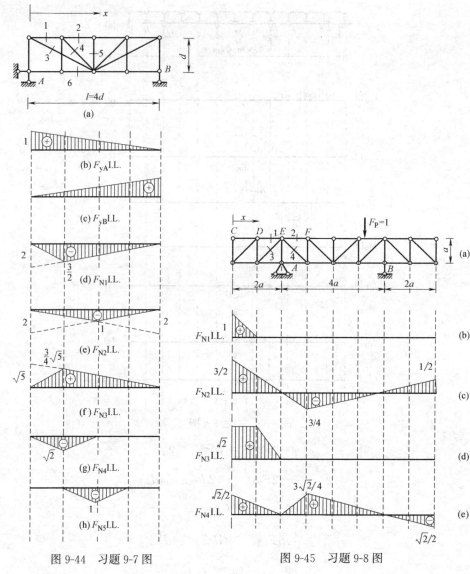

图 9-44 习题 9-7 图   图 9-45 习题 9-8 图

【解】

（1）作 F_{N1} 的影响线

$$F_{N1} = \begin{cases} 1 - \dfrac{x}{a} & (0 \leqslant x \leqslant a) \\ 0 & (a \leqslant x \leqslant 8a) \end{cases}$$

其影响线如图 9-45（b）所示。

（2）作 F_{N2} 的影响线

$$F_{N2} = \begin{cases} -\dfrac{3(x-2a)}{4a} & (0 \leqslant x \leqslant 3a) \\ -\dfrac{6a-x}{4a} & (3a \leqslant x \leqslant 8a) \end{cases}$$

其影响线如图 9-45（c）所示。

（3）作 F_{N3} 的影响线

$$F_{N3} = \begin{cases} \sqrt{2} & (0 \leqslant x \leqslant a) \\ 0 & (2a \leqslant x \leqslant 8a) \end{cases}$$

其影响线如图 9-45（d）所示。

（4）作 F_{N4} 的影响线

$$F_{N4} = \begin{cases} -\dfrac{\sqrt{2}(x-2a)}{4a} & (0 \leqslant x \leqslant 2a) \\ \dfrac{\sqrt{2}(6a-x)}{4a} & (3a \leqslant x \leqslant 8a) \end{cases}$$

其影响线如图 9-45（e）所示。

9-9　求图 9-46（a）所示指定杆件的内力影响线（$F_P=1$ 在上弦）。

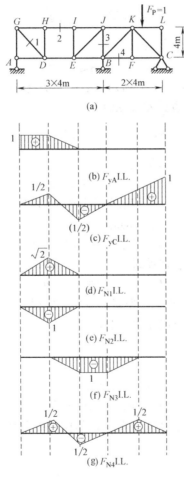

图 9-46　习题 9-9 图

【解】

（1）作 F_{yA} 的影响线

当 $F_P=1$ 在 H 点以左移动时，

$$F_{yA}=1 \quad (0 \leqslant x \leqslant 4)$$

当 $F_P=1$ 在 I 点以右移动时，

$$F_{yA} = 0 \quad (8 \leqslant x \leqslant 20)$$

F_{yA} 的影响线如图 9-46 (b) 所示，其中 HI 段影响线为直线。

(2) 作 F_{yC} 的影响线

当 $F_P = 1$ 在 H 点以左移动时，

$$F_{yC} = \frac{x}{8} \quad (0 \leqslant x \leqslant 4)$$

当 $F_P = 1$ 在 I 点以右移动时，

$$F_{yC} = \frac{x-12}{8} \quad (8 \leqslant x \leqslant 20)$$

F_{yC} 的影响线如图 9-46 (c) 所示，其中 HI 段影响线为直线。

(3) 当 $F_P = 1$ 在 H 点以左移动时，

$$F_{N1} = \frac{\sqrt{2}x}{4} \quad (0 \leqslant x \leqslant 4)$$

当 $F_P = 1$ 在 I 点以右移动时，

$$F_{N1} = 0 \quad (8 \leqslant x \leqslant 20)$$

F_{N1} 的影响线如图 9-46 (d) 所示，其中 HI 段影响线为直线。

(4) 当 $F_P = 1$ 在 H 点以左移动时，

$$F_{N2} = -\frac{x}{4} \quad (0 \leqslant x \leqslant 4)$$

当 $F_P = 1$ 在 I 点以右移动时，

$$F_{N2} = 0 \quad (8 \leqslant x \leqslant 20)$$

F_{N2} 的影响线如图 9-46 (e) 所示，其中 HI 段影响线为直线。

(5) 当 $F_P = 1$ 在 J 点以左移动时，

$$F_{N3} = F_{yA} - 1 \quad (0 \leqslant x \leqslant 12)$$

当 $F_P = 1$ 在 K 点以右移动时，

$$F_{N3} = 0 \quad (16 \leqslant x \leqslant 20)$$

F_{N3} 的影响线如图 9-46 (f) 所示，其中 JK 段影响线为直线。

(6) 当 $F_P = 1$ 在 K 点以左移动时，

$$F_{N4} = F_{yC} \quad (0 \leqslant x \leqslant 16)$$

当 $F_P = 1$ 在 L 点时，

$$F_{N4} = 0 \quad (x = 20)$$

F_{N4} 的影响线如图 9-46 (g) 所示，其中 KL 段影响线为直线。

9-10　图 9-47 (a) 所示简支梁上有单位力偶移动荷载 $M_P = 1$，作 F_{yA}、F_{yB}、F_{QC}、M_C 影响线。

【解】

取图 9-47 (a) 所示坐标系，得

$$F_{yA} = -1/l \quad (0 \leqslant x \leqslant l)$$

$$F_{yB} = 1/l \quad (0 \leqslant x \leqslant l)$$

$$F_{QC} = F_{yA} \quad (0 \leqslant x \leqslant l)$$

$$M_C = \begin{cases} bF_{yB} & (0 \leqslant x < a) \\ aF_{yA} & (a < x \leqslant l) \end{cases}$$

其相应的影响线如图 9-47（b）～（e）所示。

图 9-47　习题 9-10 图

9-11　作图 9-48 所示结构 F_{yB}、M_C、F_{QC}^R 和 F_{QC}^L 影响线。

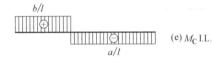

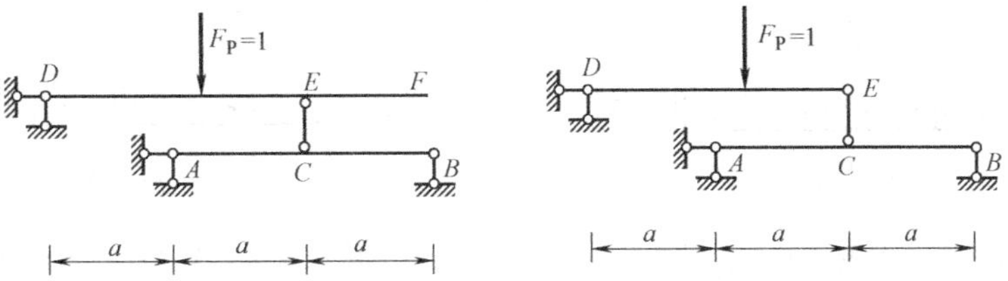

（a）$F_P=1$ 在 DEF 上移动　　　　　（b）$F_P=1$ 在 DE、CB 上移动

图 9-48　习题 9-11 图

（a）【解】

各影响线方程如下（图 9-49b～e）：

$$F_{yB}=\frac{1}{2}F_{NCE}=\frac{x}{4a} \quad (0\leqslant x\leqslant 3a)$$

$$M_C=aF_{yB} \quad (0\leqslant x\leqslant 3a)$$

$$F_{QC}^R=-F_{yB} \quad (0\leqslant x\leqslant 3a)$$

$$F_{QC}^L=F_{yA}=F_{yB} \quad (0\leqslant x\leqslant 3a)$$

（b）【解】

（1）作 F_{yB} 的影响线（图 9-50b）

当 $F_P=1$ 在 E 点以左移动时，

$$F_{yB}=\frac{x}{4a} \quad (0\leqslant x\leqslant 2a)$$

当 $F_P=1$ 在 C 点以右移动时，

$$F_{yB}=\frac{x-a}{2a} \quad (2a\leqslant x\leqslant 3a)$$

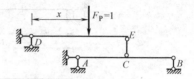

(a) F_P在DE、CB上移动

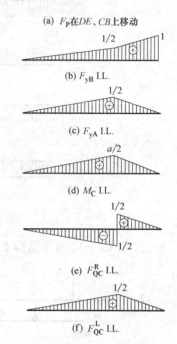

(b) F_{yB} I.L.

(c) F_{yA} I.L.

(d) M_C I.L.

(e) F_{QC}^R I.L.

(f) F_{QC}^L I.L.

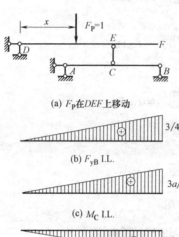

(a) F_P在DEF上移动

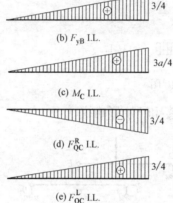

(b) F_{yB} I.L.

(c) M_C I.L.

(d) F_{QC}^R I.L.

(e) F_{QC}^L I.L.

图 9-49 习题 9-11 （a）图　　　　图 9-50 习题 9-11 （b）图

（2）作 F_{yA} 的影响线（图 9-50c）

当 $F_P=1$ 在 E 点以左移动时，

$$F_{yA}=\frac{x}{4a} \quad (0\leqslant x\leqslant 2a)$$

当 $F_P=1$ 在 C 点以右移动时，

$$F_{yA}=\frac{3a-x}{2a} \quad (2a\leqslant x\leqslant 3a)$$

（3）作 M_C 的影响线（图 9-50d）

$$M_C=aF_{yA} \quad (0\leqslant x\leqslant 3a)$$

（4）作 F_{QC}^R 的影响线（图 9-50e）

当 $F_P=1$ 在 E 点以左移动时，

$$F_{QC}^R=-F_{yB} \quad (0\leqslant x<2a)$$

当 $F_P=1$ 在 C 点以右移动时，

$$F_{QC}^R=F_{yA} \quad (2a<x\leqslant 3a)$$

（5）作 F_{QC}^L 的影响线（图 9-50f）

$$F_{QC}^L = F_{yA} \quad (0 \leqslant x \leqslant 3a)$$

9-12 试用机动法作图 9-51（a）所示 F_{yC}、M_H、F_{QH}、F_{QG} 的影响线。

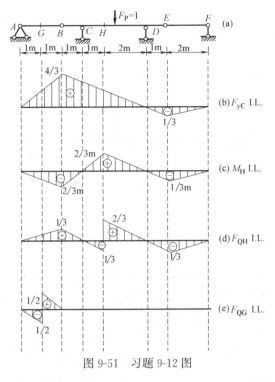

图 9-51 习题 9-12 图

9-13 试用机动法作图 9-52（a）所示 F_{yA}、F_{yB}、M_E、F_{QE}^L、F_{QE}^R 的影响线。

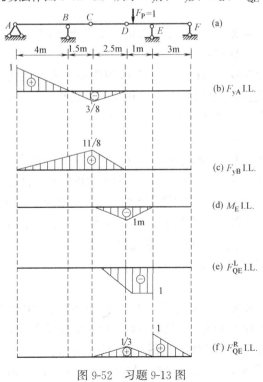

图 9-52 习题 9-13 图

9-14 试用机动法重作习题 9-1 和习题 9-2 的各项影响线。

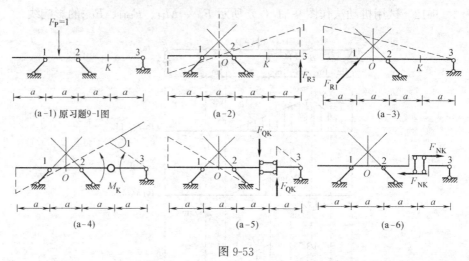

图 9-53

【解】

(1) F_{R3} 的影响线。去掉与 F_{R3} 对应的竖向约束，用相应的约束力代替。沿 F_{R3} 正方向发生单位位移，得杆件的竖向虚位移图，如图 9-53 (a-2) 所示。根据比例关系即可得到 F_{R3} 的影响线，见图 9-37 (b) 所示。

(2) F_{R1} 的影响线。去掉与 F_{R1} 对应的约束，用相应的约束力代替。沿 F_{R1} 正方向发生单位位移，得到杆件的竖向虚位移图，相当于 O 点竖向发生 $\sqrt{2}/2$ 的位移，如图 9-53 (a-3) 所示。根据比例关系即可得到 F_{R1} 的影响线，见图 9-37 (c) 所示。

(3) F_{R2} 的影响线。1 支杆与 2 支杆与水平方向的夹角相同，所以 F_{R2} 的影响线与 F_{R1} 的影响线相同。

(4) M_K 的影响线。去掉与 M_K 对应的弯矩约束，用相应的约束力代替。让 K 点左、右两边的杆分别沿逆时针和顺时针转动，且两杆之间发生单位转角位移，得到杆件的竖向虚位移图，如图 9-53 (a-4) 所示。根据比例关系即可得到 M_K 的影响线，见图 9-37 (d) 所示。

(5) F_{QK} 的影响线。去掉与 F_{QK} 对应的剪力约束，用相应的约束力代替。让 K 点左、右两边的杆发生如图 9-53 (a-5) 所示的虚位移，且沿约束力方向发生的竖向位移之和为 1。根据比例关系即可得到 F_{QK} 的影响线，见图 9-37 (e) 所示。

(6) F_{NK} 的影响线。去掉与 F_{NK} 对应的轴力约束，用相应的约束力代替，如图 9-53 (a-6)。K 点左边的杆只能绕着 O 点转动，故在 F_{NK} 作用下不会有虚位移，即 F_{NK} 的影响线处处为零。

【解】

(1) F_{yB} 的影响线。去掉与 F_{yB} 对应的竖向约束，用相应的约束力代替。沿 F_{yB} 正方向发生单位位移，得到 AB 杆的竖向虚位移图，如图 9-54 (b-2) 所示，即可得到 F_{yB} 的影响线，见图 9-38 (b) 所示。

(2) M_A 的影响线。去掉与 M_A 对应的弯矩约束，用相应的约束力代替。

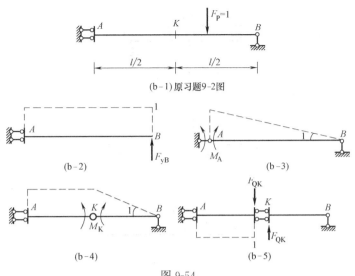

(b-1) 原习题9-2图

(b-2)

(b-3)

(b-4)

(b-5)

图 9-54

由于 A 点左边为支链杆，故虚位移只能是 AB 杆发生绕 B 点的顺时针单位转角位移，得到杆件的竖向虚位移图，如图 9-54（b-3）所示，即可得到 M_A 的影响线，见图 9-38（c）所示。

（3）M_K 的影响线。去掉与 M_K 对应的弯矩约束，用相应的约束力代替。由于 A 点的约束为平行链杆，因此，杆件 AK 只能整体向上平移，KB 杆也随之发生图 9-54（b-4）所示的位移，KB 杆发生绕 B 点的顺时针单位转角位移，得到杆件的竖向虚位移图，即可得到 M_K 的影响线，见图 9-38（d）所示。

（4）F_{QK} 的影响线。去掉与 F_{QK} 对应的剪力约束，用相应的约束力代替。由于 A 点和 K 点的约束为平行链杆，因此，杆件 KB 不能平移，杆件 AK 只能整体向下平移一个单位位移，得到杆件的竖向虚位移图，如图 9-54（b-5）所示，即可得到 F_{QK} 的影响线，见图 9-38（e）所示。

9-15　试用机动法重作习题 9-5 的各项影响线。

【解】　略

9-16　计算图 9-55（a）所示 F_{QD}、M_E 值。

【解】　作出 $F_P=1$ 作用下 F_{QD} 和 M_E 的影响线如图 9-55（b）和（c）所示，故可以求得荷载作用下的 F_{QD}^L 和 M_E，即

$$F_{QD}^L=20\times\left(\frac{3}{4}+\frac{2}{4}\right)-5\times\frac{1}{4}=23.75\text{kN}$$

$$M_E=20\times(1+2)-5\times1=55\text{kN}\cdot\text{m}$$

9-17　计算如图 9-56（a）所示 F_{QD}、M_E 值。

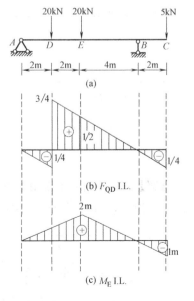

图 9-55　习题 9-16 图

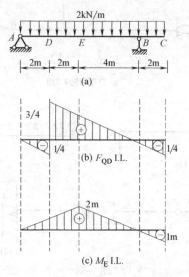

图 9-56 习题 9-17 图

【解】 作出 $F_P=1$ 作用下 F_{QD} 和 M_E 的影响线如图 9-56（b）和（c）所示，故可以求得荷载作用下的 F_{QD} 和 M_E，即

$$F_{QD}=2\times\left(\frac{1}{2}\times\frac{3}{4}\times6-\frac{1}{2}\times\frac{1}{4}\times2\times2\right)=3.5\text{kN}$$

$$M_E=2\times\left(\frac{1}{2}\times8\times2-\frac{1}{2}\times2\times1\right)=14\text{kN}\cdot\text{m}$$

9-18 计算图 9-57（a）所示 F_{yB}、F_{QB}^L、M_E 值。

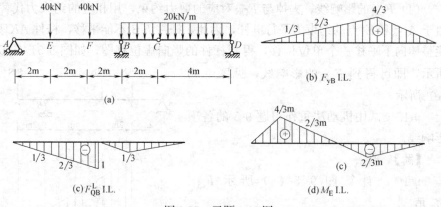

图 9-57 习题 9-18 图

【解】 作出 $F_P=1$ 作用下 F_{yB}，F_{QB}^L 和 M_E 的影响线如图 9-57（b）、（c）和（d）所示，故可以求得荷载作用下的 F_{yB}，F_{QB}^L 和 M_E，即

$$F_{yB}=40\times\left(\frac{1}{3}+\frac{2}{3}\right)+20\times\left[\frac{1}{2}\times\left(1+\frac{4}{3}\right)\times2+\frac{1}{2}\times\frac{4}{3}\times4\right]=140\text{kN}$$

$$F_{QB}^L=-40\times\left(\frac{1}{3}+\frac{2}{3}\right)-20\times\left(\frac{1}{2}\times6\times\frac{1}{3}\right)=-60\text{kN}$$

$$M_E=40\times\left(\frac{4}{3}+\frac{2}{3}\right)-20\times\left(\frac{1}{2}\times6\times\frac{2}{3}\right)=40\text{kN}\cdot\text{m}$$

9-19 求图 9-58 (a) 所示吊车梁在两台吊车移动过程中，跨中央截面的最大弯矩。已知：$F_{P1}=F_{P2}=F_{P3}=F_{P4}=324.5$kN。

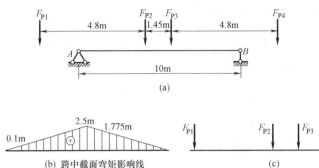

(a)

(b) 跨中截面弯矩影响线　　　　　(c)

图 9-58　习题 9-19 图

【解】　作跨中截面弯矩的影响线如图 9-58 (b) 所示，很明显 F_{P2} 或 F_{P3} 为临界荷载，由于是对称结构、对称荷载，故只考虑 F_{P2}（图 9-58c）。由比例关系可得 F_{P1} 和 F_{P3} 对应的影响线的数值，故

$$M_{K\max}=F_{P1}\times 0.1+F_{P2}\times 2.5+F_{P3}\times 1.775$$
$$=324.5\times(0.1+2.5+1.775)$$
$$=1419.69\text{kN}\cdot\text{m}$$

9-20　求图 9-59 (a) 所示简支梁在移动荷载作用下截面 K 的最大正剪力和最大负剪力。

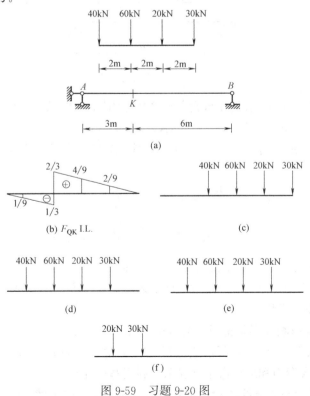

(a)

(b) F_{QK} I.L.　　　　　(c)

(d)　　　　　(e)

(f)

图 9-59　习题 9-20 图

【解】 作截面 K 剪力的影响线如图 9-59（b）所示。

采用试算确定（图 9-59c～f）。使 F_{QK} 最大的可能位置有图 9-59（c）、（d），对于图 9-59（c）所示荷载位置：

$$F_{QK}=40\times\frac{2}{3}+60\times\frac{4}{9}+20\times\frac{2}{9}=57.78\text{kN}$$

对于图 9-59（d）所示荷载位置

$$F_{QK}=-40\times\frac{1}{9}+60\times\frac{2}{3}+20\times\frac{4}{9}+30\times\frac{2}{9}=51.11\text{kN}$$

所以 $F_{QK\text{max}}=57.78\text{kN}$

使 F_{QK} 最小的可能位置有 9-59（e）、（f）。对于图 9-59（e）所示荷载位置：

$$F_{QK}=-40\times\frac{1}{9}-60\times\frac{1}{3}+20\times\frac{4}{9}+30\times\frac{2}{9}=-8.89\text{kN}$$

对于图 9-59（f）所示荷载位置

$$F_{QK}=20\times\left(-\frac{1}{9}\right)+30\times\left(-\frac{1}{3}\right)=-12.22\text{kN}$$

所以 $F_{QK\text{min}}=-12.22\text{kN}$

9-21 移动荷载如图 9-60 所示，求简支梁绝对最大弯矩。

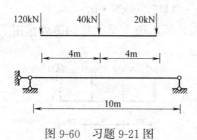

图 9-60 习题 9-21 图

【解】 $F_{P1}=120$ 是使跨中截面弯矩发生最大值的临界荷载，在临界位置上

$$F_R=120+40=160\text{kN},F_R\times a=40\times4,a=1\text{m}$$

移动荷载使 F_{P1} 和 F_R 分布于中点两侧，没有荷载移出或移入梁，故绝对最大弯矩为

$$M_{K\text{max}}=\frac{F_R}{l}\left(\frac{l}{2}-\frac{a}{2}\right)^2-M_K^l$$

$$=\frac{160}{10}\left(5-\frac{1}{2}\right)^2-0=324\text{kN}\cdot\text{m}$$

绝对最大弯矩发生在距左支座 4.5m 处截面。

9-22 试绘出图 9-61（a）所示连续梁的 F_{0y}、M_0、F_{1y}、M_K、F_{QK}、F_{Q2}^L 和 F_{Q2}^R 影响线的形状。

【解】 各影响线形状见图 9-61（b）～（h）。

9-23 求图 9-62（a）所示连续梁在可动均布荷载 $q=300\text{kN/m}$ 作用下，截面 K 的最大弯矩和最小弯矩（提示：利用对称性）。

【解】 由 M_K 影响线的轮廓可知（图 9-62b），均布荷载满布在中间跨时，

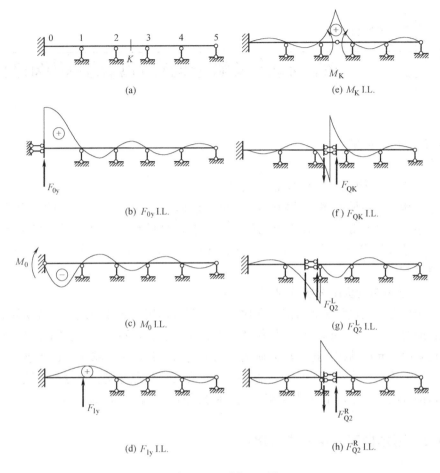

(a)

(e) M_K I.L.

(b) F_{0y} I.L.

(f) F_{QK} I.L.

(c) M_0 I.L.

(g) F_{Q2}^L I.L.

(d) F_{1y} I.L.

(h) F_{Q2}^R I.L.

图 9-61　习题 9-22 图

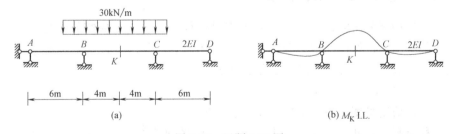

(a)

(b) M_K I.L.

图 9-62　习题 9-23 图

M_K 取得最大值；均布荷载满布两个边跨时，M_K 取得最小值。采用位移法，并利用对称性解得

$$M_{Kmax} = 133.33 \text{kN} \cdot \text{m}$$

$$M_{Kmin} = -45 \text{kN} \cdot \text{m}$$

第10章
结构稳定及极限荷载计算的基本知识

10.1 学习目的

1. 学习结构稳定的基本知识的目的

结构设计中除要考虑结构的强度和刚度外，有时还要考虑结构的稳定性。工程中常见的稳定问题有刚架的稳定、组合压杆的稳定、窄条梁的稳定等。本章仅涉及稳定分析的一些基本概念和基本方法，为进一步学习相关专业课程打基础。

2. 学习结构极限荷载的目的

结构在使用过程中有可能遭遇比较大的荷载作用，如强烈地震。若要使结构在遭遇不常见的外部作用下仍保持弹性工作状态，是不经济的。因此对一般结构来说，允许结构在这些较大荷载作用下进入非弹性工作状态。这要求工程师了解结构在非线性工作时的性能、结构的最大承载力等概念及分析方法。通过这部分内容学习，了解对结构进行塑性分析的基本概念和基本方法。

10.2 基本内容总结和学习建议

10.2.1 结构稳定分析的基本知识

结构稳定分析的核心问题是确定临界荷载，目的是使结构承受的荷载不大于临界荷载以保证结构不致因失稳而破坏。这部分内容包括基本概念和确定临界荷载的两种方法：静力法和能量法。

1. 基本概念

(1) 稳定平衡、不稳定平衡和随遇平衡

稳定平衡：处于稳定平衡状态的结构在受到外部干扰而偏离平衡位置，当外部干扰消失后结构会回到初始平衡位置。

不稳定平衡：处于不稳定平衡状态的结构在受到外部干扰而偏离平衡位置，无论外部干扰是否消失，结构将不再保持平衡状态。此时结构因失去稳定，导致破坏。

随遇平衡：处于随遇平衡状态的结构受到外部干扰而偏离平衡位置到一个新的平衡位置，当外部干扰消失后，结构不会回到初始平衡位置，而是在新的位置保持平衡。随遇平衡状态具有平衡二重性，即可在原初始位置平衡也可在另一个位置平衡。它是结构随荷载增加从稳定平衡到不稳定平衡的过渡阶段。

（2）分支点失稳与极值点失稳

分支点失稳也称为第一类稳定问题，是指轴心受压杆件的稳定问题。当处于随遇平衡状态时，结构在初始平衡位置是轴心受压的，在其他平衡位置是偏心受压的，这是与第二类稳定问题的主要区别。

极值点失稳也称为第二类稳定问题，是偏心受压杆件的稳定问题。无论结构是在初始平衡位置还是在其他平衡位置，均处于偏心受压状态。

（3）稳定自由度

确定结构失稳形式所需的独立坐标个数称为稳定计算的自由度。注意其与几何组成分析自由度的区别。结构中的压杆若是刚性的，一般属于多自由度，弹性杆则是无限自由度。

（4）稳定方程

稳定方程是平衡方程，是体系处于随遇平衡状态的平衡条件。对于有限自由度体系稳定方程是关于位移的齐次方程组，由有非零解的条件得到特征方程，特征方程的最小解即为临界荷载。

2. 确定临界荷载的两种方法

（1）静力法

利用结构处于临界状态时所具有的平衡二重性，在偏离原初始位置处建立平衡方程，由平衡方程有非零解的条件得到特征方程，解特征方程得到临界荷载。

静力法步骤为：

① 确定体系稳定自由度；

② 确定位移参数；

③ 在各位移参数不为零的位置，建立体系平衡方程；

④ 由各位移参数不同时为零的条件，得到特征方程；

⑤ 求特征方程的解，最小解即为临界荷载。

（2）能量法

能量法是利用结构处于临界状态的能量特征（结构势能取驻值）确定临界荷载的方法。

能量法步骤：

① 确定体系稳定自由度；

② 确定位移参数；

③ 在各位移参数不为零的位置，确定体系的结构势能；

④ 令结构势能的一阶变分等于零，得特征方程；

⑤ 求特征方程的解，最小解即为临界荷载。

10.2.2 结构极限荷载的基本知识

极限荷载分析的核心问题是确定结构的极限荷载。这部分内容包括与极限荷载相关的基本概念、基本定理和确定极限荷载的几种方法。

1. 基本概念

（1）极限荷载和极限状态

当结构随着荷载增加而出现足够多的塑性铰使结构成为破坏机构时的荷载称为结构的极限荷载，它是结构所能承担的最大荷载。此时结构所处的状态称为极限状态。处于极限状态的结构已成为机构，在极限荷载作用下处于平衡状态。对于受多个力作用的结构，确定极限荷载相当于确定一个荷载系数 F，如求解图 10-1（a）所示结构的极限荷载相当于确定图 10-1（b）中的荷载系数 F。图中，$\alpha_1 F = F_1$，$\alpha_2 F = F_2$，$\alpha_3 F = q$。

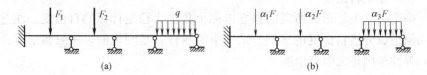

图 10-1　极限荷载及荷载系数

（2）屈服弯矩和极限弯矩

屈服弯矩是指当截面边缘的应力达到屈服极限而截面其他点未达到屈服极限时的截面弯矩，是弹性弯矩的最大值，也称为弹性极限弯矩。塑性极限弯矩简称极限弯矩，是整个截面上各点应力均达到屈服极限时的截面弯矩，是截面所能承担的最大弯矩。纯弯曲时截面的极限弯矩 M_u 的计算公式为：

$$M_u = (s_1 + s_2)\sigma_e$$

式中，σ_e 为材料的屈服极限；s_1、s_2 分别为截面主轴上下两部分对该轴的静矩。对于矩形截面，$M_u = \dfrac{bh^2}{4}\sigma_e$。

（3）塑性铰

达到极限弯矩的截面的两侧紧邻截面的弯矩值不增加也会发生有限的相对转动，形似一个铰的作用，称为塑性铰。这时，杆件的变形曲线在此处会产生转折。但其与铰装置有所不同，不同点包括：

① 塑性铰是单向的，塑性铰两侧截面只能沿极限弯矩方向作相对转动。卸载时，塑性铰会闭合，而铰装置是双向铰。

② 塑性铰可以承受弯矩，传递弯矩，而铰装置不会。

③ 铰装置的位置是固定的，而塑性铰的位置随荷载不同而出现于不同截面。

（4）破坏机构

结构中由于出现塑性铰，从几何不变体系变成了几何可变体系，称此体系为破坏机构。一个结构对应的破坏机构有无限多种，但在确定的荷载作用下，可能的破坏机构是有限种，实际的破坏机构一般只有一种。

① 静定结构的破坏机构

静定结构无多余约束，出现一个塑性铰即成为破坏机构，塑性铰出现的位置可根据外力作用下的弯矩图判定，一般是发生在截面弯矩与截面极限弯矩比值最大的截面。

② 单跨超静定梁的破坏机构

根据支承情况不同，需出现 2 个至 3 个塑性铰才能成为破坏机构。塑性铰的位置一般是固定端截面、集中力作用截面、剪力为零的截面、截面尺寸变化截面。

③ 连续梁的破坏机构

对于每跨内等截面，在方向向下的荷载作用下，可能的破坏机构为单跨形成的破坏机构，塑性铰一般出现在每一跨的端部和跨中某位置。

④ 超静定刚架的破坏机构

n 次超静定结构出现 $n+1$ 个塑性铰时则形成破坏机构，但是这不是必要的，有时在结构的局部出现一些塑性铰，尽管数目少于 $n+1$，也会形成破坏机构。例如，图 10-2（a）所示结构为 6 次超静定，出现 3 个塑性铰即成为破坏机构，如图 10-2（b）、（c）所示：图 10-2（b）称为点机构，图 10-2（c）称为梁机构。

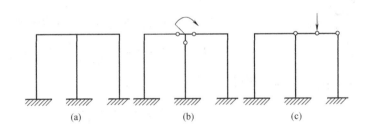

图 10-2　超静定刚架及其两种破坏机构

2. 极限状态应满足的条件

（1）结构各部分均处于平衡状态；

（2）结构各截面弯矩均不大于各截面极限弯矩；

（3）结构成为单向机构。

3. 比例加载时判定极限荷载的若干定理

（1）基本定理：可破坏荷载不大于可接受荷载；

（2）唯一性定理：结构的极限荷载是唯一的；

（3）极小定理：可破坏荷载是极限荷载的上限；

（4）极大定理：可接受荷载是极限荷载的下限。

其中，可破坏荷载是指满足平衡条件和单向机构条件的荷载。对于各种破坏机构由平衡条件确定的荷载均为可破坏荷载，一个结构对应的可破坏荷载有无穷多种。可接受荷载是指满足平衡条件和内力局限性条件的荷载，即在保证结构各截面弯矩均不超过极限弯矩的条件下，由平衡条件确定的荷载，可接受荷载也有无穷多种。极限荷载既是可破坏荷载也是可接受荷载。

4. 确定极限荷载的方法

根据极限状态所应满足的 3 个条件来确定极限荷载的方法称为极限平衡法。具体有试算法和穷举法。

试算法：选取一个单向机构，利用平衡条件（列平衡方程或虚功方程）求可破坏荷载，然后验证是否满足内力局限性条件。如果满足则该可破坏荷载即为极限荷载，否则换另一个破坏机构试算，直到算出的可破坏荷载满足内力局限性条件为止。

穷举法：列出所有可能的可破坏机构，由平衡条件求出这些可破坏机构对应的所有可破坏荷载，最小值即为极限荷载。

10.3　附加例题

【附加例题 10-1】　试用静力法求图 10-3 所示弹性支承刚性杆 ACE 的临界荷载。已知 k_1 和 k_2 为弹簧刚度。

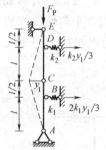

【解】　由图 10-3 可见，确定失稳形式只需一个参数 y_1，故体系为单自由度体系。设失稳时体系发生如图 10-3 虚线所示的位移，则弹性支承的反力如图 10-3 所示。

设 E 支座反力为 $F_{xE}(\leftarrow)$，由整体列 $\sum M_A = 0$

$$F_{xE} \cdot 3l - \frac{k_2 y_1}{3} \cdot \frac{5l}{2} - \frac{2k_1 y_1}{3} \cdot l = 0$$

图 10-3　附加例题 10-1 图　　解得

$$F_{xE} = \frac{(5k_2 + 4k_1) y_1}{18}$$

取 EDC 杆为隔离体，根据 $\sum M_C = 0$

$$F_{xE} \cdot \frac{3l}{2} - \frac{k_2 y_1}{3} \cdot l - F_P \cdot y_1 = 0$$

将所求得的 F_{xE} 代入上式，得稳定方程为

$$\frac{(5k_2 + 4k_1) y_1}{18} \cdot \frac{3l}{2} - \frac{k_2 y_1}{3} \cdot l - F_P \cdot y_1 = 0$$

由此可得临界荷载

$$F_{Pcr} = \frac{(k_2 + 4k_1) l}{12}$$

【附加例题 10-2】　试用能量法求图 10-4 所示刚性压杆的临界荷载。

【解】　图 10-4 所示体系为单自由度体系，选 β 为位移参数。在图示虚线位置，体系的应变能为

$$V_\varepsilon = \frac{1}{2} k(\beta a)^2 \times 2 = k\beta^2 a^2$$

下面计算体系的外力势能：距下端 x 处的微段 dx 上的外力势能为

$$dV_P = -q dx \cdot d\Delta$$

其中

$$d\Delta = x(1 - \cos\beta) \approx \frac{x\beta^2}{2}$$

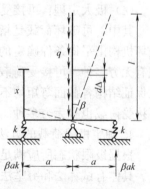

图 10-4　附加例题 10-2 图

总的外力势能为

$$V_P = \int_0^l -q \cdot \frac{\beta^2}{2} x \, \mathrm{d}x = -\frac{\beta^2 l^2}{4} q$$

结构总势能为

$$V = V_\varepsilon + V_P = k\beta^2 a^2 - \frac{\beta^2 l^2}{4} q$$

由能量准则

$$\frac{\mathrm{d}V}{\mathrm{d}\beta} = 2k\beta a^2 - 2\frac{\beta l^2}{4} q = 0$$

得临界荷载为

$$q_{cr} = 4k \frac{a^2}{l^2}$$

若用静力法，过程要简单一些。将铰支座作为矩心，列力矩平衡方程，得

$$\beta a k \cdot a \cdot 2 - q l \cdot \frac{l}{2} \beta = 0$$

解方程，得临界荷载

$$q_{cr} = 4k \frac{a^2}{l^2}$$

【附加例题 10-3】 试用能量法求图 10-5（a）所示结构的临界荷载。已知 k_1 和 k_2 为抗转动刚度。

【解】 设图 10-5（a）结构的失稳形态如图 10-5（b）所示，为 B 点侧移 y_1、C 点侧移 y_2 的二自由度体系。由此可得 AB 杆转角为 $\frac{y_1}{l}$、DC 杆转角为 $\frac{y_2}{l}$、BC 杆转角为 $\frac{y_2 - y_1}{l}$。AB 杆与 BC 杆之间的相对转角为 $\frac{y_1}{l} - \frac{y_2 - y_1}{l}$，$BC$ 杆与 DC 杆之间的相对转角为 $\frac{y_2}{l} + \frac{y_2 - y_1}{l}$。因此弹性应变能为

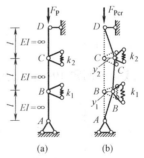

图 10-5 附加例题 10-3

$$V_e = \frac{1}{2} \cdot \left[k_1 \left(\frac{2y_1 - y_2}{l} \right)^2 + k_2 \left(\frac{2y_2 - y_1}{l} \right)^2 \right]$$

因为杆两端相对位移为 δ 时，沿杆轴向的下降量为 $\frac{l}{2} \left(\frac{\delta}{l} \right)^2$，因此外力势能为

$$V_P = -F_P \cdot \Delta = -F_P \cdot \frac{l}{2} \left[\left(\frac{y_1}{l} \right)^2 + \left(\frac{y_2}{l} \right)^2 + \left(\frac{y_2 - y_1}{l} \right)^2 \right]$$

总势能为

$$V = \frac{1}{2} \cdot \left[k_1 \left(\frac{2y_1 - y_2}{l} \right)^2 + k_2 \left(\frac{2y_2 - y_1}{l} \right)^2 \right] - F_P \cdot \frac{l}{2} \left[\left(\frac{y_1}{l} \right)^2 + \left(\frac{y_2}{l} \right)^2 + \left(\frac{y_2 - y_1}{l} \right)^2 \right]$$

由能量准则可得

$$\frac{\partial V}{\partial y_1}=k_1\cdot\frac{2y_1-y_2}{l^2}\cdot2-k_2\cdot\frac{2y_2-y_1}{l^2}-\frac{F_P}{l}\cdot[y_1-(y_2-y_1)]=0$$

$$\frac{\partial V}{\partial y_2}=-k_1\cdot\frac{2y_1-y_2}{l^2}-k_2\cdot\frac{2y_2-y_1}{l^2}\cdot2-\frac{F_P}{l}\cdot[y_2+(y_2-y_1)]=0$$

整理后可得稳定方程为

$$\left(\frac{4k_1+k_2}{l}-2F_P\right)\cdot y_1-\left(\frac{2k_1+2k_2}{l}-F_P\right)\cdot y_2=0$$

$$-\left(\frac{2k_1+2k_2}{l}-F_P\right)\cdot y_1+\left(\frac{k_1+4k_2}{l}-2F_P\right)\cdot y_2=0$$

令上两式的系数行列式为零，可得

$$3F_P^2-\frac{6(k_1+k_2)}{l}\cdot F_P+\frac{9k_1k_2}{l^2}=0$$

由此可解得

$$F_P=\frac{(k_1+k_2)}{l}\pm\frac{1}{l}\sqrt{(k_1^2+k_2^2-k_1k_2)}$$

最小解即为临界荷载，即

$$F_{Pcr}=\frac{(k_1+k_2)}{l}-\frac{1}{l}\sqrt{(k_1^2+k_2^2-k_1k_2)}$$

当 $k_1=k_2=k$ 时，$F_{Pcr}=\dfrac{k}{l}$。

【附加例题 10-4】　使用静力法和能量法求图 10-6（a）所示结构的小位移临界荷载。

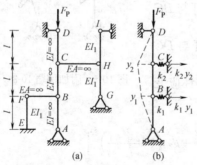

图 10-6　附加例题 10-4 图

【解】　由已知条件可知，FB 和 CH 抗拉刚度为无限大，当 $DCBA$ 杆失稳时，F、B 和 C、H 侧移分别相同，EF 柱和 GHI 梁对 B、C 点起水平弹性支撑作用，因此本题的计算可简化成图 10-6（b）所示计算简图。其中弹簧刚度 k_1、k_2 可用前面所学知识求得：

$$k_1=\frac{3EI_1}{l^3},k_2=\frac{6EI_1}{l^3}$$

又设失稳形态如图 10-6（b）虚线所示，下面用两种方法来求临界荷载。

（1）静力法：如图 10-6（b），根据 $\sum M_A=0$ 可得（设 D 点支座反力向左）

$$F_{xD}\cdot3l-k_2y_2\cdot2l-k_1y_1\cdot l=0 \tag{a}$$

取失稳后形态 CD 杆为隔离体，对 C 点取矩

$$F_{xD} \cdot l - F_P \cdot y_2 = 0, 可得 F_{xD} = \frac{F_P \cdot y_2}{l}$$

再取失稳后形态 BCD 杆为隔离体，对 B 点取矩可得

$$F_{xD} \cdot 2l - F_P \cdot y_1 - k_2 y_2 \cdot l = 0 \tag{b}$$

将 F_{xD} 用 y_2 表达的结果代入式（a）和式（b），可得

$$k_1 l \cdot y_1 + (2k_2 l - 3F_P) \cdot y_2 = 0$$

$$F_P \cdot y_1 + (k_2 l - 2F_P) \cdot y_2 = 0 \tag{c}$$

由平衡的两重性，式（c）的系数行列式必须等于零，则稳定方程为

$$k_1 l \cdot (k_2 l - 2F_P) - F_P \cdot (2k_2 l - 3F_P) = 0$$

整理，得

$$3F_P^2 - 2(k_1 + k_2) \cdot l \cdot F_P + k_1 \cdot k_2 \cdot l^2 = 0$$

解方程，得

$$F_{Pcr} = \frac{2l[(k_1 + k_2) - \sqrt{(k_1 - k_2)^2 + k_1 k_2}]}{6} = \frac{1.268EI_1}{l^2}$$

（2）能量法：在上述简化分析的基础上，弹性应变能为

$$V_\varepsilon = \frac{1}{2}(k_1 y_1^2 + k_2 y_2^2)$$

为求外力势能，需计算 D 点的总下降量。总下降量根据图 10-6（b）可求得为（参见附加例题 10-3）

$$\Delta = \frac{1}{2l}[y_1^2 + y_2^2 + (y_2 - y_1)^2]$$

因此，外力势能为

$$V_P = -F_P \cdot \Delta = -F_P \cdot \frac{1}{2l}[y_1^2 + y_2^2 + (y_2 - y_1)^2]$$

由此可得体系的总势能为

$$V = \frac{1}{2}(k_1 y_1^2 + k_2 y_2^2) - F_P \cdot \frac{1}{2l}[y_1^2 + y_2^2 + (y_2 - y_1)^2]$$

由能量准则可得

$$\frac{\partial V}{\partial y_1} = k_1 y_1 - \frac{F_P}{l} \cdot [y_1 - (y_2 - y_1)] = 0$$

$$\frac{\partial V}{\partial y_2} = k_2 y_2 - \frac{F_P}{l} \cdot [y_2 + (y_2 - y_1)] = 0$$

由此可得与静力法相同的稳定方程

$$3F_P^2 - 2(k_1 + k_2) \cdot l \cdot F_P + k_1 \cdot k_2 \cdot l^2 = 0$$

【附加例题 10-5】 已知材料的屈服极限 $\sigma_e =$ 240MPa，试求图 10-7 所示截面（图中长度单位为 mm）的极限弯矩。

【解】 截面面积 $A = 3600\text{mm}^2$，等分截面轴下侧面积为

$$A_2 = \frac{A}{2} = 1800\text{mm}^2$$

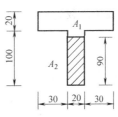

图 10-7 附加例题 10-5 图

A_2 的形心距下端 45mm；上侧面积 $A_1 = 1800\text{mm}^2$，形心距上端 11.67mm；两个形心间距离为 63.33mm。极限弯矩为

$$M_u = (S_T + S_C)\sigma_e = S\sigma_e = \frac{A}{2} \times 63.33\text{mm} \times \sigma_e = 27358560\text{N} \cdot \text{mm}$$

$$= 27.36\text{kN} \cdot \text{m}$$

【附加例题 10-6】 试求图 10-8 所示等截面超静定梁的极限荷载，梁的极限弯矩为 M_u。

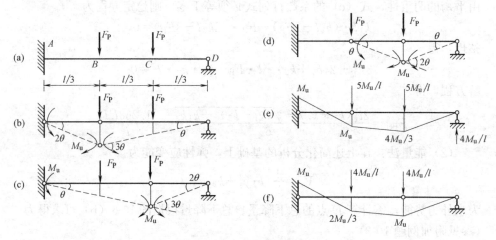

图 10-8 附加例题 10-6 图

【解】 此梁出现两个塑性铰即成为破坏机构。可能的塑性铰位置有 A、B、C 三点。

(1) 用穷举法求解

共有三种可能的破坏机构，分别如图 10-8（b）、(c)、(d) 所示。

对于图 10-8（b）中机构，列虚功方程

$$F_P \times \frac{l}{3} \times 2\theta + F_P \times \frac{l}{3} \times \theta - M_u \times 2\theta - M_u \times 3\theta = 0$$

得可破坏荷载为

$$F_P^+ = \frac{5}{l}M_u$$

对于图 10-8（c）机构，列虚功方程

$$F_P \times \frac{l}{3} \times \theta + F_P \times \frac{2l}{3} \times \theta - M_u \times \theta - M_u \times 3\theta = 0$$

得可破坏荷载为

$$F_P^+ = \frac{4}{l}M_u$$

同理，图 10-8（d）机构的虚功方程和可破坏荷载分别为

$$F_P \times \frac{l}{3} \times \theta - M_u \times \theta - M_u \times 2\theta = 0, F_P^+ = \frac{9}{l}M_u$$

最小的可破坏荷载即为极限荷载

$$F_{Pu} = \frac{4}{l} M_u$$

（2）用试算法求解

首先选图10-8（b）所示机构试算，方法同上，可得可破坏荷载为

$$F_P^+ = \frac{5}{l} M_u$$

做出结构的弯矩图，如图10-8（e）所示。由弯矩图可见，C 截面弯矩为 $\frac{4}{3}M_u$，已超过该截面的极限弯矩，不符合内力局限性条件，故 $F_P^+ = \frac{5}{l}M_u$ 不是极限荷载。

另选图10-8（c）所示机构试算，求得可破坏荷载为

$$F_P^+ = \frac{4}{l} M_u$$

做出相应弯矩图，如图10-8（f）所示。从弯矩图可见，所有截面的弯矩均不超过极限弯矩，满足内力局限性条件，故极限荷载为

$$F_{Pu} = \frac{4}{l} M_u$$

【附加例题 10-7】 试求图10-9所示连续梁的极限荷载。

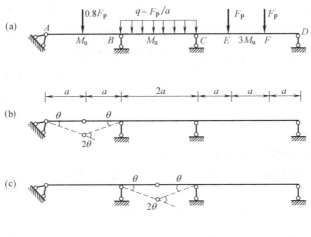

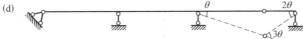

图10-9 附加例题10-7图

【解】 分别求出各跨独自破坏时的可破坏荷载。AB 跨破坏时，虚功方程和可破坏荷载分别为

$$0.8F_P \times a\theta - M_u \times 2\theta - M_u \times \theta = 0, F_P^+ = 3.75M_u/a$$

BC 跨破坏时，虚功方程和可破坏荷载分别为

$$\frac{F_P}{a} \times \frac{1}{2} \times 2a \times a\theta - M_u \times \theta - M_u \times 2\theta - M_u \times \theta = 0, F_P^+ = 4M_u/a$$

CD 跨破坏时有三种情况：C、E 截面出现塑性铰；E、F 截面出现塑性

铰；C、F 截面出现塑性铰。与附加例题 10-6 采用相同的分析可知，塑性铰应出现在 C、F 截面，如图 10-9（d）所示。虚功方程和可破坏荷载分别为

$$F_P \times a\theta + F_P \times 2a\theta - M_u \times \theta - 3M_u \times 3\theta = 0, F_P^+ = 3.33M_u/a$$

比较求出的可破坏荷载，根据最小者即是极限荷载，得

$$F_{Pu} = 3.33M_u/a$$

【附加例题 10-8】　试求图 10-10（a）所示等截面超静定梁的极限荷载。

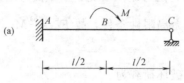

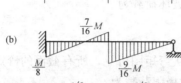

图 10-10　附加例题 10-8 图

【解】　根据单跨等截面梁的载常数表，图 10-10（a）所示梁弹性阶段的弯矩图如图 10-10（b）所示。因此，第一个塑性铰应出现在 B 点右截面。即

$$M_{BC} = \frac{9}{16}M = M_u$$

此时，

$$M = \frac{16}{9}M_u$$

$$M_{BA} = \frac{7}{16}M = \frac{7}{16} \times \frac{16}{9}M_u = \frac{7}{9}M_u$$

$$M_{AB} = \frac{1}{8}M = \frac{1}{8} \times \frac{16}{9}M_u = \frac{2}{9}M_u$$

相应的弯矩图如图 10-10（c）所示。此时结构可以继续承载：

当 $M_{BA} = M_u$ 时，结构变成可变体系，丧失承载能力，此时 $M = 2M_u$：

$$M_{AB} = \frac{2}{7}M_u$$

相应的弯矩图如图 10-10（d）所示。

【附加例题 10-9】　试求图 10-11（a）所示等截面超静定刚架的极限荷载。

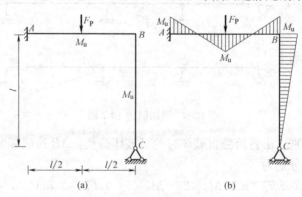

图 10-11　附加例题 10-9 图

【解】　根据弹性阶段的弯矩图可知竖杆上只有 B 点会出现塑性铰，另有 A 点和荷载作用点可形成塑性铰。极限状态的弯矩图如图 10-11（b）所示。

由此极限弯矩图，根据区段叠加可得

$$\frac{F_{Pu}l}{4} = 2M_u$$

因此

$$F_{Pu} = \frac{8M_u}{l}$$

从这一例题可知，对一些简单的超静定结构来说，有时不一定需要具体求解超静定结构，只需要知道荷载作用下的大致弯矩图形状，就能判断可能的极限状态，然后按极限平衡法即可求得极限荷载。当然本例属于简单情况，遇到稍微复杂一点的结构，可能的破坏状态就会有多种，这时就需要利用极限荷载应该满足的平衡、内力局限、单向机构条件，通过试算来求得。

10.4　自测题及答案

自测题　（A）

一、是非题（将判断结果填入括号：以 O 表示正确，以×表示错误，每小题 2 分）

1. 结构的势能即结构的应变能。（　　　）

2. 能量法中的结构势能驻值条件与静力法中的平衡方程是等价的。（　　　）

3. 结构在极限荷载作用下不能平衡。（　　　）

4. 可破坏荷载恒大于可接受荷载。（　　　）

5. n 次超静定结构只有出现 $n+1$ 个塑性铰，才形成破坏机构。（　　　）

二、选择题（将选中答案的字母填入括号内，每小题 3 分）

1. 两类稳定问题是指（　　　）。

A. 平面失稳和空间失稳　　　　B. 局部失稳和整体失稳

C. 对称失稳和反对称失稳　　　D. 分支点失稳和极值点失稳

2. 图 10-12 所示各柱的高度相同，抗弯刚度相同，则临界荷载最大的柱为图（　　　）。

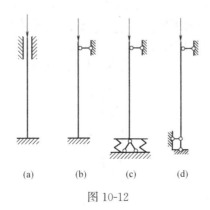

(a)　　　(b)　　　(c)　　　(d)

图 10-12

3. 极限荷载是指（　　　）。

A. 结构处于失稳临界状态时的荷载

B. 结构上有些截面出现了塑性铰时的荷载

C. 结构处于承载极限时的荷载

D. 结构上某些截面的应力达到屈服应力时的荷载

4. 可接受荷载是满足（　　）的荷载。

A. 平衡条件，内力局限条件　　　　B. 单向机构条件，平衡条件

C. 内力局限条件，单向机构条件　　D. 屈服条件，平衡条件

5. 图 10-13 所示连续梁在图示荷载作用下不可能的破坏机构为（　　）。

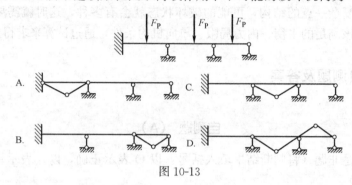

图 10-13

三、填充题（将答案写在空格内，每小题 3 分）

1. 计算临界荷载的基本方法有_____和_____。前者依据_____，后者依据_____。

2. 轴心受压杆的失稳属于_____失稳，偏心受压杆的失稳属于_____失稳。

3. 穷举法的理论根据是_____定理。

4. 图 10-14 所示结构中，截面不同的两个杆的连接点 K 截面的极限弯矩为_____。

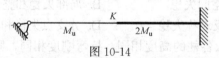

图 10-14

5. 若一组荷载是与结构的某一破坏机构相对应的可破坏荷载，且根据平衡条件求出的与其相对应的内力满足_____条件，则该荷载即为极限荷载。

四、计算分析题（写出计算过程，每小题 15 分）

1. 试用静力法计算图 10-15 示结构（杆为刚性杆）的临界荷载。

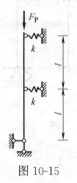

图 10-15

2. 试用能量法计算图 10-16 所示结构（各杆均为刚性杆）的临界荷载。

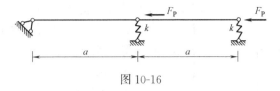

图 10-16

3. 试求图 10-17 所示结构的极限荷载。

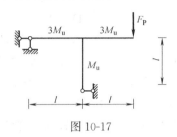

图 10-17

4. 试求图 10-18 所示两跨连续梁的极限荷载，极限弯矩为 M_u。

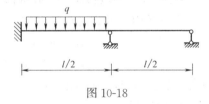

图 10-18

自测题 （B）

一、是非题（将判断结果填入括号：以〇表示正确，以×表示错误，每小题 2 分）

1. 三铰拱轴线为合理拱轴线时的稳定问题属于极值点失稳。（   ）

2. n 个自由度体系有 n 种可能的失稳形式。（   ）

3. 塑性铰附近截面处于弹性工作状态。（   ）

4. 极限荷载具有唯一性。（   ）

5. 塑性铰截面上的极限弯矩，其方向总是与塑性铰截面的转角相反。（   ）

二、选择题（将选中答案的字母填入括号内，每小题 3 分）

1. 增加图 10-19 所示结构的杆件长度（   ）。

A. 结构（a）的临界荷载增大，结构（b）的临界荷载增大

B. 结构（a）的临界荷载增大，结构（b）的临界荷载减小

C. 结构（a）的临界荷载减小，结构（b）的临界荷载增大

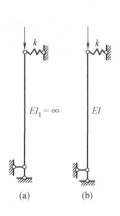

图 10-19

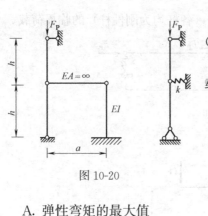

图 10-20

D. 结构（a）的临界荷载减小，结构（b）的临界荷载减小

2. 若图 10-20 所示两个体系的临界荷载相等，刚度系数 k 应为（   ）。

A. $3EI/h^3$

B. $6EI/h^3$

C. $12EI/h^3$

D. $24EI/h^3$

3. 屈服弯矩是指（   ）。

A. 弹性弯矩的最大值　　　　　　　B. 截面的极限弯矩

C. 截面所能承受的最大弯矩　　　　D. 截面出现塑性铰时的弯矩

4. 可破坏荷载是满足（   ）的荷载。

A. 平衡条件，内力局限条件　　　　B. 单向机构条件，平衡条件

C. 内力局限条件，单向机构条件　　D. 屈服条件，平衡条件

5. 理想弹塑性材料杆件截面的几个参数为：(a) 截面形状，(b) 截面几何尺寸，(c) 材料屈服应力，(d) 截面所在位置。决定截面极限弯矩大小的因素为（   ）。

A. (a) (b) (c)　　　　　　　　　　B. (a) (c) (d)

C. (a) (b) (d)　　　　　　　　　　D. (b) (c) (d)

三、填充题（将答案写在空格内，每小题 3 分）

1. 对称体系的失稳有两种失稳形式，一种为＿＿＿＿＿＿＿＿＿，另一种为＿＿＿＿＿＿＿＿＿。

2. 设一体系的结构总势能为 E_P，则该体系处于随遇平衡时的能量特征是＿＿＿＿＿。

3. 结构处于极限状态时应满足＿＿＿＿＿＿＿，＿＿＿＿＿＿＿，＿＿＿＿＿条件。

4. 试算法的理论根据是＿＿＿＿＿＿＿＿定理。

5. 若找出了结构所有可能的破坏机构，并根据＿＿＿＿＿条件求出了所有可破坏荷载 F_P^+，则极限荷载 F_{Pu} ＝＿＿＿＿＿＿。

四、计算分析题（写出计算过程，每小题 15 分）

1. 试用能量法计算图 10-21 所示结构（水平杆的刚度为 EI）的临界荷载。

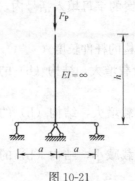

图 10-21

2. 试用静力法计算图 10-22 所示结构的临界荷载，$k=6EI/l^3$。

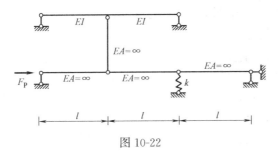

图 10-22

3. 图 10-23 所示静定梁的极限弯矩 $M_u=40\text{kN} \cdot \text{m}$，试求其极限荷载。

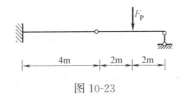

图 10-23

4. 试求图 10-24 所示两跨连续梁的极限荷载。

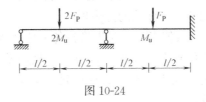

图 10-24

自测题 （A） 参考答案

一、1. ×　2. ○　3. ×　4. ×　5. ×

二、1. D　2. A　3. C　4. A　5. D

三、1. 静力法，能量法，随遇平衡，随遇平衡的能量特征

　　2. 分支点，极值点

　　3. 极小定理

　　4. M_u

　　5. 内力局限

四、1. $F_{Pcr}=5lk/2$

　　2. $0.293lk$

　　3. $F_{Pu}=M_u/2l$

　　4. $q_u=16M_u/l^2$

自测题 （B） 参考答案

一、1. ×　2. ○　3. ×　4. ○　5. ○

二、1. B　2. A　3. A　4. B　5. A

三、1. 对称失稳，反对称失稳

2. $\delta E_P = 0$

3. 平衡，内力局限，单向机构

4. 唯一性定理

5. 平衡，F_{Pmin}^+

四、1. $F_{Pcr} = 6EI/ha$

2. $F_{Pcr} = lk/3$

3. $F_{Pu} = 20kN$

4. $F_{Pu} = 5M_u/l$

10.5　主教材思考题答案

10-1　何谓稳定平衡状态、不稳定平衡状态？随遇平衡状态是否实际存在？

答：受微小扰动、当扰动消失后能恢复原始平衡位置的平衡状态称为稳定平衡状态；当微小扰动消失后不能恢复原始平衡位置的平衡状态称为不稳定平衡状态。所谓随遇平衡是指在任何位置都能保持平衡的状态，它不是实际存在的，是一定简化抽象下导致的虚假现象。

10-2　何谓分支点、极值点和急跳失稳？各有什么特点？

答：既可在原平衡位置保持平衡，也可在因扰动发生偏离后的位置保持平衡的失稳现象，称为分支点失稳，其特点是平衡状态具有二重性，失稳前后变形状态发生质的变化。

力-位移关系曲线存在极值点，极值点之前平衡是稳定的，达到极值点时平衡变为不稳定的，这种失稳现象称为极值点失稳，其特点是失稳前后变形状态没有质的变化。

对于扁平的结构，当荷载达到临界值时结构将从受压的状态突变成受拉的状态，这种现象称为急跳失稳，其特点是失稳前后受力性质发生突变。

10-3　何谓分支点失稳的静力法和能量法？试述其计算步骤。

答：通过列出失稳状态下的平衡方程，以平衡二重性建立特征方程并求解临界荷载的方法，称为静力法。其一般计算步骤为：假设一偏离初始平衡位置的可能变形状态；通过受力分析建立平衡方程；由平衡的二重性得到特征方程并求临界力。

通过计算系统总势能，由稳定的能量准则——总势能取驻值建立特征方程并求解的方法，称为能量法。其一般计算步骤为：假设一偏离初始平衡位置的可能变形状态；计算系统的变形能和外力势能，从而获得系统总势能的表达式；利用能量准则（驻值条件）建立特征方程并求解临界力。

10-4　稳定性分析的线性和非线性理论的根本差别是什么？

答：线性理论认为可能的变形状态相对初始状态的变形是微小的，因此在平衡条件建立时，可忽略变形对平衡时尺寸的微小影响。而非线性理论则考虑大变形，考虑变形对建立平衡方程时的尺寸影响。

10-5　结构极限荷载分析时都采用了哪些假定？

答：假定材料拉、压性能相同，均为理想弹塑性；假定加载是单调的、比例的；假定在弹塑性阶段仍符合平截面假设。

10-6　何谓塑性铰？它与实际铰有何异同？

答：全截面应力达到屈服应力时，由于塑性流动导致截面无法继续承受更大弯矩，相邻截面可产生一定的相对转动，这一现象称为在该截面处出现了塑性铰。当卸载时截面恢复弹性，塑性铰将闭合，因此塑形铰是一种单向铰。

从能产生相对转动来说，塑性铰和实际铰是一样的，但塑性铰是单向铰、截面处能承受极限弯矩，这两点是和普通铰不同的，普通铰是双向铰、不能承受弯矩。

10-7　极限状态应该满足哪些条件？何谓可破坏荷载和可接受荷载？

答：应该同时满足 3 个条件：平衡条件——结构任何部分都应该是平衡的；内力局限条件——结构中任意截面的弯矩绝对值都不能超过极限弯矩；单向机构条件——由于产生塑性铰结构，沿荷载方向将变成单向可运动的机构。

同时满足平衡和单向机构条件的荷载称为可破坏荷载；同时满足平衡和内力局限条件的荷载称为可接受荷载。

10-8　试证明极小、极大定理。

答：因为极限荷载既是可破坏荷载，也是可接受荷载，而可破坏荷载 F_P^+ 恒不小于可接受荷载 F_P^-，因此可破坏荷载是极限荷载的上限，可接受荷载是极限荷载的下限。

10-9　何谓极限平衡法？试阐述确定结构极限荷载的步骤。

答：分析并确定结构可能的破坏机构，根据比例加载的基本定理，试算确定极限荷载的方法，称为极限平衡法。极限平衡法确定极限荷载的步骤一般为：根据截面几何参数及材料性质计算确定极限弯矩；根据弹性结构分析所得的弯矩图假设一切可能产生的单向破坏状态；利用静力或能量法确定各可破坏状态对应的可破坏荷载；寻找这些可破坏荷载的最小值，它就是极限荷载。如果难以确定一切可破坏状态，找到最小值后，在这组（最小值对应的）荷载下分析结构受力，看是否满足内力局限条件。如果满足，此荷载就是极限荷载。否则，必须寻找其他单向可破坏机构以便获得极限荷载。

10.6　主教材习题详细解答

10-1　假定图 10-25 所示弹性支座的刚度系数为 k，试用线性和非线性两种方法求临界荷载 F_{Pcr}。

【解】　水平杆在 B 点相当于一个弹簧（刚度为 $3EI/a^3$）与 B 点的弹簧串联。串联后的刚度为

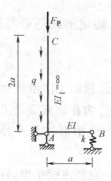

图 10-25　习题 10-1 图

$$k_0 = \frac{1}{\dfrac{a^3}{3EI} + \dfrac{1}{k}}$$

令失稳时，AC 杆的转角为 α。按非线性计算时，得

$$\sum M_A = 0 : \int_0^{2a} q_{cr} \cdot \mathrm{d}y \cdot y\sin\alpha + 2q_{cr}a \cdot$$

$$2a \cdot \sin\alpha - k_0 a\sin\alpha \cdot a = 0$$

$$q_{cr} = \frac{1}{6\left(\dfrac{a^3}{3EI} + \dfrac{1}{k}\right)}$$

这个结果与按线性理论计算时相同，原因是 AC 为刚性杆。

10-2　试用静力法和能量法计算图 10-26 所示临界荷载 F_{Pcr}。

【解】　(1) 静力法

$$F_{Pcr} \cdot l \cdot \alpha - 3\frac{EI}{l}\alpha = 0, \quad F_{Pcr} = \frac{3EI}{l^2}$$

(2) 能量法

$$V_\varepsilon = \frac{1}{2} \cdot \frac{3EI}{l}\alpha^2, \quad V_P = -F_{Pcr}l(1-\cos\alpha)$$

$$V = \frac{1}{2} \cdot \frac{3EI}{l}\alpha^2 - F_{Pcr}l(1-\cos\alpha)$$

$$\frac{\mathrm{d}V}{\mathrm{d}\alpha} = \frac{3EI}{l}\alpha - F_{Pcr}l \cdot \sin\alpha = 0$$

$$F_{Pcr} = \frac{3EI}{l^2}$$

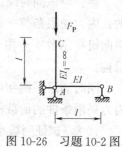

图 10-26　习题 10-2 图

10-3　试求图 10-27 所示压杆临界荷载 F_{Pcr}。

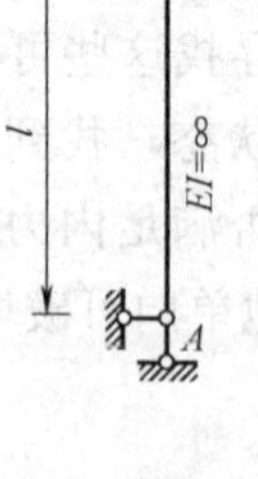

图 10-27　习题 10-3 图

【解】　采用静力方法

$$\Delta_{xB} = l\sin\alpha, \quad \Delta_{yB} = l(1-\cos\alpha)$$

$$F_{Pcr} \cdot l\sin\alpha - kl\sin\alpha \cdot l = 0$$

$$F_{Pcr} = kl$$

10-4 将图 10-28～图 10-29 所示压杆体系化为弹性支座中心受压杆，并用静力法求临界荷载 F_{Pcr}。

（a）

【解】 $\Delta_{xB}=l\sin\alpha$，$\Delta_{yB}=l(1-\cos\alpha)$，$k=\dfrac{3EI}{l^3}$

$$\sum M_B=0: F_{Pcr}\cdot\Delta_{xB}=F_{xC}l\cos\alpha$$

$$\sum M_A=0: F_{xC}(2l-2\Delta_{yB})-k\cdot\Delta_{xB}(l-\Delta_{yB})=0$$

$$F_{Pcr}=\frac{kl}{2}\cos\alpha$$

线性时，$F_{Pcr}=\dfrac{kl}{2}$

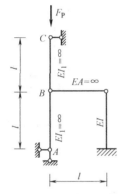

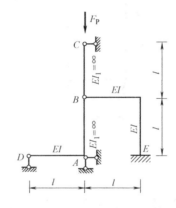

图 10-28 习题 10-4（a）图   图 10-29 习题 10-4（b）图

（b）

【解】 B 点发生水平位移时，BE 杆抵抗水平位移的刚度为

$$k_1=\frac{48EI}{7l^3}$$

A 点发生转角时，AD 杆的抵抗转角的刚度为

$$k_2=\frac{3EI}{l}$$

令失稳时，AB、BC 两个杆件的转角为 α，则

$$\Delta_{xB}=l\sin\alpha,\Delta_{yB}=l(1-\cos\alpha)$$

$$\sum M_B=0: F_{Pcr}\cdot\Delta_{xB}=F_{xC}l\cos\alpha$$

$$\sum M_A=0: F_{xC}(l-2\Delta_{yB})-k_1\cdot\Delta_{xB}(l-\Delta_{yB})-k_2\cdot\alpha=0$$

$$F_{Pcr}=\frac{\dfrac{48EI}{7l^2}\cdot\cos^2\alpha-\dfrac{3EI}{l^2}\cdot\dfrac{\alpha\cos\alpha}{\sin\alpha}}{(2\cos\alpha-1)}$$

线性时，$F_{Pcr}=\dfrac{27EI}{7l^2}$

10-5 试讨论图 10-30 所示结构的可能失稳形式，并求 a、b 为何值时临界荷载最小。

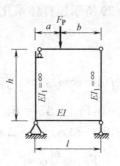

图 10-30　习题 9-5 图

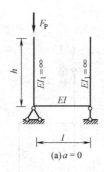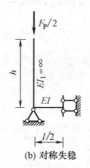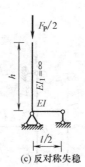

图 10-31

【解】　由图 10-30 可知，失稳的形式有以下三种形式：

（1）$a=0$ 或 $b=0$，如图 10-31（a）所示

$$F_{Pcr}^{(1)} \cdot h\alpha = 3\frac{EI}{l}\alpha, \quad F_{Pcr}^{(1)} = \frac{3EI}{lh}$$

（2）对称失稳，如图 10-31（b）所示

$$\frac{F_{Pcr}^{(2)}}{2} \cdot h\alpha = \frac{EI}{l/2}\alpha, \quad F_{Pcr}^{(2)} = \frac{4EI}{lh}$$

（3）反对称失稳，如图 10-31（c）所示

$$\frac{F_{Pcr}^{(3)}}{2} \cdot h\alpha = \frac{3EI}{l/2}\alpha, \quad F_{Pcr}^{(2)} = \frac{12EI}{lh}$$

故　　　　　$$F_{Pcr} = \min(F_{Pcr}^{(1)}, F_{Pcr}^{(2)}, F_{Pcr}^{(3)}) = F_{Pcr}^{(1)} = \frac{3EI}{lh}$$

10-6　试用静力法和能量法计算图 10-32 所示临界荷载 F_{Pcr}。

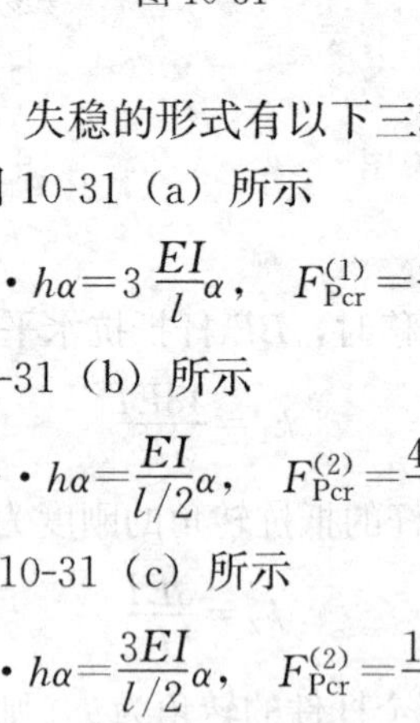

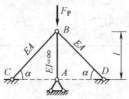

钢索 BC 和 BD 只能受拉

图 10-32　习题 10-6 图

【解】 （1）静力法。按非线性理论计算时，

$$\Delta_{xB}=l\sin\alpha\sin\beta,\Delta_{yB}=l\sin\alpha(1-\cos\beta)$$

$$\Delta_{CB}=l(\sqrt{1+2\cos\alpha\sin\alpha\sin\beta}-1),F_{NCB}=\frac{EA}{l}\Delta_{CB}$$

$$F_{Pcr}\cdot\Delta_{xB}-F_{NCB}\cdot\frac{l\cos\alpha+\Delta_{xB}}{\sqrt{(l\cos\alpha+\Delta_{xB})^2+(l\sin\alpha-\Delta_{yB})^2}}\cdot(l\sin\alpha-\Delta_{yB})=0$$

$$F_{Pcr}=F_{NCB}\cdot\frac{l\cos\alpha+\Delta_{xB}}{\sqrt{(l\cos\alpha+\Delta_{xB})^2+(l\sin\alpha-\Delta_{yB})^2}}\cdot\frac{(l\sin\alpha-\Delta_{yB})}{\Delta_{yB}}$$

$$=EA\frac{(\sqrt{1+2\cos\alpha\sin\alpha\sin\beta}-1)\cdot(l\cos\alpha+l\sin\alpha\sin\beta)\cos\beta}{\sqrt{1+2\cos\alpha\sin\alpha\sin\beta}\sin\beta}$$

$$\lim_{\beta\to0}F_{Pcr}=EA\sin\alpha\cdot\cos^2\alpha\text{（线性理论解）}$$

按线性理论计算时

$$\Delta_{xB}=l\sin\alpha\cdot\sin\beta,\Delta_{yB}=l\sin\alpha\cdot(1-\cos\beta),\Delta_{BC}=\Delta_{xB}\cos\alpha$$

$$F_{Pcr}\cdot\Delta_{xB}-F_{NCB}\cdot\cos\alpha\cdot(l\sin\alpha-\Delta_{yB})=0$$

$$F_{Pcr}=EA\cdot\cos^2\alpha\cdot\sin\alpha\text{（与由非线性简化的结果一样）}$$

（2）能量法（按线性理论计算）

$$V_\varepsilon=\frac{1}{2}\cdot\frac{EA}{l}\cdot\Delta_{BC}^2=\frac{1}{2}EA\cdot\cos^2\alpha\cdot\sin^2\alpha\cdot\sin^2\beta$$

$$V_P=-F_{Pcr}\Delta_{yB}=-F_{Pcr}\cdot l\sin\alpha\cdot(1-\cos\beta)$$

$$V=\frac{1}{2}EA\cdot\cos^2\alpha\cdot\sin\alpha\cdot\sin\beta-F_{Pcr}\cdot l\sin\alpha\cdot(1-\cos\beta)$$

$$\frac{dV}{d\beta}=EA\cdot\cos^2\alpha\cdot\sin^2\alpha\cdot\sin\beta\cdot\cos\beta-F_{Pcr}\cdot l\sin\alpha\cdot\sin\beta=0$$

$$F_{Pcr}=EA\cos^2\alpha\cdot\sin\alpha$$

10-7　试求图 10-33 所示等截面单跨梁的极限荷载。梁的截面为矩形 $b\times h=5\text{cm}\times20\text{cm}$，$\sigma_s=235\text{MPa}$。

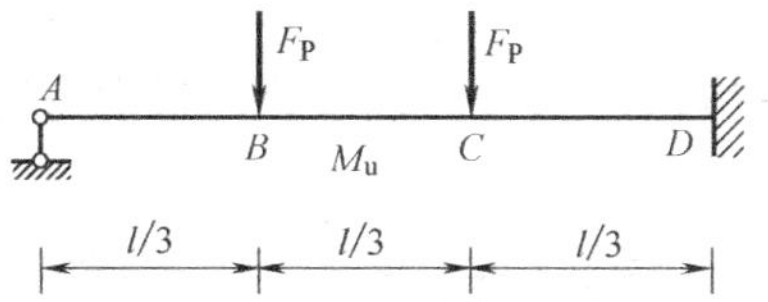

图 10-33　习题 10-7 图

【解】 根据弯矩图形状，很容易判断，形成机构后，塑性铰出现在 B、D 两点，故

$$\frac{1}{3}F_{Pu}l-\frac{1}{3}M_u=M_u$$

$$F_{Pu}=4\frac{M_u}{l}=\frac{bh^2\sigma_e}{l}=\frac{5\times10^{-2}\times(20\times10^{-2})^2\times235\times10^6}{l}=\frac{470000}{l}\text{N}=\frac{470}{l}\text{kN}$$

10-8　试求图 10-34 所示等截面单跨梁的极限荷载。

【解】 梁变成机构时，任意截面的弯矩为

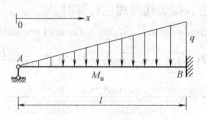

图 10-34　习题 10-8 图

$$M(x)=\frac{1}{6}qlx-\frac{1}{6l}qx^3-M_{\mathrm{u}}$$

$$\frac{\mathrm{d}M(x)}{\mathrm{d}x}=\frac{1}{6}ql-\frac{1}{2l}qx^2=0\,,x=\frac{\sqrt{3}}{3}$$

$$M_{\mathrm{u}}=\frac{1}{6}ql\times\frac{\sqrt{3}}{3}l-\frac{1}{6l}q\times\frac{\sqrt{3}}{9}l^3-M_{\mathrm{u}}\,,q=\frac{18\sqrt{3}M_{\mathrm{u}}}{l^2}$$

10-9　试求图 10-35 所示等截面超静定梁的极限荷载。M_{u} 已知。

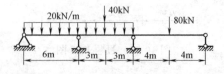

图 10-35　习题 10-9 图

【解】　第一跨变成机构时，

$$\frac{1}{4}\times1.5F_{\mathrm{Pu}}^{(1)}\times6=2M_{\mathrm{u}}\,,F_{\mathrm{Pu}}^{(1)}=\frac{8}{9}M_{\mathrm{u}}(\mathrm{kN})$$

第二跨变成机构时，

$$\frac{1}{4}\times F_{\mathrm{Pu}}^{(2)}\times6=1.5M_{\mathrm{u}}\,,F_{\mathrm{Pu}}^{(2)}=M_{\mathrm{u}}(\mathrm{kN})$$

极限弯矩为

$$F_{\mathrm{Pu}}=F_{\mathrm{Pu}}^{(2)}=M_{\mathrm{u}}(\mathrm{kN})$$

10-10　试求图 10-36 所示等截面连续梁的极限弯矩。M_{u} 已知。

![图 10-36 所示等截面连续梁，左端铰支，受 20kN/m 均布荷载作用于 6m 跨，40kN 集中荷载，80kN 集中荷载，各段跨度为 6m、3m、3m、4m、4m]

图 10-36　习题 10-10 图

【解】　第一跨变成机构时，

$$\frac{1}{8}\times20\times6^2=\frac{3}{2}M_{\mathrm{u}}^{\mathrm{l}}\,,M_{\mathrm{u}}^{\mathrm{l}}=60\mathrm{kN}\cdot\mathrm{m}$$

$$M(x)=\frac{1}{2}qlx-\frac{1}{2}qx^2-\frac{x}{l}M_u$$

$$\frac{\mathrm{d}M(x)}{\mathrm{d}x}=\frac{1}{2}ql-qx-\frac{1}{l}M_u^{(1)}=0, x=\frac{1}{2}l-\frac{M_u^{(1)}}{ql}$$

$$M_u^{(1)}=\frac{1}{2}ql\left(\frac{1}{2}l-\frac{M_u^{(1)}}{ql}\right)-\frac{1}{2}q\left(\frac{1}{2}l-\frac{M_u^{(1)}}{ql}\right)^2-\frac{1}{l}\left(\frac{1}{2}l-\frac{M_u^{(1)}}{ql}\right)M_u^{(1)}$$

$$=\frac{1}{8}ql^2-\frac{M_u^{(1)}}{2}+\frac{1}{2}\frac{M_u^{(1)\,2}}{ql^2}$$

$$M_u^{(1)}=\frac{3-2\sqrt{3}}{2}ql^2=61.92\mathrm{kN\cdot m}$$

第二跨变成机构时，

$$\frac{1}{8}\times20\times6^2+\frac{1}{4}\times40\times6=2M_u^{(2)}, M_u^{(2)}=75\mathrm{kN\cdot m}$$

第三跨变成机构时，

$$\frac{1}{4}\times80\times8=\frac{3}{2}M_u^{(3)}, M_u^{(3)}=\frac{320}{3}\mathrm{kN\cdot m}=106.7\mathrm{kN\cdot m}$$

极限弯矩为

$$M_u=M_u^{(3)}=106.7\mathrm{kN\cdot m}$$

10-11 试求图 10-37 所示阶形柱的极限荷载。已知：截面的屈服应力为 σ_e。

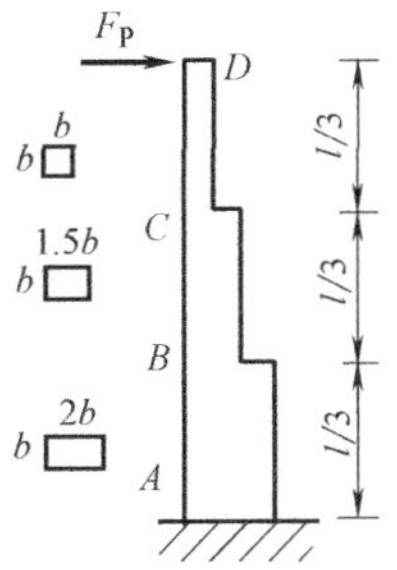

【解】 C 截面出现塑性铰时，

$$\frac{1}{3}F_{Pu}^{C}l=\frac{b^3}{4}\sigma_e, F_{Pu}^{C}=\frac{3b^3}{4l}\sigma_e$$

图 10-37 习题 10-11 图

B 截面出现塑性铰时，

$$\frac{2}{3}F_{Pu}^{B}l=\frac{b\cdot(1.5b)^2}{4}\sigma_e, F_{Pu}^{B}=\frac{6.75b^3}{8l}\sigma_e$$

A 截面出现塑性铰时，

$$F_{Pu}^{A}l=\frac{b\cdot(2b)^2}{4}\sigma_e, F_{Pu}^{A}=\frac{b^3}{l}\sigma_e$$

故

$$F_{Pu}=\frac{3b^3}{4l}\sigma_e$$

10-12 图 10-38 所示各二力杆截面均为 40cm^2，其屈服应力为 25kN/cm^2，试求极限荷载。

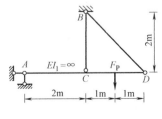

图 10-38 习题 10-12 图

【解】 二力杆屈服时的轴力为

$$F_{NBC} = F_{NBD} = 25 \times 40 = 1000kN$$

$$\sum M_A = 0 : F_{Pu} \times 3 - F_{NBC} \times 2 - F_{NBD} \times 4 \times \frac{\sqrt{2}}{2} = 0$$

$$F_{Pu} = \frac{2000(1+\sqrt{2})}{3}kN$$